Wilhelm Kordes   Das Rosenbuch

Wilhelm Kordes

Das Rosenbuch

Anzucht und Pflege
Verwendung der Rose

11. vollständig überarbeitete Auflage

65 farbige Abbildungen auf 48 Tafeln
im Kupfertiefdruck
68 Schwarz-Weiß-Abbildungen im Text
mit Skizzen für die Praxis

Verlag M. & H. Schaper, Hannover

Lizenzausgaben im englisch- und französischsprachigen Ausland 22. bis 24. Tausend

Satz, Druck, buchbinderische Verarbeitung: Gebr. Gerstenberg, Hildesheim
Farbtafeln: Schöning & Co. und Gebrüder Schmidt, Lübeck

ISBN 3-7944-0091-7

WILHELM KORDES †

Sein Leben und Wirken galt den Rosen,
sie brachten ihm Freude
und schenkten ihm Freunde in aller Welt.
Seine Rosen haben die Welt
schöner gemacht.

Dr. h. c. G. Krüssmann

Vorwort zur 11. Auflage

Die Herausgabe der vorliegenden 11. Auflage hat der Autor Wilhelm Kordes leider nicht mehr erlebt. Er verstarb während der Vorbereitung dieser Ausgabe im November 1976. Einen letzten Wunsch haben wir ihm erfüllt und sein Rosenbuch überarbeitet, ohne seinen persönlichen Stil zu verändern.

Es war ihm ein besonderes Anliegen, alle Fragen und Erkenntnisse zum Thema „Pflanzenschutz" auf den derzeitigen Stand zu bringen. Unser Dank gilt daher Herrn Dr. M. Paetzholdt, Leiter des Pflanzenschutzamtes Rellingen, der dieses Kapitel neu geschrieben hat.

Dem Verlag gebührt Anerkennung für die repräsentative Ausstattung dieses Rosenbuches.

Sparrieshoop, im Herbst 1977

W. Kordes' Söhne

Inhaltsverzeichnis

Vorwort 6
Die Gattung Rosa 11
Geschichte und Ursprünge unserer Gartenrosen 15
Vom Züchten 39
Veredlung und Anbau 55
Bodenansprüche der Rosen 79
Herrichtung der Beete und Pflanzstellen 82
Der Kompost 94
Wie pflanze ich meine Rosen? 96
Wo pflanze ich meine Rosen? 101
Arbeiten im Frühling und Schnitt 105
Sommerarbeit 120
Krankheiten und Schädlinge der Rosen 133
Die Bekämpfung von Krankheiten und Schädlingen 138
Pflege im Herbst und Einwinterung 156
Hilfsmittel des Rosenfreundes 164
Wie verwende ich die Rosen im Garten? 183
Rosenmüdigkeit 194
Hagebutten als Vitamin-C-Lieferanten 198
Von der Bestellung und dem 'Nachher' 204
Neuheitenprüfung 214
Topfrosen 216
Rosentreiberei 221
Ein Wort über die Schnittrosen 235
Von den Rosenfarben 241
Zur Sortenwahl 246
Rosen für besondere Zwecke 250
Literaturverzeichnis 258
Sortenlisten 259
Winterharte, einmalblühende Strauchrosen 260
Öfterblühende Strauchrosen 266

Kletterrosen, einmalblühende 272
Kletterrosen, öfterblühende 274
Polyantharosen 278
Polyanthahybriden 280
Floribundarosen 284
Teehybriden 290
Garnette- und Floribunda-Sorten 300
Zwergbengalrosen 304
Autorennamen 306
Verzeichnis der abgebildeten Rosen 308
Sortenregister 310

Abb. 1:
,*Königin der Rosen*'. W. Kordes' Söhne, 1964.
Farbenrose. Starkduftend. Haltbar. Pflanze kräftig, mit reichlichem, robustem Laub. *Teehybride* (Edelrose).

Abb. 2:
‚*Neue Revue*'. W. Kordes' Söhne, 1969.
Blüten sehr haltbar, starkduftend. Pflanze kräftig, gutverzweigt, straffaufrecht, mit reichlichem Laub. *Teehybride* (Edelrose).

Die Gattung Rosa

Vor etlichen Millionen Jahren haben sich die ersten Höheren Pflanzen mit vollkommenen Blüten entwickelt. Zu den frühen, die diese Entwicklungsstufe erreichten, gehören die Rosengewächse. Eine viel verzweigte Familie, zu der außer der den Namen gebenden Rosa die Äpfel, Birnen, Kirschen, Pflaumen, Erdbeeren, Himbeeren usw. gehören.

Ein Blick auf vorstehende Namen zeigt, daß die Rosaceen für den Menschen eine besondere Bedeutung haben, nicht nur wegen der Blüte, sondern insbesondere für die Ernährung.

An verschiedenen Orten auf der nördlichen Globushälfte hat man Abdrücke von Pflanzenteilen, Blättern, Stacheln, Zweigen und den Sepalenkranz der Früchte-Blüten gefunden, die den gleichen Teilen der heute lebenden Rosen sehr ähnlich sind. Im Senckenberg-Museum in Frankfurt-Main war und ist heute wohl auch noch ein Blattabdruck auf einer Sedimentplatte ausgestellt, von dem jeder auf Anhieb wohl sagen würde – es ist ein Rosenblatt – genau wie es unsere Heckenrosen heute haben.

Im Rosenjahrbuch 1950 III hat Franz Kirchheimer mit Photographien der Pflanzenteile einen schönen Bericht über die Fossilienfunde der Gattung Rosa erstattet. Danach wären unseren heutigen Rosen ähnliche Pflanzen im Tertiär erstmals allgemein über die gemäßigten Klimagegenden der nördlichen Halbkugel verbreitet gewesen. Seither haben die Rosen den Eiszeiten trotzen müssen – haben aus den nördlichen Teilen sich nach Süden flüchten müssen, und es sind sicher viele Formen verlorengegangen. Andere dagegen sind durch Mutationen oder aus Kreuzungen der durch die Wetterverschlechterung zusammengeführten Formen entstanden.

Aus einer solchen Kreuzung ist auch wohl unsere Hundsrose Rosa canina L. hervorgegangen, ihre Chromosomenstruktur deutet auf eine Vereinigung von Arten mit sehr verschiedener Ploidie.

Im Laufe der Jahrmillionen sind an wahrscheinlich weit auseinanderliegenden Orten Mutationen aufgetreten, von denen sich eine Reihe als lebens- und ausbreitungsfähig erwiesen, was dann zu dem heute vorhandenen Sortiment sehr unterschiedlicher Arten führte.

Diese Wildformen wurden besonders in den Jahren um 1800 nach Europa gebracht, und hier haben dann Gärtner viele Versuche gemacht, um die Eigentümlichkeiten der Wildarten zu neuen Kombinationen zusammenzutun und auf diesem Wege Formen zu züchten, die in der Natur nicht möglich wären, weil die Elternarten in weit auseinanderliegenden Orten zu Hause sind.

Die Fähigkeit der Rosa-Arten, durch sprunghafte Veränderungen, Mutationen, die Erbanlagen weiter zu verändern, haben dann auch die Ausgangsformen unserer heutigen Gartenrosen entstehen lassen, z. B. die gefülltblühenden R. gallica L. oder die in China in den Gärten gepflegten gefülltblühenden Teerosen, die auch noch in verschiedenen Blütenfarben vorgefunden wurden.

Diesen Versuchen der Gärtner haben wir die Urgartenformen zu verdanken, aus denen dann in bald 200 Jahren züchterischer Arbeit unsere gegenwärtigen Herrlichkeiten entstanden sind.

Es gab allerhand Beschwernisse zu überwinden. Durch die jahrtausendlange Anpassung hatten etliche bösartige Pilze sich zu Schmarotzern auf den Rosenblättern entwickelt. Im Laufe der Zeit stellte sich dann heraus, daß viele dieser Pestilenzen abhängig geworden waren von dem physiologischen und chemischen Zustand der Blattzelleninhalte. Es gab Rosen, die nie vom Mehltau befallen wurden oder gar nie Rost und Sternrußtau zeigten. Diese Eigentümlichkeiten haben denkende Züchter dann ausgenutzt, und aus ihren Bemühungen sind heute eine ganze Reihe von Gartenrosen entstanden, die gegen diese Plagen weitgehend immun sind. Wie schwierig diese Arbeit war, möchte ich an einem Beispiel erklären. Unsere übelste Pest ist der Sternrußtau. Schwarze Flecke, die sich zuerst an der Unterseite des Blattes bilden, aber bald, bei Durchsicht des Blattes, ganz deutlich ein dicht mit Mycel gefülltes Blattinnere zeigen, sind das Äußere dieser Pilzkrankheit. Schließlich bilden sich unter oder auch auf dem Blatt schwarze oder braune Stellen, die unter dem Vergrößerungsglas einen Sporenhaufen zeigen. Diese Sporen trägt der Wind dann durch die Gegend und sorgt für die Verbreitung. Nun wäre ja mit der Verhinderung der Sporenbildung und Verbreitung dem Übel beizukommen, und zunächst gingen auch alle Untersuchungen in diese Richtung. Gleichzeitig zeigte sich, daß in stark verseuchten Rosenbeständen gewisse Sorten keinerlei Befall zeigten. Der Fund bewirkte, daß erstmals die Behauptung aufgestellt wurde, die Sorte X sei gegen Sternrußtau immun. Aber die Enttäuschung folgte sehr schnell, weil sie an anderen Orten sehr wohl befallen wurde. Schließlich wurde von einem Wissenschaftler ein großer Versuch durchgeführt. Er kaufte Rosen von den Pflanzenzüchtern, die angeblich sternrußtaufrei bleiben sollten. Pflanzte sie so, daß er eine lange Reihe von Sporenübertragungen auf Einzelpflanzen künstlich herstellen konnte. Dann besorgte er sich Blätter mit Sternrußtau aus allen möglichen Gegenden, brachte von den auf Nährboden gezüchteten Erregern aus den eingeschickten Blättern isolierter Sternrußtauherkünfte reine Sporen auf die einzelnen, abgeschirmten Pflanzen zum Entwickeln. Resultat: Er stellte fest, etliche Herkünfte ließen sich auf fast jeder der angeblich pestsicheren Sorten zur Entwicklung bringen. Andere kamen nur auf wenigen Sorten zur Entwicklung, und einige Pflanzen, von ganz wenig Sorten, trotzten auch allen Impfungen und blieben rein. Im Abschluß hatte er etwa 15 Rassen Sternrußtau isoliert, was den Beweis lieferte, daß es mindestens so viele unterschiedliche Sorten Sternrußtau gibt. Daraus ist nun zu folgern, daß eine örtliche Immunität unter Umständen sehr täuschen kann, weil an anderen Orten andere Rassen (Biotypen) Sternrußtau die Protoplasmazusammensetzung doch für ihre Ernährung nützen können. Mit diesem Versuch wurde aber auch klar, daß es eine Möglichkeit gibt, viele, wenn auch nicht alle Sorten sternrußtaufrei zu züchten. Es kommt nur darauf an, dem Pilz den Nährboden, den Zellinhalt und die Assimilate in solcher Form vorzusetzen, daß er nicht davon leben und auf jeden Fall nicht zur Vermehrung schreiten kann. Scheinbar sehr einfach, aber es bedarf der unentwegten Mühe eines Züchters in einer ganz gewissen Richtung. Alle anderen Eigenschaften der Mutter- oder Vatersorte sind unwesentlich, nur die absolute Resistenz ist entscheidend. Allerhand ist auf diesem Wege erreicht, insbesondere die Abkömmlinge der moschata Hybriden und solche der rubiginosa Hybriden haben uns zu sehr weitgehend immunen Sorten geführt.

Jeder wird aber verstehen, daß der Erfolg einige Dezennien voll Arbeit voraussetzt.

Während der Millionen Jahre, seit die ersten Rosen im Tertiär ihre Blüten brachten, haben die äußeren Einwirkungen auf die Erbanlagen immer wieder zu Mutationen geführt. Es hat sicher sehr viele Mutationen gegeben, die nie eine Wirkung im Sinne der Evolution gehabt haben, sie sind dort, wo sie entstanden, auch zu Ende gegangen. Aber etliche von den Genmutationen sind doch in der Erbsubstanz erhalten geblieben und haben schließlich den heutigen Züchtern erlaubt, Rosenformen zu schaffen, die nur denkbar sind, wenn man solche ruhenden Erbanlagen voraussetzt. Diese haben es auch möglich gemacht, die Vielförmigkeit und Vielfarbigkeit unserer heutigen Gartenrosen zuwegezubringen. Was nicht drin war in der Erbmasse, konnte auch niemand herausholen, und nur selten ist durch eine Mutation eine neue Anlage entstanden. So war die Farbmutation zu orange-scharlach in Sondermeldung solch eine Seltenheit. Daß es sich dabei um eine Mutation in mindestens 4 Chromosomen gleichzeitig handelt, ergibt sich aus der mehrfach geprüften Tatsache, daß 98–99 % der Selbstungssämlinge von Kordes' Sondermeldung orange-scharlach blühen.

Daß die Züchter diese echte Erbanlagen-Veränderung ausgenutzt haben, beweisen doch eindeutig die vielen scharlachroten Rosen, die seit der Verbreitung der Kordes' Sondermeldung überall auf der Welt in den Handel gekommen sind.

Vielleicht hat einmal ein Züchter Glück mit einer Änderung der Rotfarbe zu blau bei den Plastiden, die den roten Farbstoff in lilamagenta Farbtöne umwandeln. Das, was wir jetzt als sogenannte blaue Rosen haben, ist ja bestenfalls eine Mischung von gelb und graurosa.

In etlichen, vielleicht 5 Millionen Jahren, hat sich aus den Ur-Rosaceen die ganze Familiensippschaft entwickelt. Es ist zumindest unwahrscheinlich, daß die Entwicklung schon zu Ende sein könnte.

Geschichte und Ursprünge unserer Gartenrosen

Wie Horaz in den Oden II, 15,5 darüber klagt, daß so viele fruchttragende Gärten in Blumenbeete verwandelt worden, und dann berichtet, daß so viele Getreidefelder mit Rosen bepflanzt worden seien, hatte die Rosenkultur schon zum zweiten Male einen Höhepunkt erreicht. Die erste Blütezeit der Rosen liegt schon viel weiter zurück in der Zeit, da die Großkönige des Vorderen Orients ihre Gärten in Kleinasien, Mesopotamien, Mazedonien und Persien mit Rosen schmückten. Aus diesen Gärten haben die Kleinasiatischen Griechen die Rosen erhalten. Aus den Gärten des Königs Midas ist uns durch den Vater der Geschichtsschreibung, Herodot, gestorben 428 vor Christi, die erste Überlieferung von gefülltblühenden Rosen gebracht worden.

Herodot: Geschichten. 8. Buch, Absatz 138. Die Flucht der Temeniden: Sie aber kamen in eine andere Landschaft Mazedoniens und wohnten da nahe bei den sogenannten Gärten des Midas, des Sohnes des Gordias, in denen die Rosen wild wachsen, jede von sechzig Blättern und von ungemeinem Wohlgeruch. (Adolf Schöll. 1940.)

Die älteste schriftliche Überlieferung wurde bei den Ausgrabungen in Ur und Akkad gefunden: Sargon, König von Sumer und Akkad, hat von einem Kriegszug, auf welchem er den Taurus überschritt, „Weinstöcke, Feigen- und Rosenbäume“ mit ins Euphrat-Tigris-Delta heimgenommen, um 2600 Jahre vor Christi. Theophrastos, gestorben 287 vor Christi, sagt in seiner Pflanzengeschichte VI, 6, 3, daß die Rosen meist 5-, einige 15- und 20blättrig, wenige aber 100blättrig seien. Er kennt auch die Anzucht der Rosen aus Samen, bemerkt aber, daß man dann lange auf Blumen warten müsse, schneller ginge es aus Stecklingen. Varro, gest. 28 v. Chr., in de rerum rusticarum I, 35, 1 gibt genaue Anleitung zu dieser Form der Vermehrung. Seneca, gest. 65 n. Chr., berichtet über künstliche Rosenzucht im Winter. Durch Begießen mit warmem

Wasser und durch künstliche Wärme erreichte man schon zu seiner Zeit ein Blühen der Rosen im Winter. Plinius der Ältere, zu Tode gekommen beim Ausbruch des Vesuvs am 25. Aug. 79, berichtet in seiner Naturgeschichte XXI, 4, 10 vom Okulieren der Rosen. All dies sind nur Spuren aus einer großen Zeit der Rose, die mit dem Ende des Römischen Weltreiches auch zu Ende ging. Damit verschwand zum zweiten Male die Rose aus der Öffentlichkeit. Das aufkommende Christentum hat zunächst die Rose als heidnisches Symbol abgelehnt, besonders auch als Symbol der Venus und im Gedenken an die ungeheuerliche Verschwendung der Römischen Großen. Erst später hat die Kirche den Teufel durch Beelzebub ausgetrieben, der Kult der Rose blieb im Geheimen ja doch bestehen und hat der Jungfrau Maria die Rose beigesellt. Damit war alles wieder im Lot und die Rose konnte in den Gärten der Reichen und vor allem in den Klostergärten das Mittelalter überstehen. Wir haben nicht viele bedeutende Berichte über die Rose aus den folgenden Jahrhunderten. Ein König Childebert in Paris hat um das Jahr 550 seiner Gemahlin einen Rosengarten pflanzen lassen, wohl mit solchen Rosen, die die Römer dorthin gebracht hatten. Karl der Große hat im sogenannten Capitulare de villis aus dem Jahre 805 die Anpflanzung von Rosen in den Gärten der Pfalzen befohlen. Zu diesen Zeiten war aber die Rose wohl schon mehr ihres angeblichen medizinischen Wertes wegen angebaut, als wegen ihrer Blüten- und Duftherrlichkeit. Die Rose, oder allerlei Teile von ihr, waren gut gegen alle möglichen Gebrechen; ein Großteil dieser Rosenmedizin stammt wohl schon aus grauer Vorzeit. Später finden wir dann in den Gartenbüchern allerhand kuriose Angaben. Die Buchschreiber schrieben fleißig voneinander ab, fügten Unsinn zu Unsinn, und so wurde neben dem Wunderglauben und der Ausnutzung einer schönen Blüte für kirchliche Zwecke, die Rose so etwas wie ein Hans Dampf in allen Gassen. Damit hatte sie aber auch den Tiefstand ihrer Kultur erreicht, und an jenem Tage, an dem die Exkaiserin Josephine von Frankreich beschloß, in Schloß Malmaison einen Rosengarten anzulegen, der alle irgendwie erreichbaren Rosen beherbergen sollte, begann die Neuzeit der Blumenkönigin.

Wir müssen nun noch einmal ganz zurück in der Rosengeschichte. Diesmal müssen wir uns mit der Herkunft unserer Gartenrosen eingehender befassen. Theophrastos unterschied schon zwei Arten Rosen, eine Rhodon, mit welcher er wahrscheinlich die von Rosa gallica L. stammenden, zum Teil gefüllten Formen gemeint hat, und eine Kynosbaton, die

Hundsrose, mit welcher er wohl die auch in den Mittelmeerländern vorkommende Hundsrose, Formen unserer einheimischen Wildrose Rosa canina L., bezeichnet. Es ist sicher, daß unsere gefüllten alten Rosen von Rosa gallica L. abstammen. Von dieser Rose müssen zu verschiedenen Zeiten und in räumlich weit auseinanderliegenden Gegenden gefülltblühende Formen entstanden sein. Theophrastos berichtet auch, daß die Einwohner von Philippi vom Berge Pangaeus solche vielblättrigen Rosen holen konnten.

Die gefülltblühenden Rosen, die nach Herodot in den Gärten König Midas standen, sind ebenfalls das gewesen, was wir heute Provinzrosen nennen, oder Hybriden davon.

Eine solche ist die herrlich duftende Centifolie, die noch heute wild an den Südhängen des Kaukasus gefunden wird. In jener Gegend überschneiden sich die natürlichen Verbreitungsgebiete von Rosa gallica L. und Rosa moschata Herrm. Rosa centifolia L. ist sicher eine Naturhybride von den beiden genannten Arten. Die Eigenschaft, mehr als fünf Blütenkronblätter zu bringen, stammt wohl dabei von der Essigrose, R. gallica L. Sicher ist diese Rose aus ihrem Wildvorkommen in die Gärten gebracht worden wegen ihres ungewöhnlichen Duftes. Daneben hat man dann die gefüllten Formen von R. gallica L. ebenfalls geholt. Eine Dritte im Bunde, die wohl auch sicher in Rom in Kultur war, ist Rosa alba L. Diese Rose dürfte aus einer Vereinigung von Rosa dumetorum Thuill und R. gallica L. entstanden sein. Jedenfalls ist es eine nach pflanzlichen Merkmalen und ebenso im Chromosomenbefund zu R. canina L. zu stellende Rose. Rosa alba L. ist uns nur in Kulturformen bekannt, sie ist wildwachsend nie gefunden worden, und es gibt auch nur gefülltblühende Formen von ihr. Diese drei Rosen sind es, von denen alle durch das Mittelalter zu uns gekommenen gefüllten Rosen abstammen dürften. Die gefüllten gallica wurden später unter dem Namen Provinzrosen, nach der Provence, wo sie besonders reichlich und in vielen Sorten vorgekommen sein mögen, bekannt. Von den Centifolien stammen, durch Mutation, die Moosrosen. Rosa centifolia Muscosa ist, um etwa 1600, erstmals in Holland aufgetaucht. Von den Moosrosen sind später aber noch verschiedene Formen, wahrscheinlich sogar unabhängig voneinander, entstanden. Fast alle echten Moosrosen sind Mutationen, in der Gärtnersprache „Sports“, von der ursprünglichen ersten Mutation. Aber solche Formen wie Cristata, die angeblich in Genf auf einer Mauer wachsend gefunden wurden, sich durchaus selbständige Mutanten, ebenso die eigentümliche R. centifolia muscosa japonica, die sogar an den Zweigen und den Blattstielen dicht bemoost ist. Cristata hat ja nur eine moosähnliche Berandung der Blütendeckblätter.

Von den Provinzrosen sind im Laufe des Mittelalters wohl öfter Aussaaten gemacht worden. Aus diesen Aussaaten ist dann das Sortiment hervorgegangen, das um 1800 vorhanden war. Um 1760 ist dann aus Ostasien, wohl aus Nordburma stammend, die erste immerblühende Rose nach Europa gebracht worden. Es war dies Rosa chinensis Jacqu., die Bengalrose. Später kam dann Rosa chinensis semperflorens Koehne, die dunkelrot blühende Bengalrose. Diese beiden Rosen, deren Nachkommen fälschlich oft Monatsrose genannt werden, waren die ersten Ostasiaten, die mit unseren einheimischen, einmalblühenden Rosen gekreuzt, die ersten öfterblühenden Hybridenrosen ergaben. Hybriden, von denen wohl die erste die Rose du Roi ist, entstanden in dem Rosengarten des Grafen St. Lelieur. Später wurden diese Rosen unter der Gruppenbezeichnung Portlandrosen zusammengefaßt.

Der deutsche Botaniker Koelreuter, der etwa um 1750 über die Zweigeschlechtlichkeit der Pflanzenblüten schrieb, hat auch die ersten Arthybriden künstlich aus Pollenübertragungen gewonnen. Seine Erkenntnisse, die wohl schon teilweise im Altertum bekannt waren, deren Wissen aber wieder verlorenging, wie so vieles andere, wurden nun von französischen Gärtnern praktisch genutzt, und es soll besonders der Gärtner der Kaiserin Josephine, André Dupont, gewesen sein, der die Pollenübertragung fleißig geübt hat. Seine Kenntnisse hat er aber nicht, wie so manche Gärtner es taten und noch tun, als Geheimnis bewahrt, sondern sie seinen Berufskollegen mitgeteilt. Daraus entstand dann die Reihe der großen französischen Rosenzüchter, deren Namen auch uns noch etwas bedeuten. Die Descement, Vilmorin, Cochet, Vibert, Laffay, Prevost usw., die durch ihre Arbeit die große vielgestaltige Gruppe der sogenannten Bourbonrosen schufen. Vibert ist davon wohl der fruchtbarste gewesen, Louis Simon in seinem „Tous les Noms de Roses" gibt über 600 Sorten allein von diesem Züchter an.

Es wurden natürlich nicht nur Hybriden mit den R. gallica L., R. centifolia L., R. alba L. und R. damascena gezüchtet, sondern auch reine Bengalrosen. Um 1825 kam dann erneut eine immerblühende Ostasiatin nach Europa, die erste echte Teerose, Rosa odorata Sweet, sie blühte rosa; wenige Jahre später kam ihre hellgelb blühende Schwester, R. odorata ochroleuca Rehd. Diese waren nun, direkt aus den wärmsten Teilen

Südchinas stammend, alles andere als winterfest. Es handelte sich bei den eingeführten Formen um alte chinesische Kultursorten. Auch diese beiden wurden nun zum Einkreuzen benutzt, sowohl mit den Bourbonrosen als auch mit den Bengalrosen. Daraus wurden dann im ersten Falle die sogenannten Remontantrosen, im zweiten die Teerosen oder auch Bengalrosen. Die alten Züchter haben fast nie die Abstammung ihrer Züchtungen angegeben, viele Sorten entstammen aus Selbstungen von Hybriden, die neuen Sorten wurden einfach in solche Gartenrosengruppen eingereiht, wohin sie ihrem Äußeren nach am besten paßten.

Aus den zu uns gekommenen Nachrichten über die Rosen in der Glanzzeit Roms findet sich auch eine, wonach in Paestum eine Rose in Kultur sei, die im Herbst eine zweite Blüte bringe. Man hat über diese Nachricht viel herumgeraten. Die Ruinen von Paestum am Mittelmeer, südlich von Neapel, bergen keine Rose mehr, die im Herbst ein zweites Mal blüht. – Man hat bei dieser Nachricht an eine erst von den Kreuzzugfahrern aus Kleinasien nach Frankreich gebrachte Rose gedacht, an Rosa damascena Mill. Ich vermute, es ist hier eine an sich richtige Überlieferung falsch verstanden worden. In Paestum werden in dem üblichen heißen Sommer die Gallicarosen schon im August ihren Trieb beenden und die Blütenknospen des kommenden Jahres anlegen. Bleibt der Boden trocken, der die Pflanzen trägt oder sinkt die Temperatur unter eine gewisse Höhe, bleibt der Blütentrieb in embryonalem Zustand liegen. Paestum dürfte aber schon früher tiefliegend gewesen sein, der Boden also feucht. Ein ausgiebiger Herbstregen, dazu die warme Herbsttemperatur am Meer, und die Rosen sind ganz natürlich aus ihrer Ruhe erwacht und haben eine geringe Zahl Blüten in den späten Monaten des Jahres gebracht. Paestum ist jetzt ausgegraben, die teilweise gut erhaltenen Ruinen sind eine Sehenswürdigkeit, selbst im Lande Italien. Zu der Überlieferung, daß dort mehrmals blühende Rosen in Kultur waren, hat man aber bis jetzt keine weiteren Beweise gefunden. Die Natur hat also Treibhaus gespielt. Rosa damascena Mill. ist bestimmt nicht im Spiel gewesen. Diese Rose, die so viel äußere Ähnlichkeit mit gewissen Hundsrosenformen hat, ist sicher eine Hybride von R. gallica L. Daß sie eine geringe Herbstblüte bringt, ist wohl in der Hybridennatur begründet.

R. damascena Mill. wurde von einem Grafen von Brie um 1270 aus Kleinasien nach Frankreich gebracht. Wahrscheinlich wurde sie in der Umgebung von Damaskus gefunden und nach dieser Stadt benannt. Die

Ersteinführung führte in Frankreich bald zu größeren Kulturen dieser Rose, die in Europa dann den Namen Rosa omnium calendarum (Monatsrose) erhielt. Sie ist dann in den Listen der botanischen Gärten hier und dort aufgetaucht. In der Rosenzeitung hat K. Wein ihr eine gründliche Abhandlung gewidmet – sie war ein Schaustück, bevor die immerblühenden Asiaten nach Europa kamen. Heute ist auch diese Rose aus den Kulturen verschwunden, nur in Bulgarien, Kleinasien und Rußland ist sie noch die Hauptsorte unter den zur Rosenölgewinnung angepflanzten Rosen, besonders die Sorte R. damascena Trigintipetala Dieck. Für diese Ölgewinnung werden außerdem noch einige gefüllte Gallica- und Albasorten gepflanzt, doch ist das Öl der Trigintipetala das beste. Besonders in der Sowjetunion hat sich in den letzten 20 Jahren die Anpflanzung von Rosa damascena Mill. zur Gewinnung von Rosenöl stark erweitert. Als Folge dieser Ausweitung des Anbaues ist Rußland heute wohl der bedeutendste Rosenöl-Erzeuger. Ein ausführlicher Bericht findet sich im Rosenjahrbuch XXVI, 1962.

Im Orient wird auch der Rosenblüten Blätterpracht zu allerhand Näschereien verarbeitet, insbesondere wohl die Kronblätter der Gallicasorte Rosa gallica conditorum Dieck.

Aus einer Zufallskreuzung von Rosa chinensis Jacqu. mit Rosa moschata Mill. entstand die erste Noisetterose, Champneys Pink Cluster, 1810 in den Handel gebracht. Damit war eine schöne Kletterrosengruppe begonnen, die herrliche, große Blütenstände mit köstlichem Duft brachte. Die ersten Sorten dieser Gruppe waren rosa und weiß, erst später wurden gelbe Sorten gezüchtet, von denen William Allen Richardson, wohl die letzte ihres Geschlechtes, bis in unsere Zeit geführt wurde.

Aber auch die einheimischen winterharten Kletterrosenarten, Rosa arvensis Huds., die Ackerrose, niederliegend, kriechend im Wuchs, Rosa pendulina L., die gewöhnlich als R. alpina L. in unseren Katalogen bezeichnet wird, eine stachellose, aufrechtwachsende, rotblühende Form der Zimtrose, die im Gebiet der zentraleuropäischen Alpen zu Hause ist, und Rosa sempervirens L., die im Mittelmeergebiet beheimatete, nördlich der Alpen nicht ganz winterfeste, niederliegende, wintergrüne Rose, wurden zu Kreuzungen herangezogen. Aus ihnen entstanden aus der Ackerrose und der Bengalrose die sogenannten Ayrshirerosen, von denen die Sorten Capreolata Ruga und Venusta pendula noch in unseren Katalogen zu finden sind; sie sind bis –25°C ohne Winterschutz auch in freien Lagen hart. Aus Rosa pendulina L. kamen stachellose Strauchrosen, die auch als Kletterrosen genutzt wurden, die Sorten Mme. Sancy de Parabère und Inermis Morletti findet man heute zuweilen noch. Aus R. sempervirens L. kamen Kletterrosen, die in unseren Breiten wenig angepflanzt wurden, weil sie weniger winterfest waren als die ebengenannten; Félicité et Perpétue war die bekannteste Sorte. Sie stammt schon aus dem Jahre 1827. Um 1800 hat es wohl 200 bis 300 Sorten und Arten gegegeben, die in Gärten angepflanzt waren oder in Europa wild vorkamen. Um 1850 war die Zahl schon weit über die ersten 1000, allein in Gartensorten.

Um diese Zeit begann wohl auch die Arbeit, aus den Bourbonrosen die Remontantrosen zu züchten; die Remontantrosen, die den Älteren unter uns noch durch ihre dunkelroten Farben und den köstlichen Duft, aber auch durch ihre Anfälligkeit für Rost und Mehltau gut bekannt sind. Es waren herrliche Farben in den Van Houtte, 1869; Louis van Houtte, 1863; Sénateur Vaisse, 1859; Général Jaqueminot, 1852; Princesse de Béarn, 1885; Eugène Fürst, 1875; Fisher et Holmes, 1865, usw.; all diese Herrlichkeit ist dahin, buchstäblich vom Rost vernichtet. Ähnlich liegt die Sache bei den Teerosen. Ursprünglich haben sie nur Bedeutung für die südlicheren Länder gehabt. Aber durch Kreuzen mit Bengal- und Bourbonrosen entstanden zuletzt Sorten, die eine gewisse Winterhärte besaßen und bei gut trockener Schutzdecke auch bei uns Nordmännern durch den Winter kamen. Sorten wie Papa Gontier, 1882, die viele Jahre die von der Riviera im Winter uns am meisten gelieferte Rose war, Marie van Houtte, 1871, die eben daher in großen Mengen kommende weiße Rose: Maman Cochet, 1892, der noch schönere weiße Sport davon, White Maman Cochet, 1896; solche Hauptsorten der neunziger Jahre wie Catherine Mermet, 1869, The Bride, der weiße Sport davon, 1885, Bridesmaid, ebenfalls Sport von Catherine Mermet, 1893, die entsetzlich frostempfindlichen gelben Herrlichkeiten wie Georges Schwartz, 1899, Mlle. Franziska Krüger, 1880, erscheinen uns Älteren heute noch zuweilen in unseren Träumen. Sie sind alle dahingegangen, in jenes Land, aus welchem niemand zurückkehrt. Lediglich eine ist auch in unserer Zeit ungeschlagen, die kletternde Teerose Maréchal Niel. Wer einmal diese gelbe Herrlichkeit erlebt hat, ihren köstlichen Duft geatmet, wird ihr nie mehr untreu, obgleich auch dieser Maréchal de France schon ein alter Kämpfer aus dem Jahre 1864 ist. Seine einzige Konkurrenz ist die aus der Kreuzung einer Bourbonrose mit einer Teerose her-

Abb. 3:
,*Gloire de Dijon*'. Jacetot, 1853.
Lachsgelb mit rosa. Öfterblühend. Die gezeigte Pflanze ist heute über 100 Jahre alt. Ziemlich winterfest. *Teerose.*

vorgegangene Gloire de Dijon, noch älter, nämlich aus dem Jahre 1853 stammend. Doch lassen wir diese Träume, nur die Alten unter uns wissen, was für Herrlichkeiten für ihre Zeit die genannten und noch viele, viele Sorten waren; heute stehen sie nur noch im Rosenlexikon, oder, wenn es glückliche Umstände zuließen, in den großen Rosenmuseen Sangerhausen, L'Hay bei Paris und Rosarium Dortmund.

Wenn wir die Antike der Rosenzeit bis etwa 1800 rechnen, dann war von 1800 bis 1890 die Zeit, die den ersten überzeugenden Sieg der Teehybride brachte, das Rosenmittelalter.

Bereits im Jahre 1867 brachte Guillot eine Rose heraus, die einen ganz neuen und besonders erfreulichen Typ darstellte, die Sorte La France. Nach Blatt und anderen Merkmalen ist es eine richtige Bourbonrose, nur daß sie, wie aus der Kreuzung von gallica mit chinensis eines Tages mit Sicherheit zu erwarten war, eine straffaufrechtwachsende, vielfach vergrößerte Bengalrose darstellte. Diese Rose, deren Duft und Farbenschönheit bei ihr zusagendem Wetter sie manchem älteren Rosenliebhaber unvergeßlich macht, war der Prototyp der erst viel später geborenen Teehybride. Diese Teehybride aber war eine aus der Überlegung eines denkenden Züchters, des Engländers Bennett, hervorgegangene Konstruktion. Bennett sagte sich, wenn aus Provinzrose mit Bengalrose gekreuzt die Bourbonrose, aus dieser mit der Teerose gekreuzt die Remontantrose wird, dann muß eine weitere Einkreuzung von Teerosen in die Remontantrosen uns eine Rosenrasse bescheren, die immer blüht wie die Teerose, aber viel winterfester sein muß. Seine ersten Sorten, William Francis Bennett, 1884 und auch Lady Mary Fitzwilliam, 1883, waren nun aber keineswegs Rosen, wie wir sie heute uns unter der Bezeichnung Teehybriden vorstellen. Sie waren sehr schwachwüchsig, aber von unseren heutigen Gartenrosen stammen mindestens dreiviertel aller Sorten von diesen beiden Bennettschen Züchtungen. Sie sind, trotz ihrer äußerst bescheidenen Winzigkeit, die Ahnen eines großen Geschlechtes geworden. Dies Geschlecht wurde mit einem Schlage hoffähig, als im Jahre 1890 Lambert seine Kaiserin Auguste Viktoria und Pernet-Ducher seine Mme. Caroline Testout in den Handel brachten. Beide Rosen stammen von Lady Mary Fitzwilliam. Mit diesen beiden begann ein Reigen, der heute in der herrlichen Gloria Dei seinen schönsten Erfolg hat. Wer weiteres über die Genealogie unserer Gartenrosen wissen will, lese im Rosenjahrbuch, Lieferung X, 1954, nach; dort ist ein umfassender Stammbaum der auf Lady Mary Fitzwilliam zurückgehenden Rosen in verschiedener Merkmalsaufgliederung gebracht.

Aber mit den beiden immerblühenden Ostasiaten war dies Wunderland in Rosen noch längst nicht erschöpft. Anfang des neunzehnten Jahrhunderts beschrieb der schwedische Botaniker Thunberg eine Rose, die er in Japan kennengelernt hatte. Er gab ihr wegen der vielen Blüten den Namen Rosa multiflora Thunb. Kurz nach 1860 brachte der deutsche Arzt und Erforscher Japans, Siebold, den ersten Samen dieser Rose nach Europa. In Leiden, in seinem Akklimatisationsgarten, wurden daraus die ersten Pflanzen gezogen und von da verbreitet. Mit dem Münchener Botaniker Zuccarini gab er ihr den Namen Rosa polyantha Sieb. et Zucc. Aus dieser zweimaligen Namensgebung entstand die unerfreuliche Doppelbenennung der „vielblütigen" Rose. Dies ist die deutsche Übersetzung für das lateinische „multiflora" und das griechische „polyanthos". Da die Rose erstmalig unter der Bezeichnung polyantha verbreitet wurde, nannten die europäischen Gärtner die Rose „Kletternde Polyantha" und die aus einer Kreuzung mit Teerosen entstandenen niedrigbleibenden, dauerndblühenden Formen einfach „Polyantharosen". Der Franzose Guillot war der erste, der solche immerblühenden Formen unter seinen Kreuzungen erzielte. Die erste dieser Sorten, Mignonette, ist die Ahne fast aller heutigen Polyantharosen, Polyanthahybriden und Floribundarosen. Aus diesen kleinblütigen Polyantharosen sind die schönsten Gartenrosen unserer Zeit gekommen, insbesondere, seit es gelungen ist, die Abkommen der Rosa moschata Herrm., mit ihrer Widerstandsfähigkeit gegen die verheerenden Pilzkrankheiten des Rosenlaubes in die multiflora Nachkommen einzukreuzen. Heute ist es gelungen, die Vielblütigkeit mit den großen edlen Blüten der Teehybriden zu vereinen. Dazu die große Verbesserung in Hinsicht auf Winterfestigkeit und Krankheitsfreiheit, die es sicher macht, daß aus den kleinen, oftmals verächtlich als Heckenrosen bezeichneten Polyantharosen, die Gartenrose von heute und morgen geworden ist.

Aber noch eine Rose kam aus dem östlichen Ostasien; von den eisigen Gefilden Kamtschatkas und den angrenzenden Ländern des Festlandes, kam Rosa rugosa Thunb., die Kartoffelrose. Mit großen roten und weißen Blüten, einen dicken, von vielen Ausläufern ständig vergrößerten Busch bildend, sehr große, plattgedrückte Hagebutten tragend, war sie eine der erfreulichsten Überraschungen, die Asien für uns Rosenfreunde hatte. In der Heimat erträgt sie bis –35° C. Bei uns leidet sie nur auf trockenem Standort; diese Rose braucht feuchten Boden, um vollendet schön zu sein. Dabei hat sie noch eine Eigenschaft, die wohl am

Abb. 4:
,Orléans-Rose'. Levavasseur, 1909.
Aus dieser Rose sind unsere Polyantharosen und deren Nachkommen gezüchtet worden. Sie ist Ahnfrau fast aller unserer heutigen vielblütigen Gartenrosen. Die Stammtafel geht diesen Weg: Orléansrose x Teehybride = Polyanthahybride. Polyanthahybride x Teehybride = edelrosenblütige Floribundarosen. Der Zuchtweg wird uns in wenigen Jahren Floribundarosenpflanzen, hart, reichblühend, robust, mit Blüten wie Teehybriden, bringen.
Polyantharose.

Abb. 5:
,Rosa kordesii'. Wulff, 1952.
Rosa, großblütig, winterfest wie die Ahne Rosa rugosa. Durch Chromosomenverdoppelung ist diese zu einer normalen, fruchtbaren Pflanze geworden.

meisten überrascht, sie blüht durch den ganzen Sommer. Auch starke Grundtriebe bringen bei guter Ernährung und Feuchtigkeit im Sommer große Blütenrispen. Kein Wunder, daß die Züchter versuchten, so viel Gutes auf einmal mit den bisherigen Rosen zu vereinen. Besonders die Winterfestigkeit war es, die lockte. Es entstanden Hybriden, die der Art genau glichen, nur die Blüten waren gefüllt und hatten andere Farben. Aber auch Sorten, die mit ganz anderem Pflanzenaufbau die Blütenformen und Farben der Gartenrosen verbanden, kamen in den Handel. Die Sorten der ersten Gruppe hatten die Winterhärte der Art geerbt, die meisten der zweiten leider nicht. In den letzten Jahren war es still um die rugosa geworden, der Mißerfolg der Pioniere hielt die nur dem Tagesgeschrei folgenden Züchter ab, sich mit diesem halsstarrigen Ding zu befassen. Erst im Jahre 1940 gelang es mir, aus einer Selbstung der rugosa × wichuraiana Hybride Max Graf eine Rose zu erzielen, die die Winterfestigkeit der rugosa mit den großen herrlichen Blüten unserer Gartenrosen vereint und normal fruchtbar ist. Die Rosa rugosa Thunb. hat nur sieben Chromosomen, unsere Gartenrose aber 14 in den Geschlechtszellen. Daraus entsteht dann immer eine fast unfruchtbare triploide Hybride. Sehr selten geschieht es nun, daß die Natur diesen Kurzschluß überwindet. Das ist bei meiner Rosa kordesii Wulff. geschehen. Es ist eine tetraploide Form daraus geworden, wohl auf dem Wege der Amphidiploidie. Sie hat in den Geschlechtszellen 14 Chromosomen. Damit ist sie mit all unseren Gartenrosen normal fruchtbar, und ich habe aus Kreuzungen mit ihr die herrlichsten, großblütigen, farbenprächtigen und gänzlich winterfesten Kletterrosen gezüchtet, die es bis heute gegeben hat. Eine Reihe der prächtigen Rosa kordesii Wulff. Hybriden ist in den 50- bis 60er Jahren in den Handel gekommen, ich habe dafür zunächst nur öfterblühende Formen ausgesucht. Die Vereinigung, guter, kräftiger Wuchs, ausreichende Winterfestigkeit und gesundes Laub, in Verbindung mit Öfterblühen und leuchtenden Farben, geben uns mit dieser Rasse von Kletterrosen etwas ganz Besonderes, zumal es gleich von Anfang an gelang, fast alle Farben in den Hybriden zu erreichen.

Erwähnt werden muß auch noch Rosa wichuraiana Crép, aus den Ländern um das Gelbe Meer stammend, die nicht ganz winterhart ist. Fast wintergrün wird sie zuweilen gepflanzt, wie etwa der Efeu zum Begrünen von Abhängen, Gräbern usw. Aus ihr sind aus Kreuzungen mit Teerosen eine Rasse von großblütigen, meist hellfarbigen Hybriden gezüchtet, die leider bei uns wenig winterfest sind. Aus Kreuzungen mit Remontantro-

Abb. 6:
,Herzog von Windsor'. M. Tantau, 1969.
Farbenrose. Starkduftend. Pflanze kompakt mit reichlichem Laub. *Teehybride* (Edelrose).

Abb. 7:
‚Silver Star‘. W. Kordes' Söhne, 1966.
Starkduftend. Reichliche Belaubung. Verträgt Regen. Pflanze aufrecht, gutverzweigt. *Teehybride* (Edelrose).

Abb. 8:
‚Peter Frankenfeld‘. W. Kordes' Söhne, 1966.
Große Blume, sehr haltbar. Pflanze aufrecht, gutverzweigt, robust, reichblühend. *Teehybride* (Edelrose).

Abb. 9:
‚*Mainauperle*'. W. Kordes' Söhne, 1969.
Blume starkduftend, verträgt Regen. Pflanze gutverzweigt, mit reichlicher Belaubung. *Teehybride* (Edelrose).

Abb. 10:
,Landora'. M. Tantau, 1970.
Große, sonnenfeste Blüten. Aufrechter, gutbelaubter Strauch. *Teehybride* (Edelrose).

Abb. 11:
,Piccadilly'. Sam. McGredy, 1960.
Starkduftend. Pflanze aufrecht, robust, außerordentlich reichblühend. *Teehybride* (Edelrose).

sen stammt die allen Rosenfreunden bekannte Dorothy Perkins, 1902; Excelsa, 1908, die rote Form davon und der weiße Sport White Dorothy, 1909, ergänzen diese rosablühende Form vorzüglich. Diese Rosen haben einen niederliegenden, kriechenden Wuchs. Die aufrechtwachsenden Kletterrosen unseres heutigen Sortiments gehören zu den Multiflorahybriden, so die allen bekannte Paul's Scarlet Climber, 1916, die oft auch einfach als Strauchrose gepflanzt wird, dann die einstmals aufregende Crimson Rambler, 1894 in Europa erstmalig angeboten, eine alte chinesische Kultursorte, die dort Shi Tz-mei, d. h. „Zehn Schwestern", heißt. Leider wurde diese chinesische Schöne bei uns sehr von Mehltau befallen, so daß sie heute auch schon wieder zu den vergangenen Herrlichkeiten gehört. Von ihr stammen aber die meisten der multiflora-Kletterrosen direkt oder indirekt. Von Crimson Rambler und einem Kinde von Mignonette stammt Mme. Norbert Levavasseur, aus welcher die einst in großen Mengen verbreitete Orléans-Rose stammt, die nun wieder Stammutter der Polyanthahybriden und der daraus gezüchteten Floribundarosen wurde.

Bleibt noch eine subtropische Kletterrose zu erwähnen: Rosa moschata Herrm. L., schon einmal angeführt als Eltern der Centifolie, sind auch noch die Noisetterosen aus einer ihrer Ehen hervorgegangen. Diese Noisetterosen aber hat Lambert benutzt bei seinem Versuch, uns öfterblühende Kletterrosen zu züchten. Dabei kam unter anderem die schöne Sorte Trier heraus, 1904. Aus Trier hat Pemberton eine ganze Reihe, leider bei uns nicht winterfeste Sorten, gezüchtet und aus einer der härtesten von ihnen, aus Robin Hood, 1927, hat es das Glück gewollt, daß ich eine Rasse sehr winterharter, öfterblühender Strauchrosen züchten konnte, deren Hauptsorten, Hamburg, Bonn, Elmshorn, Schneewittchen usw., schon eine große Verbreitung als Strauchrosen haben. Seit vor über 35 Jahren die ersten eigenen Lambertiana Hybriden, Eva und dann Wilhelm in den Handel kamen, hat sich die Zahl der Sorten vervielfacht. Auch die Typen sind unterschiedlich geworden, es gibt aufrechtwachsende Formen wie Bischofsstadt Paderborn, Lichtkönigin Lucia, die herrliche Nymphenburg, Shalom und Stadt Kiel, die man zu schmalen straffen Hecken pflanzen kann. Dann die breiterwachsenden Formen wie Wilhelm, Bonn, Mannheim, Sparrieshoop und Dirigent, die einen schönen runden Busch bilden. Hierzu paßt auch die großartige Aloha. Schließlich solche Typen wie Sparrieshoop, Dirigent, Händel und Chinatown, die große Büsche bilden und dabei an geeigneten Stellen mehrere Meter hohe und breite Pflanzen aufbauen können. Ein ideales Material für Hecken in allen Dimensionen. Man kann die öfterblühenden kordesii Hybriden ebenso verwenden, soweit sie nicht einen kriechenden Habitus haben.

Aus diesen hochwachsenden, öfterblühenden Strauchrosen sind den Züchtern Kordes, Tantau, Boerner, McGredy und anderen eine beachtliche Reihe von niedrigbleibenden Sorten mit großen Blütenständen, gefüllter oder halbgefüllter Art, gelungen. Ein Musterbeispiel der Entwicklung aus einer solchen moschata – noisettehybride ist folgendes: Rosenmärchen, aus Eva und Geheimrat Duisburg gezüchtet, gab direkte Kinder: Circus, Fashion, Spartan, Lavender Pinocchio, und aus diesen wieder sind fast die Hälfte aller heute in Katalogen zu findenden Floribundasorten hervorgegangen. Rosenmärchen, in den USA Pinocchio genannt, ist eine richtige Ahne einer reichhaltigen und sehr unterschiedlichen Serie von Floribundarosen geworden (s. Abb. 103, S. 200).

Mit den neuesten Sorten kommen wir schon sehr nahe an die beliebte hochzentrige, edle Blütenform der Teehybriden heran – während gleichzeitig die „Blühleistung" um ein mehrfaches gesteigert wurde und eine weitgehende Widerstandsfähigkeit gegen Mehltau, Rost und Sternrußtau erreicht wurde. Auch für die Kultur unter Glas sind aus dieser Abstammung die bedeutendsten Treibrosen hervorgegangen. Siehe auch die Sortenlisten am Schluß dieses Buches. Außer den vorgenannten Arten hat noch geringere Bedeutung Rosa spinosissima L., die in vielen mäßiggefüllten Formen früher in den Bauerngärten zu finden war. Ungewöhnlich frosthart, anspruchslos, sich leicht aus Ausläufern vermehrend, war sie die geeignete Rose für die Gärten, wo andere Rosen nicht mehr gediehen. Ich habe mir auch diese Art fleißig in allerhand Kreuzungen getan und etliche schöne, schon im Mai blühende Hybriden erzielt, die mit ihren großen, farbenprächtigen Blüten den Rosenreigen des Jahres mit einer Flut von Blüten eröffnen. Mancher hat schon in den ersten Maitagen vor Riesenpflanzen von Frühlingsanfang oder Frühlingsgold gestanden und sich gewundert, was das denn nun für eine n e u e Pflanzenart sein könne, um bei näherem Betrachten festzustellen, daß es Rosen sind. Einen kleinen Begriff von der Wirkung solcher Rosenbüsche gibt die Abbildung von Frühlingsgold (Seite 33). Die Pflanze ist 6 m breit und 4 m hoch. Da die Hybriden winterfest sind, geben sie auch da noch Rosenfreuden, wo die bisherigen großblütigen Rosen versagen.

Abb. 12:
‚Sparrieshoop'.
W. Kordes' Söhne, 1952.
Perlmutterrosa, außen lachsrosa. Stammt aus Rosa rubiginosa. Duftet wie die Hundsrose. Öfterblühend. Bis 20 Blüten in der Rispe. *Strauchrose.*

Abb. 13:
‚Frühlingsgold'.
W. Kordes' Söhne, 1937.
Reichblühend, gesund, winterfest. Als Vogelschutzgehölz geeignet.
Parkrose.

Abb. 14:
‚Rosa omeiensis pteracantha‘.
‚Stacheldrahtrose‘.
Hemsley & Wilson. Aus Zentral-China. Hagebutten erbsengroß, reifen im Juli. *Parkrose.*

Abb. 15:
‚Rosa roxburghii‘.
Trattinnick.
Mit Stachelwarzen auf den Hagebutten.
Parkrose.

Auch Rosa rubigniosa L., die von Linné etwas früher schon einmal getauft wurde mit dem Namen R. eglanteria L., ist für die Gewinnung großer einmalblühender Strauchrosen mit unseren Gartenrosen gekreuzt worden. Die sogenannten Lord Pencanceschen Rubiginosahybriden sind teilweise herrliche riesige Büsche, zur Blütezeit mit einer Überfülle von einfachen Blüten bedeckt. Aus ihnen habe ich auch einige schöne Hybriden erzielt, die nun, mit der Rosa kordesii Wulff. gekreuzt, öfterblühende Strauchrosen ergeben haben – bei denen man auch bei 20° C unter Null ohne Sorge um seine Lieblinge schlafen kann.

Außer großen Strauchrosen, die aus Kreuzungen mit rubiginosa Abkömmlingen erzielt wurden, gelang auch die Herauszüchtung von Formen, die im Äußeren den Polyanthahybriden ähneln. Diese zeigen gegenüber den aus Rosa multiflora Thunb. stammenden, echten Polyantharosen und deren Abkömmlingen eine größere Widerstandsfähigkeit gegen die alten Blattkrankheiten und auch gegen unsere Wintereinwirkungen. Bekannte Sorten, die sich schnell gut eingeführt haben und in den verschiedenen langjährigen Prüfungen gut abschnitten, sind: Ama, Circus, Diamant, Duftwolke, Elysium, Fanal, Goldrausch, Insel Mainau, Käthe Duvigneau, Korona, Lilli Marleen, Märchenland, Meteor und viele andere.

1837 hat Willock aus dem Vorderen Orient die gefülltblühende Form von Rosa foetida Herrm. eingeführt. Sie geht in unseren Katalogen als Persian Yellow. Mit ihr hat Pernet-Ducher die von seinem Schwiegervater gezüchtete Antoine Ducher, 1866, bestäubt. Daraus wurde eine gelbrotbunte Remontantrose, die Sorte Soleil d'Or, 1900. Aus dieser, die er Pernetianarose nannte, hat dieser große Rosenzüchter, der Erfüller des Bennettschen Versprechens in bezug auf die Teehybriden, mit eben diesen Teehybriden, die farbenprächtigen, Teehybriden ähnlichen Pernetrosen, gezüchtet. Leider hatte die Mehrzahl dieser Sorten außer dem kurzen Feuerwerk prächtiger neuer Farben den großen Fehler der R. foetida Herrm. geerbt, außerordentlich anfällig für Sternrußtau zu sein. Mit dieser Belastung hat die Teehybride oder Edelrose, zu denen man heute die Pernetrosen stellt, weil es praktisch unmöglich geworden ist, sie von den Teehybriden alten Stils zu unterscheiden, in den letzten 40 Jahren einen sehr schweren Stand gehabt. Überall, wo der Sternrußtau seine natürlichen Lebensnotwendigkeiten erfüllt fand, trat er in verheerendem Umfang auf. Der ununterbrochenen Arbeit der Rosenzüchter der ganzen Welt ist es nun aber doch gelungen, eine beachtliche Zahl von

Abb. 16:
Rosa centifolia muscosa 'Cristata', links im Bild;
Rosa centifolia Major, rechts im Bild.
Parkrosen.

Abb. 17:
Rosa centifolia muscosa 'Blanche Moreau'.
Parkrose.

Abb. 18:
Rosa multiflora.
Thunberg.
Stammart unserer Kletter- und Polyantharosen. Heimat Ostasien, Ostchina und Japan.

Edelrosen zu züchten, die mehr oder weniger widerstandsfähig gegenüber diesem bösen Parasiten sind. Heute haben wir eine gute Zahl Teehybriden und Floribundarosen mit Edelrosenblüten, die nur in ganz schlechten Verhältnissen vom Sternrußtau befallen werden.

Die Umstände, besonders aber die Tatsache, daß durch Massenpflanzungen in öffentlichen und privaten Gärten die Infektionsgefahr stark gesteigert wurde, zwangen alle Züchter, sich diesem Problem besonders zuzuwenden. Der Erfolg ist nicht ausgeblieben, und für jeden, der die Gärten aus der Zeit um 1900 oder sogar 1925 kennt, ist hier ein unbestrittener Fortschritt augenfällig.

Soviel aus der Geschichte unserer Rosen. Längst, bevor aus den europäischen Völkern etwas Geschriebenes vorliegt, war sie in den Gärten oder Anpflanzungen der Indogermanen Kleinasiens, der Sumerer und der Chinesen zu finden, sie hat alle Krisen des Menschengeschlechtes überstanden. Für uns eine Ursache zur Hoffnung, daß sie auch die heutigen Zeiten herrlich und duftend überdauert, die Königin der Blumen.

Vom Züchten

Im vorhergehenden Abschnitt ist oftmals das Wort Züchten gebraucht worden. Ich will nun im folgenden diese Tätigkeit erklären, in der Hoffnung, daß daraus einmal neue Rosenherrlichkeit aus der Mitarbeit aufmerksamer Leser werden möge. Züchten zerfällt in zwei Arbeiten. Einmal hat es als Ziel, neue, abweichende Formen zu erreichen, dies ist einfach Neuzüchtung. Die andere, weit schwierigere Züchtung hat das Ziel, die erreichte neue Sorte samenbeständig zu machen und zu erhalten. Man nennt sie deshalb einfach Erhaltungszucht. Für uns Rosenzüchter kommt glücklicherweise nur das erste in Frage, da die so gewonnene neue Sorte auf fremder Wurzel durch Veredlung weiter vermehrt wird, braucht sie nicht erst samenecht gezüchtet zu werden, was wohl auch bei den meisten unserer Gartenrosen praktisch unmöglich ist.

Wir brauchen also nur in den Garten, noch besser in ein Gewächshaus zu gehen, die Rosen, von denen wir Samen haben wollen, zu entmannen, dann Pollen von einer anderen Sorte auf die Stempel zu übertragen und die Götter den Rest tun zu lassen. Einfach, nicht wahr: „Glückliche Rosenzüchter."

Und dennoch haben eben diese Götter vor den Erfolg den Schweiß und die Arbeit gesetzt.

Ich erwähnte vorhin, daß von den beiden kleinen, unscheinbaren Bennettschen ersten Teehybriden dreiviertel aller heutigen Gartenrosensorten stammen. Es gibt also bei Rosen auch ein Kapitel: „Die Ahnen." Für den, der als Beruf Rosenzüchter erwählt, ist die Kenntnis eben dieser Ahnen sehr wohl notwendig. Im schönen Jägerschen Rosenlexikon, das bei der Sortenbeschreibung auch die Eltern angibt, kann man Rosengenealogie studieren. Ein bis in die heutige Zeit reichendes Kompendium von Rosennamen, Züchtern und Abstammungen ist die neueste Ausgabe von Modern Roses. VII. 1969. Das Jägersche Lexikon reicht nur bis 1928. Aus Vergleichen kann man sich ein Bild machen von den Erbeigentümlichkeiten gewisser Rosen, die dann ganze Geschlechter beherrschen. Diese Erbeigentümlichkeiten liegen in den Genen. Diese wieder reihenweise hintereinander angeordnet, wie die Perlen einer Schnur, liegen in den Chromosomen. Die Anzahl der Gene ist sehr groß, wohl mehrere tausend. Für jedes Merkmal der Rose ist ein oder sind gar mehrere Gene vorhanden. Aus der vorübergehenden oder dauernden Wirkung der Gene ergibt sich die stärkere oder schwächere Ausbildung des Merkmals. Merkmal im Sinne des Züchters ist alles, was wir wahrnehmen können, daneben wird es noch viele Merkmale geben, die wir weder mit unseren Sinnen, noch auf Umwegen durch technische Vorgänge erfassen können. Merkmal ist z. B. einfache Blüten, aufrechter Wuchs, dicker Blütenstiel, rote Blütenfarbe. Die Gegenmerkmale dazu wären sozusagen gefüllte Blüten, seitlicher Wuchs, dünner Blütenstiel, weiße Blütenfarbe. Jedes Merkmal kann in Abstufungen vorkommen, man nennt das multiple Allele bei den Wissenschaftlern. Jedes Merkmal kann aber auch stark oder schwach sein, wenn es mit einem Gen gleicher Art, aber aus anderer Rosensorte zusammenkommt. Das hat schon der gute Pater Mendel erfahren und erkannt, als er seine Versuche über die Vererbung machte. Dann heißt das starke Merkmal „Dominant“ und das schwache „Recessive“, auf deutsch unterdrückt. Mendel hat schon festgestellt, daß das unterdrückte Merkmal nicht verschwunden war, sondern in der nächsten Generation wieder zum Vorschein kommen konnte – mitunter dauert es viele Generationen – und dann besonders bei Rosen ergeben sich für den, der von den „Ahnen“ keine Ahnung hat, unglaubwürdige Nachkommen. Solches Wiederauftauchen unterdrückter Merkmale nennen wir Mendelspaltung, im Andenken an Gregor Mendel, den Augustinerpater in Brünn, der es zuerst richtig deutete. In seiner Veröffentlichung darüber, 1866, hat er die großen Grundgesetze der Vererbung genau formuliert. Noch 1856 hatte Darwin geschrieben, daß die Gesetze der Vererbung völlig unbekannt seien. Um 1900 wurden Mendels Arbeiten wiederentdeckt, von großen Genetikern nachgeprüft, an vielen Millionen von Versuchsobjekten durchgeprobt und immer für richtig befunden.

Natürlich, so einfach wie bei Mendels Erbsen liegen die Dinge bei den Rosen nicht. Ich erwähnte oben schon die Tatsache, daß viele Gene in Abstufungen, multiple Allele, vorkommen, dazu dies lustige Spiel der Dominanz, dann die Wahrscheinlichkeit, daß viele Merkmale von mehreren Genen gesteuert werden. Ein wahrer Hexensabbath von Möglichkeiten ergibt sich aus bescheidenen Röslein. Bei der roten Blütenfarbe vermute ich mindestens ein halbes Dutzend Allele, dazu die Tatsache, daß das Rot ursprünglich von mindestens zwei Rosenarten, gallica und chinensis, herkommt. Ob diese beiden Arten das gleiche chemische Rot erzeugen, ist wohl fraglich, obwohl beide Rotfarben zu den Anthocyanen gehören. Dann kommen noch zwei Einflüsse, das Protoplasma bzw. beim Rot der Zellsaft, dessen Säuregrad oder Alkalität die Anthocyane rot oder blau erscheinen läßt, und die Einflüsse von Ernährung, Witterung usw. Auch der Laie wird begreifen, daß all diese Faktoren zusammenwirkend eine unendliche Abstufung allein der Rotfarbe bei den Rosen ermöglichen. Dies wird auch meinen Lesern erklären, warum die

Abb. 19:

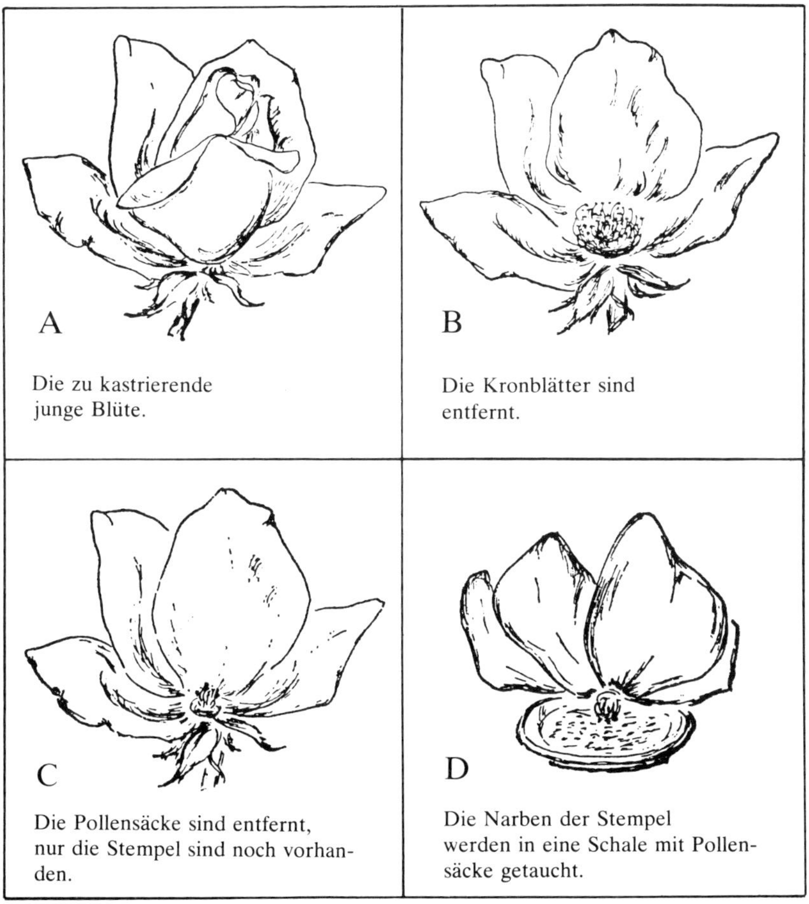

A — Die zu kastrierende junge Blüte.

B — Die Kronblätter sind entfernt.

C — Die Pollensäcke sind entfernt, nur die Stempel sind noch vorhanden.

D — Die Narben der Stempel werden in eine Schale mit Pollensäcke getaucht.

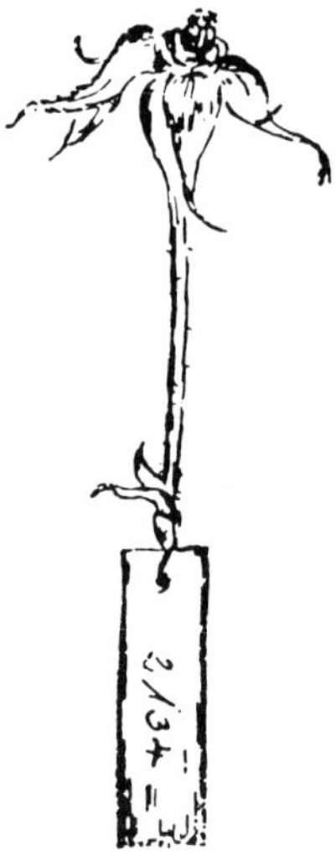

Abb. 20:
Bestäubte Blüte.
Mit Kreuzungsnummern versehen. Die Blüte muß im Freien mit einer Papiertüte gegen Insektenbesuch geschützt werden. Nach 3–4 Tagen nimmt man die Tüten wieder ab.

Rosen heute so, morgen so und fast in jedem Garten verschieden in der Farbe sein können.

Aber dies Buch soll ja nicht über Vererbung geschrieben werden, sondern über Rosen. Die handwerksmäßige Ausführung der für das Züchten nötigen Arbeiten sehen wir auf den Bildern Seite 41. Um nun zu diesen Arbeiten zu kommen. Zunächst geht man zeitig frühmorgens „Eh' die Hähne krähn" dabei und öffnet sanft die Knospen, die wohl im Laufe des nächsten Tages sich öffnen werden. Ich entferne immer alle Kronblätter bis auf die äußeren fünf. Dann sorgfältig, mit Fingern oder Pinzette, die meist gelben Staubblätter sauber entfernen, jede Beschädigung der in der Mitte stehenden Stempel ist zu vermeiden. Diese, in einfachen und mäßiggefüllten Blüten den prachtvollen gelben Kranz bildenden Staubblätter sind sozusagen der männliche Teil der Blüte. Ihre Zahl kann außerordentlich schwanken, von etwa 50 bis 300. Sie werden gebildet aus einem Stiel, dem Filament und den Pollensäcken, die in jungem Zustand aussehen wie ein kleines Weizenkorn.

Meist gelb, seltener weiß, grünlich- oder rotgefärbt, reißen diese Pollensäcke im Reifezustand seitlich auf, und es kommt ein weiß- oder gelbgefärbtes Pulver zum Vorschein, der Pollen. In diesem Pollenkorn liegen zwei Kerne. Einer, der vegetative, sorgt dafür, daß das Korn später austreibt, einen Pollenschlauch bildet und auf die chemischen Anlockungsreize der Eizelle reagiert. Der andere, viel kleinere Kern, teilt sich im Pollenschlauch noch einmal, und diese beiden Kerne führen dann nachher in der Eizelle die Befruchtung des Eikernes und des Pollenkernes durch. Aus dem befruchteten Eikern wird danach der Embryo und aus dem befruchteten Pollenkern ein Nährgewebe für den Embryo.

Die Pollenkörner sehen bei Vergrößerung aus wie schöne dicke Weizenkörner, alle die runzelig, vertrocknet oder klein aussehen, sind später taub und wertlos.

Die aus den Knospen geernteten Pollensäcke kann man in einem Glas- oder Porzellanschälchen oder auch auf einem Blütenkronblatt aufbewahren. An einem mäßigwarmen, trockenen Ort werden diese in zwei Tagen sich öffnen und den Pollen ausfallen lassen. Dann kann man solchen Pollen zum Bestäuben verwenden. Das Bestäuben selbst kann am einfachsten dadurch ausgeführt werden, daß die Stempel der zum Samentragen bestimmten Blüten in die Masse des Pollen eingetaucht werden. Man kann auch feine Pinsel nehmen und den Pollen aus den Behältern, in denen man ihn gesammelt hat, mit solchen Pinseln auf die Narben der Stempel übertragen. Dabei geht es natürlich nicht an, daß man erst von einer Sorte Pollen nimmt und dann mit demselben Pinsel von einer anderen Sorte auf anderen Narben übertragen will. Vorher muß der Pinsel gut gereinigt werden, am besten in Alkohol (Brennspiritus) gut auswaschen. Danach sind die noch an den Haaren sitzenden Pollen der ersten Sorte tot, und es gibt keine unerwünschte Mischung. Die Stempel haben am oberen Ende eine rauhe, einer groben Narbe ähnliche Ausbildung. Diese rauhe Oberfläche, gewöhnlich auch als Narbe bezeichnet, scheidet nun am zweiten Tage nach der Entmannung einen klebrigen Saft aus. In diesem Saft bleibt der Pollen hängen, quillt durch Flüssigkeitsaufnahme und reißt an einer gewissen Stelle auf. Aus dieser Stelle schiebt sich dann ein schlauchartiges Gebilde, von einer sehr dünnen Haut umgeben, der sogenannte Pollenschlauch. In seiner Spitze liegen die beiden Kerne, der vegetative vorne. Bald nach seinem Austritt aus dem Pollenkorn wächst der Schlauch in das Zellgewebe des Stempels hinein. Das weitere erwähnte ich schon oben. Nach der Pollenübertragung entferne ich dann die letzten Blütenkronblätter und befestige am Blütenstiel ein Etikett mit einer Nummer, die in einem Buch festgehalten wird. Bei der Eintragung im Buch wird hinter die Nummer zunächst die Mutter, dann der Vater geschrieben. Also etwa so: 99 Ophelia X Poinsettia. Jedes Jahr beginne ich wieder mit Nummer 1 und alle Pollenübertragungen werden fortlaufend numeriert. Zwischen 2 und 20 000 Pollenübertragungen habe ich seit etwa 1920 jährlich verübt, ein großes Sündenregister.

Im Freien schützt man dann die bestäubten Blüten mit einem leichten Papierbeutel, der erst nach vier Tagen wieder abgenommen wird. Im Gewächshaus ist dies unnötig, dort sorge ich durch Vernichtung der Fliegen usw. dafür, daß keine unerwünschten Pollenübertragungen mehr vorkommen.

Der Rest ist dann abwarten. Nach einigen Tagen, oft erst nach einigen Wochen, heben sich die bisher zurückgeschlagenen Blütendeckblätter, und dies ist meistens ein Zeichen, daß eine Befruchtung stattgefunden hat. Blütenkronblätter, die an der Blüte bleiben, verlieren nach Einsetzen des Befruchtungsreizes die leuchtenden Farben, werden oftmals schlaff und fallen bald ab. Man kann durch Verhinderung der Bestäubung, der Pollen wird auch als Blütenstaub bezeichnet, die Lebensdauer der Blüte verlängern.

Notwendig ist nun eine gute Behandlung der Mutter; nicht mästen, mäßige Ernährung, aber nie trocken werden lassen, ist Voraussetzung für die Erzielung schöner, keimfähigen Samen enthaltender Hagebutten. Im Herbst, nach etwa 5–6 Monaten, beginnen viele Gartenrosenhagebutten mit der Reifefärbung. Diese kann dunkel-, hell- oder orangerot sein, seltener gelb. Zuweilen, besonders bei Teerosen, bleibt die Hagebutte aber auch noch nach dieser Zeit grün. Man lasse die Hagebutten sitzen, solange es geht. Muß man im Freien ernten, ehe fünf Monate seit der Pollenübertragung verstrichen sind, schneide man die Hagebutten mit einem Stück Zweig, entferne die Blätter und stecke diese Zweige in feuchten Sand an einen mäßigwarmen Ort. Heller Standort ist wichtig. Dort reifen solche Hagebutten nach. Ich lasse im Hause die Hagebutten bis November an der Pflanze. Jede Hagebutte wird mit ihrem Nummernschild fest verbunden, und dann bringe ich die Ernte an einen kühlen Ort mit hoher Luftfeuchtigkeit. Dort bleiben sie bis Anfang Dezember. Dann wird ausgesät.

Ein gutes Saatbeet wird vorbereitet. Im Gewächshaus nehme ich eine Bodentiefe von etwa 15 cm. Der Boden aus gut abgelagerter Gartenerde wird im Frühjahr vorher mit Kuhdünger durchgelegt, etwa eine Schiebkarre Dünger auf vier Karren Erde. Den Haufen im Sommer mehrfach umsetzen, damit er im Herbst gut mürbe und krümelig ist. Dann, ehe die

Herbstregen ihn in Schlamm verwandeln können, durch Dämpfen sterilisieren oder durch Behandlung mit Terabol oder Di-Trapex entseuchen. Nach dieser Entseuchung und darauffolgender Abtrocknung ins Haus oder Mistbeet bringen. Die Behandlung mit Terabol bedingt eine Ruhezeit von 1 Woche bei genügend hoher Bodentemperatur von + 10° C und guter Ablüftung nach dem Begasen, während eine Behandlung mit Di-Trapex eine Ruhezeit von mindestens 6 Wochen erfordert, ehe man die Erde ins Saatbeet bringen kann. Das Aufbringen auf das Saatbeet muß gut gleichmäßig und locker erfolgen, damit das Beet nachher eben bleibt. Dann mit Kies oder grobem Sand 2 cm hoch abdecken. Vor dem Säen ziehe ich Linien in den Sand und auf diese Linien lege ich die einzelnen Samen in etwa 3–5 cm Abstand, je nach den Eltern, aus. Bei Teehybriden genügen 3 cm, und bei Kletterrosen muß weiter gesät werden. Viele Sorten keimen sehr schlecht, solche kann man natürlich gleich enger säen. Die ausgelegten Samen drücke ich mit dem Zeigefinger bis auf den schwarzen Boden in den Sand hinein. Vor jeder Kreuzung wird die am Nummernschild und im Buch gefundene Nummer auf ein Holz-, besser Plastikschild geschrieben und in die Reihe gesteckt. Alle gleichen Kreuzungen fasse ich bei der ersten im Buch stehenden Nummer zusammen. Dann den Sand mäßig feuchthalten, man kann mit dickem Papier, Moos oder Torfmull etwas abdecken gegen das Austrocknen. Ich habe solches aber unpraktisch gefunden und lasse meine Beete ohne Decke. Diese Aussaatmethode kann natürlich ohne weiteres auf Aussaaten in Kästen oder Töpfen übertragen werden.

Für alle Aussaaten hat sich ganz besonders die sogenannte Einheitserde nach Prof. Fruhstorfer bewährt. Sie ist aus pilz- und bakterienfreiem Material zusammengestellt, aus Ton und Torfmull, das sich über eine volle Vegetationsperiode locker und gutdurchlüftet hält. In dieser Erde gedeihen Rosensämlinge allerbestens – nur man muß, sobald die Entwicklung über die ersten 4–6 Blätter hinaus ist, mit Nitrophoska blau jede Woche düngen. Die Entwicklung der Sämlinge ist erstaunlich, und man kann diesen Boden nicht durch Gießen vermurksen und versauern – eher mal, daß die Pflanzen nicht genug Wasser haben. Man muß also, wenn die Sonne heiß brennt, gießen bis das Wasser den Erdraum ganz durchzogen hat, bei Töpfen, bis es unten wieder herausläuft. In der heißen Zeit täglich so durchgießen und der Erfolg ist sicher. Die Einheitserde wird an vielen Orten der Bundesrepublik maschinell hergestellt und in jeder gewünschten Menge geliefert und ist ganz frei von Insektenschädlingen und saatschädigenden Pilzen.

Die Samen muß man mit Hilfe eines Messers oder, nach Durchschneiden der Hagebutten, mit dem Daumennagel aus den Hagebutten entfernen. Ihre Form und Größe ist sehr unterschiedlich. Daraus Schlüsse auf die Keimfähigkeit oder den möglichen Wert der einzelnen Samen ableiten zu wollen, ist falsch. Die größten und dicksten Samen sind allerdings meistens die wertlosesten. Die Wasserprobe, ob sie schwimmen oder untergehen, ist auch keine sichere Sache. Es gehen auch taube Körner unter, die eine sehr dicke Schale und keinen luftgefüllten Hohlraum bergen. Es können aber auch Samen schwimmen, die neben einen kleinen Kern einen solchen Hohlraum enthalten. Man kann also nichts weiter tun, als hoffen und harren.

Um an den Samen die von den verrottenden Hagebutten stammenden Pilze zu vernichten, lege ich die Samen in eine Chinosol-Lösung. Damit wird ein frühzeitiger Pilzbefall am Wurzelhals der Sämlinge weitgehend verhindert.

Nun ist es wichtig, die Samen im Saatbeet kühl zu halten. Versuche und auch meine Erfahrungen zeigten, daß der Rosensame noch acht Wochen bei etwa + 6° Celsius gehalten werden soll. Dann Anfang Februar dürfen sie anfangen zu keimen. Mit Beginn des Keimens kann die Tageswärme auf + 15° C gesteigert werden. In kalten Häusern oder Kästen wird es natürlich später. Man muß aber verhindern, daß die Samen einfrieren, längeres Einfrieren bedeutet Tod oder mindestens Keimverzug. Die Edelrosensamen keimen im ersten Frühjahr nach der Ernte. Im zweiten Frühjahr keimen noch einige, meist aber nur wenige Samen. Von gelben Rosen, die Abkömmlinge von Rosa foetida Herrm. (lutea) sind, keimt oft erst der größere Teil im zweiten Frühjahr. Man muß also beim Aussäen darauf Rücksicht nehmen. Ich räume im Herbst, nachdem die Sämlinge, die ich für erprobenswert halte, veredelt sind, die Beete ab und werfe alles weg. Der Platz im Hause ist zu wertvoll, um noch auf die möglichen Nachzügler warten zu können.

Die Erde kann nun zuweilen allerhand Ungeziefer bergen. Deshalb habe ich sie immer vorher mit einem anerkannten Bodenentseuchungsmittel von solchen unerfreulichen Zeitgenossen, wie Drahtwürmern, Schnakenlarven, Engerlingen, Erdraupen usw. befreit. Bei der Anwendung von Bodenentseuchungsmitteln stets Vorschriften, wie Bodentempera-

Abb. 21:
,*Royal Dane*'. D. T. Poulsen, 1972. Blume starkduftend. Pflanze kräftige Büsche bildend, mit reichlicher Belaubung. *Teehybride* (Edelrose).

Abb. 22:
,*Königliche Hoheit*'. Conard Pyle Co., 1962. Starkduftende Blüte in zarter Farbe. Planze üppig, mit reichlicher Belaubung. Reichblühend. *Teehybride* (Edelrose).

Abb. 23:
‚Lolita‘. W. Kordes' Söhne, 1972.
Farbenrose, gutduftend. Reichblühend. Kräftige Büsche bildend. *Teehybride* (Edelrose).

Abb. 24:
‚Duftzauber‘. W. Kordes' Söhne, 1969.
Großblumig, sehr starkduftend. Aufrechter, reichlichbelaubter Strauch. *Teehybride* (Edelrose).

Abb. 25:
‚Duftwolke‘. M. Tantau, 1963.
Sehr große Blume, sehr starkduftend. Pflanze üppigwachsend, gutverzweigt, reichblühend. *Edelrose und Floribunda-Grandiflora.*

tur und Wartezeiten beachten, da sonst die Anwendungen ins Gegenteil umschlagen und es zum Verlust der eigenen Arbeit der Sämlinge führen kann. Weitere Entseuchungsmittel werden auf Seite 146 genannt, bitte dort nachlesen.

Gegen die pilzlichen Schädlinge im Saatbeet nehme ich etwas Chinosol, nach Vorschrift in der Gießkanne gelöst, und damit wird das Beet vor oder nach der Aussaat gleichmäßig überbraust. Einen Liter wäßriger Lösung auf den Quadratmeter und die gefürchteten Pilze werden sich nicht entwickeln können. Chinosol wirkt etwas keimverzögernd, dies hat bei den Rosen nichts zu bedeuten, da sie immerhin noch 6–10 Wochen in Keimruhe liegen. Wenn im Sommer das Beet mit einem grünen Moos- oder Algenüberzug daliegt, lassen sich verschiedene Mittel anwenden, wie Gesatop 50, Dimanin, Dithane-Ultra, Delegol – bitte genaue Vorschriften beachten, nie bei Sonnenschein oder auf pulvertrockene Beete, sonst gibt es Brennschäden oder auch möglicherweise Totalverluste.

Aber so weit sind wir noch gar nicht. Zunächst harren wir noch der Dinge, die da in Gestalt krummbuckeliger, grüner Keimlinge erscheinen sollen. Die Sämlinge haben dicke, meist tiefgrüne, seltener dunkelrote Samenblätter. Gewöhnlich zwei, selten drei. Zwischen ihnen sitzt klein und zuerst kaum sichtbar das Federchen, das erste Blättchen der oberirdischen Pflanze. Die ersten Blättchen sind immer ungeteilt, erst vom dritten oder vierten Blatt an zeigen die Sämlinge die den Rosen eigentümliche Fiederspaltung. Nach den Regeln der Ontogonie, daß sich in der Entwicklung vom befruchteten Ei bis zum fertigen Lebewesen viele Eigentümlichkeiten der Vorfahren wieder zeigen, müssen die Vorfahren unserer Rosen also ungeteilte Blätter gehabt haben. Heute gibt es nur noch eine Rose mit ungeteiltem Blatt, die Rosa persica Michx., oft als R. berberifolia Pall. bezeichnet. Unter vielen Sämlingen finden sich immer einzelne, die eigentümlich geschlitzte und zuweilen ungeteilte Blätter bringen. Dann sind aber fast immer auch die Blütenkronblätter unnormal, ein Beweis dafür, daß sie in Wirklichkeit nur umgewandelte Laubblätter sind. Ein geringer Teil der Sämlinge ist oftmals weiß oder gelblichweiß. Diese Sämlinge sind nicht lebensfähig. Sie haben als Folge hemmend wirkender Genkombination die Fähigkeit, Blattgrün (Chlorophyll) zu bilden, verloren, und da ohne Blattgrün keine Assimilation stattfindet, leben diese Sämlinge nur solange, wie die Nährstoffe in den Keimblättern ausreichen, die ablaufenden Lebensvorgänge zu unterhalten.

Am jungen Sämling kann man natürlich noch gar nichts erkennen, auch seine Wuchsleistungen sind nicht maßgeblich, da sich fast alle Merkmale, die der Sämling zeigt, auf der artfremden Wurzel, auf welcher wir ihn veredeln, stark abgewandelt zeigen. Da wir unsere Gartenrosen veredeln müssen, ist nur ihre Leistung auf den gebräuchlichen Unterlagen entscheidend für ihren Wert. Auf der eigenen Wurzel gehen die meisten Sämlinge unserer öfterblühenden Hybriden bald durch Erfrieren zugrunde. Die Sämlinge unserer öfterblühenden Gartenrosen bringen gewöhnlich nach dem vierten bis siebenten Blatt die erste Knospe. Bei guter Kultur zeigen diese Blüten schon viel von dem, was einstmals sein wird. Blüten mit nur fünf Kronblättern bleiben fast immer einfach oder doch weniggefüllt, solche, die schon in der ersten Blüte über 30 Kronblätter haben, werden dickgefüllte Blüten bringen. Alle solche, die schon an guter, kräftiger Sämlingspflanze eine aus grünen Blättchen bestehende Mitte statt der normalen Stempel zeigen, werden dies später auch tun und dadurch meistens häßliche Blüten bringen. Wir müssen bei unseren Rosen nicht vergessen, daß es Hybriden aus mehreren Wildarten sind. Menschliches Auslesen kann nicht verhindern, daß viele Sämlinge unnormale Blüten bringen, da die Rose sich aus Samen weitervermehrt.

Bei guter Kultur kann man aber schon an den ersten Blüten die spätere Leistung in der Füllung und auch meistens in der Farbe beurteilen. Unbefriedigende Sämlinge müssen gleich den Weg allen Irdischen gehen, damit die besseren den Platz an der Sonne und die Nährstoffe im Boden allein erhalten. Von diesen guten werden im Sommer einige Augen genommen und auf gute Wildlinge veredelt. Der Originalsämling wird von mir weggeworfen. Ich rechne bei 10 000 Pollenübertragungen mit etwa 6000 Hagebutten in einem Jahr – bei guten, fruchtbaren Müttern. Aus diesen Hagebutten können zwischen 10 000 und 30 000 Sämlinge kommen. Da muß man eisern alles Unbefriedigende ausreißen können. Unter 10 000 Neusämlingen ist meistens nur einer, der schließlich nach mehrjähriger Beobachtung und Prüfung in den Rosenneuheiten-Prüfungsgärten als für den Verkauf geeignet übrigbleibt. Soviel aus der Statistik über die Erfolgsmöglichkeit – aber natürlich, man kann auch bei kleinerem Einsatz das große Los gewinnen.

Als Mütter wählt man nur solche, die große Hagebutten ansetzen, dies leicht und willig tun und sie auch bis zur Reife ernähren. Selbstverständlich wähle man Sorten mit guten Eigenschaften in bezug auf die Pflanze, die Belaubung, die Winterhärte, die Anfälligkeit für Blattkrankheiten usw. Farbe und Blühwilligkeit dieser Sorten sind ebenfalls wichtig. Den Vater suche man möglichst unter Sorten mit ähnlichen, guten Eigenschaften. Was man nicht von vornherein in die Suppe tut, kann man auch nachher nicht herauslöffeln, deshalb ist eine Kenntnis der Ahnen für die Berufszüchter sehr notwendig.

Die großen Erfolge der meisten Züchter sind dadurch besonders zur Verbreitung gelangt, weil diese Züchter vielfach gewisse Sämlinge ihrer Zucht zu ganzen Rassen ausgebaut haben. Sie haben dann die als wertvoll angesehene Sorte mit allen möglichen anderen Rosen bestäubt und umgekehrt – diese ausgelesene Sorte als Pollenlieferant benutzt, um sehr vielseitige, dem Mutter- bzw. Vatertyp nahekommende Nachkommen zu haben. Daraus sind dann für die Gärten die besonders wertvollen Rassen geworden, wie zum Beispiel die Nachkommenschaft von Kordes' Sondermeldung, all die Hunderten orangeroten Floribunda- und Edelrosen oder die Nachkommenschaft von Rosenmärchen oder Orange Triumph, die im wesentlichen das heutige Sortiment der Floribunda- und Polyanthahybriden geliefert haben.

Im übrigen gilt hier erst recht: „Wer wagt, gewinnt."

Vom Patentschutz, Sortenschutz und von Warenzeichen für Rosen

1931 ist in den Vereinigten Staaten von Amerika das erste Patent für eine Rose erteilt worden. Es war die Sorte „New Dawn". Seitdem haben die amerikanischen Rosenzüchter einen sehr großen Vorteil gegenüber den europäischen. Die praktische Auswirkung ließ nicht lange auf sich warten; waren vordem weitaus die meisten in Amerika verbreiteten Rosen aus Europa eingeführt worden, hatten jetzt die einheimischen Züchter einen vieljährigen Schutz, der nicht nur Sicherheit gegenüber den Konjunkturraubrittern gewährte, sondern insbesondere als natürliche Folge Großinvestitionen der Rosenfirmen veranlaßte. Man begann drüben Rosenzüchtung in vorher unmöglichem Umfang, einfach, weil eine Möglichkeit bestand, viel Geld zu verdienen durch eine gute neue Rose.

Das führte in Europa nach 1945 zu Bestrebungen, einen ähnlichen Schutz zu erlangen; mußten doch, um der amerikanischen Konkurrenz gewachsen zu sein, die europäischen Züchtungsunternehmen dementsprechend ausgeweitet werden.

Dies führte zu Patenterteilungen in Frankreich und der Bundesrepublik.

Daneben wurden die Namen der Sorten durch Eintragung als Warenzeichen geschützt, so daß der Mißbrauch solcher Namen und auch das Umtaufen der Sorten verhindert werden konnte. Durch Verkündung der Bundesregierung am 10. Mai 1968 ist das für Pflanzenzüchter und insbesondere Rosenzüchter sehr bedeutende Gesetz zu dem Internationalen Übereinkommen vom 2. Dezember 1961 zum Schutz von Pflanzenzüchtungen in Kraft getreten (Sortenschutz).

Damit ist für die Bundesrepublik ein vollgültiger Rechtsschutz für den Züchter einer neuen Pflanze in Kraft gesetzt worden. Für den Rosenzüchter ist es jetzt nötig, seine Züchtung beim Sortenamt in 3011 Bemerode anzumelden. Vom Sortenamt erhält er dann weitere Nachricht.

Die Prüfstelle ist in 3161 Rethmar/Leine über Lehrte.

Wird die Züchtung als neu anerkannt, wird der Name der Sorte im Sortenregister eingetragen, und niemand darf diesen Namen danach für eine Sorte der gleichen Art benutzen. Der Züchter ist aber verpflichtet, auch diesen Namen immer und unverändert für die betreffende Sorte zu führen. International hat diese Eintragung ebenfalls große Bedeutung. Mit der Eintragung im Sortenregister erhält der Züchter das Recht allein, die Sorte zu vermehren und anzubieten. Er hat auch das Recht Lizenzen für die Vermehrung und Verbreitung zu vergeben. Wer ohne solche Lizenz die Sorte vermehrt und verbreitet, macht sich strafbar. Durch dieses Gesetz ist also der Schutz der Pflanze bzw. Neuzüchtung gesichert.

Außerdem hat der Züchter die Möglichkeit, in einigen internationalen Rosenneuheiten-Prüfungsgärten die Sorten, die noch nicht im Handel sind und in anderen, die Sorten, die bereits im Handel sind, anpflanzen und prüfen zu lassen.

Veredlung und Anbau

Im vorletzten Abschnitt habe ich mehrfach erwähnt, daß die Rosen, die wir in unsere Gärten pflanzen, veredelt sind. Es ist deshalb wohl auch angebracht, auf dieses Veredeln etwas näher einzugehen. Die Gartenrosen sind in ihrer weitaus größten Zahl Nachkommen aus Kreuzungen der subtropischen Rosa Odorata Sweet. Diese Rosen wachsen auf ihrer eigenen Wurzel sehr gut, z. B. im Gewächshaus auf den Saatbeeten. Im Freiland aber würden sie bald ein Opfer des Frostes werden, denn diese Hybridenwurzeln sind nicht eingerichtet, höhere Frostgrade zu ertragen. Außerdem wachsen sehr viele Sämlinge auf der eigenen Wurzel weniger gut als auf einer der gebräuchlichen Unterlagen. Um aus diesem unerfreulichen Zustand herauszukommen, hat man schon vor vielen Jahren das Veredeln auf einer frostfesten Rose geübt. Schon Plinius wußte davon. Trotzdem ist das Veredeln, wie wir es heute allgemein ausüben, erst verhältnismäßig spät üblich geworden. Vorher hat man die Rosen durch Abrisse, Steckholz, Sommerstecklinge und Ableger vermehrt. Diese Methoden genügten, solange die Rosen nicht in großen Mengen gekauft wurden und solange die an diesen Pflanzen gebildeten Wurzeln unsere Winter aushielten. Schon viele Nachkommen aus Kreuzungen mit R. chinensis Jacqu. hatten aber in diesem Punkte ihre Schwächen. Ganz schlimm aber wurde es, als die Teerose in unsere Gärten kam. Sie und ihre Abkömmlinge waren mit den eigenen Wurzeln für unsere Winter nicht geeignet. Man suchte also passende Wurzeln dafür. Von all den geprüften europäischen Wildrosen blieben schließlich nur die vielen Formen der R. canina-ähnlichen übrig.

Es wird viel gegen die Baumschulpraxis des Veredelns auf Wildformen gesprochen und geschrieben. Aber da es für unsere Rosen nicht möglich ist, sie auf eigener Wurzel mit auch nur ähnlichem Erfolg zu ziehen wie auf der artfremden Wurzel unserer heutigen Unterlagen, so bleibt uns nichts anderes, als bei der bisherigen Praxis zu verharren. Die Rose wäre nie eine so verbreitete Gartenpflanze geworden, wenn nicht ein Gärtner auf die Idee gekommen wäre, den schwachwüchsigen, auf der eigenen

Wurzel kaum lebensfähigen Edelrosen, die Wurzel einer kräftigen und winterfesten Wildrose zu geben. Erst die Möglichkeit, unbeschränkte Mengen in ganz gleichmäßiger Qualität von den Edelrosensorten zu erzeugen, hat die Rose zur Gartenpflanze gemacht. Keine Kunst des Züchters hätte etwas genutzt, wenn nicht die einfache Vervielfachung durch Veredeln die Pflanzen für den Garten bereitgestellt hätte. Rosa canina L., die Hundsrose, so genannt wegen der reißzahnähnlichen Stacheln, ist ja über ganz Europa, mit Ausnahme der nördlichen Gebiete, verbreitet. Es gibt eine sehr große Zahl von Formen dieser Rose. Vermutlich sind die ersten Formen entstanden, als durch die Klimaverschlechterung während des Tertiärs die Rosen aus den nördlicheren Gebieten Europas in weiter südlich gelegene, durch die vor der Kälte flüchtenden Vögel, verschleppt wurden. So sind schließlich sonst in ihren Verbreitungsgebieten weit auseinander wohnende Arten Nachbarn geworden. Da die meisten Rosen miteinander fruchtbar sind, ist es dann zu Kreuzungen gekommen und unter den Hybriden sind wohl auch aus uns heute unbekannten Eltern die ersten caninaartigen gewesen. Nach den Untersuchungen Taeckholms u. a. sind diese caninaartigen Hybriden aus mindestens drei verschiedenen Kreuzungen entstanden. All diese caninaartigen zeichnen sich durch eine Eigentümlichkeit aus, die wir bei allen andern Rosen nicht wiederfinden, sie sind apomiktisch, das heißt, der von ihnen hervorgebrachte Same ist nicht aus einer Vereinigung von Geschlechtskernen hervorgegangen. Dies erklärt für den nachdenklichen Rosenkenner viel. Einmal, daß man die verschiedensten Caninaformen nebeneinander pflanzen kann, was bei Anlagen zur Samengewinnung oftmals geschieht, ohne daß sich später Hybriden zeigen. Dann auch, warum von den Samen der Hundsrosen so oft sehr viele taub sind, oder doch von vielen Sorten in gewissen Jahren sehr wenig Samen keimen. Auch wie es angeht, daß die canina, ganz gleich ob es Sonnenschein ist während der Blüte oder ob es tagelang Bindfäden regnet, im Herbst voller Hagebutten sitzt und die darin befindlichen Samen beim Durchschneiden die gleichen Zahlen guter Kerne zeigen wie nach einer sonnigen Abblühzeit. Wenn wir also irgendwo eine R. canina L. finden und den Samen mitnehmen und aussäen, werden wir feststellen, daß alle Sämlinge der Mutter auf ein Haar gleichen. Die vielen Formen der caninaartigen sind also nicht durch Pollenübertragung von verschiedenen R. canina entstanden, denn die Befruchtung einer Canina-Eizelle mit einem Canina-Pollenkorn ist eine große Seltenheit. Sie müssen die gleiche Ursache haben wie bei anderen apomiktischen Pflanzen: Löwenzahn,

Habichtskraut usw., nämlich Mutation. Die genetischen Befunde bei unserer Hundsrose lassen vermuten, daß es sich bei der Apomixie um eine erbliche Eigentümlichkeit eines der ursprünglich bei der Entstehung der ersten caninen beteiligten Elternteiles handelt. Für den, der Samen von ausgelesenen Caninaformen zieht, eine erfreuliche Angelegenheit. Von diesen sehr vielen Caninaformen hat man dann Samen in den Hekken, Buschkoppeln und Berghängen gesucht und solchen ausgesät. Natürlich stand auf den Saatbeeten nachher dasselbe Gemisch, das man aus dem Wildwuchs zusammengesucht hatte. Natürlich auch, daß man bald feststellte, daß nicht alle Caninaformen als Ernährer unserer Edelrosen die gleiche Leistung zeigten. Schon in den neunziger Jahren hat man dies Thema viel abgehandelt. Es wurden damals auch schon die ersten Caninasorten ausgelesen und als Edelcanina im Handel angeboten. Einige dieser frühen Sorten haben sich lange gehalten, zum Beispiel die Pollmersche canina, die Brögsche canina, die stachellose Kokulinskysche und ganz besonders im Seeklima Rosa canina Inermis Gamon. Es sind aber neben diesen Sorten noch etwa 30 angeboten und erprobt worden; einige, zum Beispiel Heinsohns Rekord, dann die unter dem irreführenden Namen Rosa laxa angebotene Rosa coriifolia Fröbelii, dann Schmids Ideal und jetzt in den letzten Jahren Pfänders, haben ebenfalls allerhand Verbreitung gefunden. Heute sind wohl die am meisten verbreiteten Inermis (Gamon), Pfänder und Laxa. Alle übrigen treten in den Mengen weit zurück. Doch dies Buch ist keine Abhandlung über die Rosenunterlagen, und ich muß mich bei diesem Teil der Rosenkultur nach dem Zweck und Umfang dieses Buches richten. Für uns ist es nur wichtig zu wissen, daß aus vielen Versuchen, um eine brauchbare Wurzel für unsere Edelrosen zu finden, eine kleine Zahl Auslesesorten der Hundsrose, Rosa canina L., fast ausschließlich übrigblieben. Nur für eine Gruppe unserer Gartenrosen ist eine andere Unterlage ebenso gut und brauchbar, mindestens auch ebenso winterhart. Das ist die Urform von Rosa multiflora Thunberg. Diese Rose ist ja den Polyantharosen Ahne. Da sie sehr winterfest ist, wie die Kriegswinter gezeigt haben, ist sie für die vielblütigen Gartenrosen die gegebene Unterlage, vor allem aber für Topfrosen.

Die Unterlagen für unsere Rosen aus der Gruppe der caninen und der multiflora werden aus Samen gezogen. Der Same der Caninaauslesen wird in besonderen Anpflanzungen gewonnen. Auch der Same von Rosa multiflora Thunb. wird heute aus einheimischen Anpflanzungen gewonnen. Die Hagebutten der Caninen soll man, nachdem sie gut gereift sind, also kurz vor dem Weichwerden des Hagebuttenfleisches, ernten. Das ist Ende September bis Anfang November der Fall. Die Hagebutten werden dann maschinell gereinigt, das Fruchtfleisch wird abgeschält und die reinen Samen gewaschen und mit Sand vermengt, etwa je zur Hälfte Samen und Sand. Diese so eingesandeten Samen werden in einem Behälter oder Raum, der vögel- und mäusedicht ist, gelagert. Er darf nicht austrocknen, man muß ihn also regelmäßig feuchthalten. Auch muß er regelmäßig alle Monate einmal gründlich umgeschaufelt werden, damit alle Samen der Einwirkung von Luft und Licht gleichmäßig ausgesetzt werden. Einige Baumschüler fügen der lagernden Menge etwas pulverisierten Branntkalk hinzu oder Jauche, damit die Zellulose, die die Schalenhälften der Rosensaatnuß zusammenhält, langsam mürbe wird. Ob solche chemischen Stoffe auf die spätere Keimung irgendwelchen Einfluß haben, ist mindestens fraglich. Im zweiten Winter nach der Hagebuttenernte sollen die Nußschalen dem Druck der Finger nachgeben und soweit sie einen weißen Kern enthalten, dem Gärtner einen Anhalt geben über die vorhandene Menge keimfähiger Samen. Dann wird oftmals das Problem dringend, die Keimung hinauszuschieben. Um eine notwendige Keimverzögerung zu erreichen, bringt man das Samen-Sandgemenge in Kühlhäuser, wo die Keimung bei minus 1–2 °C zurückgehalten wird, bis der Acker eine Herrichtung zu Saatbeeten erlaubt.

Die Hagebutten von Rosa multiflora Thunb. werden entweder gleich nach der Ernte, gleichzeitig mit den Caninasamen, oder erst im Laufe des Winters zerkleinert und im ersten Frühjahr nach der Ernte ausgesät. Auch multiflora-Samen muß man gegebenenfalls im März schon kühl lagern.

Durch die Kühllagerung der Wildlingssamen kann der Baumschuler eine Zeit abwarten, die ein einwandfreies Bearbeiten der Bodenflächen, die die Saatbeete tragen sollen, ermöglicht. Dazu muß der Boden genügend abgetrocknet sein, er darf nicht so naß sein, daß er die Geräte verschmiert. Früher war es oft ein übles Arbeiten, weil man die Keimung der Saat nicht beeinflussen konnte. Im Sandlager gekeimte Samen gaben fast immer Wildlinge mit verkrümmtem Wurzelhals. Wurzelhals nennt man das Stück Wurzel, das von den ersten oberirdischen Verzweigungen bis zu den ersten Wurzelverzweigungen reicht. Auf diesem Teil der Wurzel soll nachher das Edelauge oder Reis aufgesetzt werden. Ist dies Wurzelende krumm und schief, ist es sehr schwer, die Veredlung gut

Abb. 26:
,Conrad Ferdinand Meyer'.
Dr. Müller, 1899.
Rugosa Hybride,
reinrosa,
starkduftend.
Parkrose.

Abb. 27: *'Maréchal Niel'.* Pradel 1864. Teerose für das Gewächshaus.

Abb. 28:
,Rosa hugonis'.
,Hugos Goldrose'.
Sehr früh,
oft Anfang Mai blühend.
Parkrose.

Abb. 29:
,Rosa canina'. Linné.
Unsere einheimische Hundsrose. Strauch bis 3 m hoch und 4 m breit. Im Herbst rote Hagebutten.

auszuführen. Außerdem bringen solche Wildlinge, die in der Hauptwurzel scharfe Biegungen haben, aus den unterhalb dieser Biegungen befindlichen Wurzeln bald Ausläufer und damit eine nie abreißende Quelle von Ärger. Krumme Wurzelhälse machen einen Rosensämling für die Verwendung als Unterlage wertlos.

Die Samen werden in Rillen gesät, 6 Rillen mit je 18 cm Abstand auf dem 1,20 m breiten Beet. Die Rillen werden mit einem geschmiedeten Rillenzieher gezogen und sind so tief, daß die Samen etwa 4 cm tief in den lockeren Boden kommen. Es ist nicht möglich, eine Saatmenge anzugeben, die auf den Quadratmeter gesät werden soll. Man muß immer eine reichliche Schnittprobe von den Caninasamen machen und so feststellen, wieviel volle Samen etwa anteilmäßig vorhanden sind und dann bedenken, daß von den vollen Samen etwa die Hälfte endlich zu Pflanzen wird. Beim großen Caninasamen kommt man mit dieser Methode ganz gut zurecht. Jeder Sämling soll nachher etwa 1 cm vom Nachbarn entfernt stehen, er braucht seinen Platz an der Sonne und die Nährstoffe im Boden. Stehen die Sämlinge dichter, muß man sie verziehen und kann die überzähligen pikieren, d. h. verpflanzen, sobald sie das dritte Blatt gut entwickelt haben. Bei Rosa multiflora Thunb. ist das Säen schwieriger, weil die Samen sehr klein sind und meistens zu etwa 80 v. H. keimen. Man muß hier also gut aufpassen, daß nicht zu dick gesät wird. Gewöhnlich stehen die Multiflorasämlinge wie die Haare auf dem Hund. In der Praxis mischt man den Samen der Unterlagen mit Sand. Damit erreicht man eine bessere Verteilung der Samen und durch entsprechende Sandmengen auch, daß die einzelnen Samen weitläufig genug gesät werden. Es richtig zu machen, ist natürlich ein gärtnerisches Können.

Der Boden, auf welchem man seine Wildlinge anbaut, muß natürlich sandig sein, sonst können die Sämlinge nicht durch die oft verhärtende Kruste, wie sie tonige Böden leicht bilden, kommen und ersticken. Die Düngung soll aus etwa 250 Doppelzentner Rinderdünger je Hektar bestehen und sobald die Sämlinge 4 bis 5 gute Blätter haben, soll man eine Gabe Kalimagnesia oder schwefelsaures Kali und etwas Superphosphat geben. Wildlinge, die aus irgendwelchen Gründen zu der Naturdüngergabe auch noch zuviel Stickstoff als Handelsdünger erhalten, sind sehr oft minderwertig.

Diese Nachdüngung kann auch als Vorratsdüngung im März gegeben werden. Man gibt 2–3 Doppelzentner Kalimagnesia und 1 Doppelzentner Superphosphat je Morgen, also 8–9 Doppelzentner Kalimagnesia und 4 Doppelzentner Superphosphat je Hektar, dann mischen und gleich nach Ausstreuen einharken. Den Naturdünger vorher unterschälen und nicht in die tiefe Furche pflügen.

Nach dem Unterschälen des Naturdüngers, was, soweit irgend möglich, im Herbst geschehen soll, pflügt man das Land im Frühjahr darauf etwa 25 cm tief. Durch an den Pflug gekoppelte Eggen wird der Boden gleich fein gekrümelt. Selbstverständlich darf dieses Pflügen nicht geschehen, wenn das Erdreich naß ist. Man muß schon damit warten, bis der Boden so abgetrocknet ist, daß er nach dem Pflügen feinkrümelig wird. Durch entsprechendes Behandeln des Saatgutes ist es ja möglich, auf ein geeignetes Wetter für die Saat zu warten.

Während des Sommers müssen die Beete öfter gehackt und immer unkrautfrei gehalten werden. Bei Auftreten von Mehltau muß derselbe durch Schwefel, in pulver- oder wasserlöslicher Form, bekämpft werden, was in regenreichen Jahren und auf kaliarmen Böden oft ein aussichtsloses Unterfangen ist. Dem Schwefelmittel muß ein Haftmittel hinzugefügt werden, damit es auf den Blättern sitzenbleibt und nicht in Tropfen zusammenläuft oder beim nächsten Regen gleich abgewaschen wird. Um Rost und Sternrußtau sowie den echten Mehltau zu bekämpfen, muß man das Rosenspritzmittel BASF hinzufügen. Immer vorbeugend gespritzt, treten die verheerenden Blattkrankheiten nur noch selten auf. Außer mit Schwefel hat man heute sehr gute Erfolge mit verschiedenen Rosenspritzmitteln erzielt. (Siehe auch Kapitel: Rosenkrankheiten.)

Im Spätherbst werden dann die einjährigen Sämlinge aufgenommen. Sie werden mit dem Spaten so aufgestochen, daß man sie leicht herausreißen kann oder in Großbetrieben mit einem Hebepflug gelockert und dann aufgezogen. Danach werden sie in den Sortierraum gebracht und baldmöglichst in die Stärken 4/6, 6/8 und 8/12 mm sortiert. Zum Verkauf werden sie dann gebündelt und so verschickt oder eingeschlagen. Für eigenen Gebrauch werden sie sofort geputzt. Der Busch wird auf etwa 10 cm Länge gekürzt und die Wurzel wird auf eine Handbreit unter dem Wurzelhals gekürzt. Die geputzten Wildlinge werden sofort im Freien eingeschlagen und bei Frostwetter durch eine leichte Reiserdecke gegen scharfe Fröste und Sonnenbestrahlung geschützt.

Im März oder April des nächsten Jahres wird das Feld, auf welchem die Wildlinge für die Veredlung aufgeschult werden sollen, hergerichtet. Es werden 300–400 Doppelzentner Rinderdünger je Hektar gegeben, der

Dünger untergeschält und dann 25 bis 28 cm tief gepflügt. Man nehme, so man kann, für jede Wildlingspflanzung Neuland, mehr als dreimal hintereinander soll man keine Rosen pflanzen. Nicht nur, daß die Ware geringer wird, sondern die Ausfälle durch Krankheiten usw. werden höher, was sich für den Erwerbsgärtner meistens unerfreulich auswirkt. Der Kalkzustand des Bodens ist bei Rosen wichtig. Er soll etwa pH 5,5–6,5 zeigen. Die Auswirkung höherer oder niederer pH-Werte kann durch gute Ernährung und durch günstige Witterungsverhältnisse verschleiert werden, aber wer es auf solche Zufälligkeiten ankommen läßt, soll lieber in der Lotterie spielen. Auf den Pflug folgt gleich die Egge, die bei Schlepperpflügen gleich an den Pflug angehängt wird. Dann wird das Stück in Reihen eingeteilt. Nach dem Pflügen und Krümeln des Ackers werden die Reihen mit einem leichten Motorfahrzeug gezogen. Das Kunststück ist natürlich, genau gerade über den Acker zu kommen. Dem Reihenmarkierer folgt eine Scheibenegge, die nun in den Boden einen Spalt schneidet. Dieser muß so breit sein, daß er bequemes Pflanzen erlaubt und selbstverständlich so tief, daß er es möglich macht, den Wildling mit gerader Wurzel zu pflanzen. Das Pflanzen ist dann einfach. Man hält den Wildling mit gut ausgebreiteten Wurzeln in den Spalt und tritt ihn mit dem rechten Fuß fest. Er soll dann die Ursprungstelle der Zweige in der Höhe der Spaltseite haben, die nicht angetreten wird. Damit steht der Wildling nachher im Sommer so hoch, daß das Veredeln leicht und wenig behindert vor sich gehen kann. Nach dem Pflanzen wird angehäufelt, damit der Wurzelhals im Boden steckt und die Rinde für das Veredeln weich bleibt. Damit ist erstmals alles getan. Natürlich nicht mit trockener Wurzel pflanzen, was besonders an sonnigen, trockenen Frühjahrstagen leicht aus Gleichgültigkeit geschehen kann. Nachher wundert sich der Herr, wenn seine Wildlinge stehen wie vernagelt und nicht austreiben. Bis zum Juli muß dann durch Hacken und Unkrautfreihalten alles getan werden, um den Rosenwildlingen ein gutes Gedeihen zu ermöglichen.

Ich habe hier absichtlich die neuen mechanischen Methoden der Wildlingspflanzung angeführt. In Großbetrieben werden die Reihen mit Maschinen markiert und die Pflanzrillen mit großen Scheibenmessern geschnitten. Für Großbetriebe ist es notwendig, über diese Methoden sich eingehend, jeweils nach dem Stand der Technik, zu unterrichten. Was heute ein großer Fortschritt ist, ist vielleicht schon morgen weit überholt. Die Verwendung von Pflanzmaschinen hat sich für Rosenwildlinge jetzt durchgesetzt. Die Wildlinge werden in gleichmäßigem Abstand und Tiefe fest genug gepflanzt, gleichzeitig angehäufelt, so daß böse Vertrocknungsschäden bei sachgemäßer Anwendung vermieden werden. Dann aber geht es los – das Kunststück – das Veredeln.

Von Mitte Juni, wenn die ersten Rosen richtig verblüht sind, bis Anfang September ist die richtige Zeit. Natürlich muß man sich nach dem Zustand seiner Wildlinge richten. Wenn diese noch nicht richtig in Gang sind, muß man warten, obgleich Reiser genug verfügbar sind. Andererseits, wenn die Wildlinge infolge Trockenheit oder Laubkrankheiten ihr Wachstum beenden und nicht mehr gut lösen, muß man sich beeilen und unter Umständen die benötigten Reiser kaufen. Zunächst werden von den Sorten, die man veredeln will, Reiser geschnitten. Solche sollen gut ausgereift sein. Ausgereift sind Rosenreiser, wenn sie die Endblüte einige Tage offen hatten oder noch besser, wenn die Blüte schon abgefallen ist. Die Stacheln werden mit der Hand entfernt, sie müssen leicht abgehen, ohne die Rinde zu zerreißen. Bei einigen Wildrosen müssen die Stacheln mit dem Messer entfernt werden, weil sie aus tieferen Rindenschichten kommen und sich bei diesen Arten nach dem Auswachsen der Stacheln keine Korkschicht zwischen lebendem Rindengewebe und dem

Abb. 30:

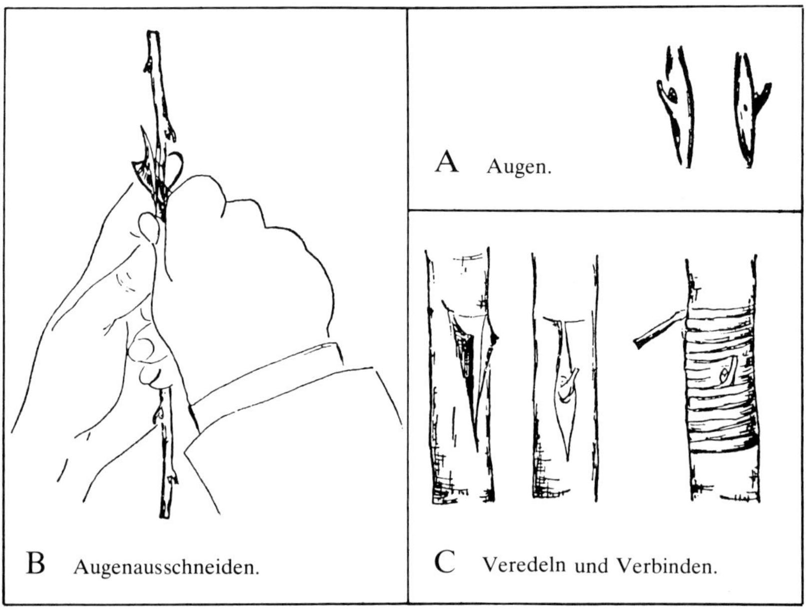

A Augen.

B Augenausschneiden.

C Veredeln und Verbinden.

toten Stachel bildet. Die Reiser dürfen natürlich nie eintrocknen. Man hält sie deshalb in feuchten Umhüllungen, Säcken und beim Versand in feuchtem Moos.

Die Wildlinge werden durch Hacken und Handarbeit freigelegt. In größeren Betrieben werden heute vielfach Abblasegeräte eingesetzt. Der Wurzelhals muß gut zugänglich sein, deshalb hat man auch beim Pflanzen darauf zu achten, daß sie nicht zu tief in den Boden kommen. Nach dem Entfernen der Erde wird der Wurzelhals mit einem Tuch saubergewischt. Der Busch der Wildlinge wird am besten durch eine Latte beschwert und so auf die Seite gelegt, daß der Wurzelhals gut zugänglich ist. Selbstverständlich hat man vorher das Okuliermesser in besten Zustand gebracht, nur mit wirklich scharfem und sauberem Werkzeug kann man gute Arbeit liefern. Siehe Zeichnungen gegenüber.

Das Veredeln selbst wird nun durch zwei Arbeiten ausgeführt. Man schneidet ein Auge, eine ruhende, vegetative Knospe vom Reis, wobei möglichst wenig Holz mit abgetrennt werden sollte. Dies Holz wird durch eine leichte Biegung des ausgelösten Auges von oben nach unten entfernt. Dabei ist zu beachten, daß der Knoten im Auge nicht mit herausgerissen wird. Es entsteht dadurch ein Hohlraum, der oftmals durch das Kallusgewebe nicht ausgefüllt wird und dann kann das sonst gesunde Auge nicht austreiben. Es fehlen dann die Verbindungen zwischen den Saftleitungsbahnen der Unterlage und den entsprechenden Bahnen der Knospe. Dann nimmt man den Wildling so in die Finger der linken Hand, daß er fest steht. Wo er eine schöne gerade Strecke hat, führt man über dem Wurzelhals einen Quer- und Längsschnitt in T-Form aus und versucht nun, mit dem Löser des Okuliermessers die so eingeschnittene Rinde vom Holzkörper der Unterlage zu lösen. In die so aufgeklappten Rindenstücke führt man nun das Auge ein. Das eingeführte Auge soll oberhalb und unterhalb der Knospe mindestens 1 cm lang sein. Dann drückt man die Rindenstücke wieder leicht an und verbindet fest mit Bast. In den Rosenschulen wird heute nur noch mit dem OSV Fleischhauer, einem Schnellverschluß-Bändchen, gearbeitet. Diese Bändchen werden um die Okulation gelegt und durch eine Doppelnadel festgehalten. Sie sind teurer als Bastverbände, aber schneller anzulegen und im Anwachsergebnis besser. Nach dem Verbinden wird wieder mit Erde angehäufelt. Das Anhäufeln hält das Auge dunkel und verhindert sein Austreiben im gleichen Sommer und gleichzeitig den Befall durch die Okuliermade. Man nennt diese Veredlungsweise, auf das „Schlafende

Auge“ veredeln. Nach etwa 10 Tagen ist bei einer Tageswärme von über 12 °C und entsprechender Bodenwärme die Verwachsung von Auge und Unterlage geschehen. Bei kühlem Wetter dauert es auch wohl länger. Bei kaltem Wetter, wenn auch der Erdboden durchkühlt, im Mai, Juni z. B., kann es angehen, daß die Verwachsung nicht eintritt, weil die Rose bei solch niedrigen Temperaturen keinen Kallus bildet. Auch im September kann es aus diesen Ursachen nicht mehr zur Verwachsung kommen. Will man, daß die Augen noch im gleichen Sommer austreiben, schneidet man nach 14 Tagen den Busch 1 cm über der Veredlungsstelle ab, legt das Auge frei, und bald werden die meisten Augen austreiben. Für die Erwerbsgärtnerei hat dies Verfahren aber keine Bedeutung.

Hochstämme werden ebenso veredelt, doch setzt man drei Augen auf jeden Stamm. Hat man nur dicke Waldstämme, also Unterlagen, die man aus Wildwuchs in Flur und Hain erworben hat, kann es vorteilhaft sein, die Augen auf die dicken, einjährigen Triebe zu setzen. Man setzt dann tief in den Winkel, den Stamm und Wildtrieb bilden, und entfernt nachher alle Wildaugen sorgfältig. Bei Sämlingsstämmen setzt man die Augen direkt in den Stamm, etwa so, daß sie nach drei Seiten gleichmäßig verteilt sind und jedes 1 cm tiefer steht als das nächsthöhere. Stämme müssen im Herbst niedergelegt werden, vorher entfernt man den Wildbusch bis auf 5 cm lange Enden. Die Stämme werden schon beim Pflanzen so gesetzt, daß sie ein wenig nach jener Seite neigen, die der immer deutlich vorhandenen natürlichen Biegung entspricht. Beim späteren Niederbiegen besteht dann nicht die Gefahr, daß der Stamm bricht. Dies ist auch später beim Anpflanzen im Garten zu beachten. Siehe Zeichnung Seite 71.

Die niedrigen Wildlinge werden im Spätherbst mit der Pferdehacke etwas angehäufelt, nicht die Häufelfurche zu tief machen, da bei hartem Blachfrost die Wurzeln der Unterlagen dann viel zu dicht an der Oberfläche liegen. Die schwersten Frostschäden der harten Winter sind nur auf den Feldern zu verzeichnen gewesen, die tiefe Häufelfurchen ohne Schneedecke hatten. Unsere Feldrosenkultur ist ja unnatürlich. Im Wildwuchs stehen die Caninarosen immer in einer Laub- oder Grasdecke. Auf solchem Naturstandort erfrieren die Canina nie, was auch unseren klugen Gärtnern zu denken geben sollte. Im März des nächsten Jahres werden die Häufelrücken wieder mit der Pferdehacke entfernt und der letzte Rücken mit dem Fuß. Gerade so tief, daß das Auge gut erkennbar ist. Dann wird bei passendem Wetter abgeworfen,

Abb. 31:
,Tatjana'. W. Kordes' Söhne, 1970.
Sehr starker Duft. Pflanze aufrecht, gutverzweigt. *Teehybride* (Edelrose).

Abb. 32:
‚Peer Gynt‘. W. Kordes' Söhne, 1968.
Großblumig, sehr starkduftend. Blüten haltbar. Pflanze üppig, aufrecht, kräftigwachsend. *Teehybride* (Edelrose).

Abb. 33:
,Grande Amore'. W. Kordes' Söhne, 1968.
Große Blume, sehr starkduftend. Buschige, üppigbelaubte Pflanze. Reicher Herbstflor. *Teehybride* (Edelrose).

Abb. 34:
‚Black Lady‘. M. Tantau, 1976.
Starkduftende Gartenrose. Aufrechte, gutverzweigte Pflanze mit üppiger, glänzender Belaubung. *Teehybride* (Edelrose).

Abb. 35:
Stammrosen,
Ursprung des Stammes.

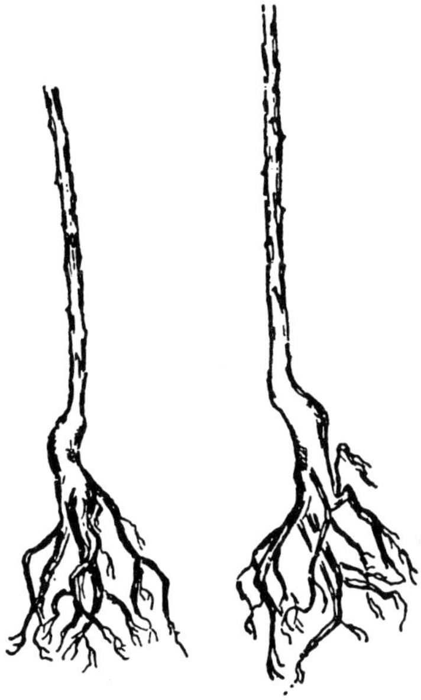

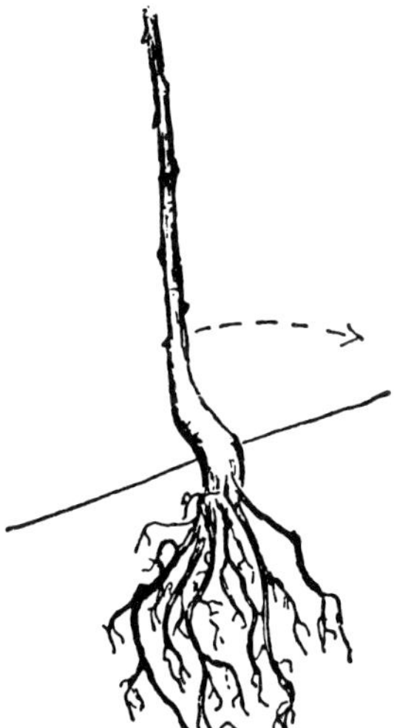

Abb. 36:
Stammrose mit natürlicher
Biegungsrichtung.

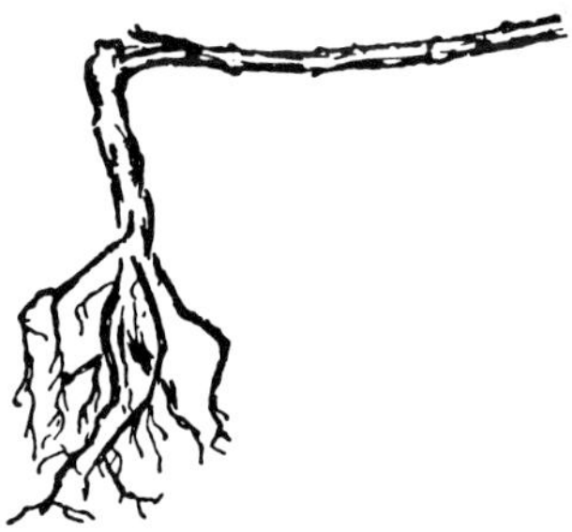

Abb. 37:
Stammrose
falsch niedergebogen –
deshalb Bruch
an der Biegungsstelle.

d. h. die Wildköpfe werden 1 cm über der Veredlungsstelle mit einer guten, scharfen Schere glatt durchschnitten, ohne den Wildling zu quetschen oder durch Biegen zum Zerreißen zu bringen. In Großbetrieben erfolgt heute das Abwerfen der Wildlingskronen mit Hilfe von pneumatischen Scheren. Eine Zugmaschine mit der entsprechenden Ausrüstung liefert die Kompressionsluft. Bis zu 8 Scheren arbeiten dann hinter der Zugmaschine gleichzeitig und schaffen das mehrfache von dem, was Handarbeit bewerkstelligen könnte. Den Busch entfernt man durch Abrollen und sorgt dafür, daß er möglichst schnell verbrannt wird. Es sind allerhand Pestilenzen und Ungeziefer darin vorhanden. Dann läßt man das Feld so liegen bis Ende April oder gar bis Anfang Mai. Durch sauberes Freimachen der Wurzelhälse werden dann alle Augen freigelegt. Dies muß aber spätestens eine Woche vor den Eisheiligen geschehen. In der Eisheiligenwoche, die die Tage vom 8. bis 15. Mai umfaßt, darf mit keinem Gerät auf dem Felde gearbeitet werden. Der frisch gerührte Boden verursacht Strahlungsfrost und große Verluste können die Folge sein. In diesen Eisheiligentagen, die schon zum Kummer manches Baumschulbesitzers großen Schaden anrichteten, entscheidet sich oft der Erfolg der ganzen Arbeit.

Nach den Eisheiligen beginnt die endgültige Kultur. Sauberhalten, Hakken und, sobald die Rosen 4–5 Blätter haben, das Knospenausbrechen. Durch diese Arbeit, pinzieren genannt, soll verhindert werden, daß die jungen Pflanzen zu viel Windfang bekommen und bei den oftmals heftigen Frühjahrswinden abgebrochen oder ausgedreht werden. Die Weiterkultur ist dann weitgehend vom Wetter und den Pflegemaßnahmen abhängig. Je nach Jahr beginnen die jungen Pflanzen in der ersten oder zweiten Julihälfte mit Blühen – und der Ring schließt sich, man kann wieder Reiser schneiden für den nächsten Jahrgang. Im Herbst werden dann die einjährigen Rosen aufgenommen. Mit dem Spaten oder, in Großbetrieben, mit dem Hebepflug. Gleich nach dem Aufnehmen müssen die Rosenpflanzen entblättert werden. Dies geschieht durch Abschlagen mit Stöcken oder auch schon vor dem Aufnehmen mit einer Maschine. Danach werden sie in die Güteklassen A, B und C sortiert. Klasse A muß drei starke, gesunde, ausgereifte Triebe haben, möglichst alle aus der Veredlung kommend. Die Klasse B muß mindestens zwei starke, gesunde, ausgereifte Triebe haben, ebenfalls aus der Veredlung kommend. Die Klasse C ist eine geringe Ware, die nicht verkaufsfähig ist und vernichtet wird. Für die Anpflanzung in Gärten ist sie minderwertig.

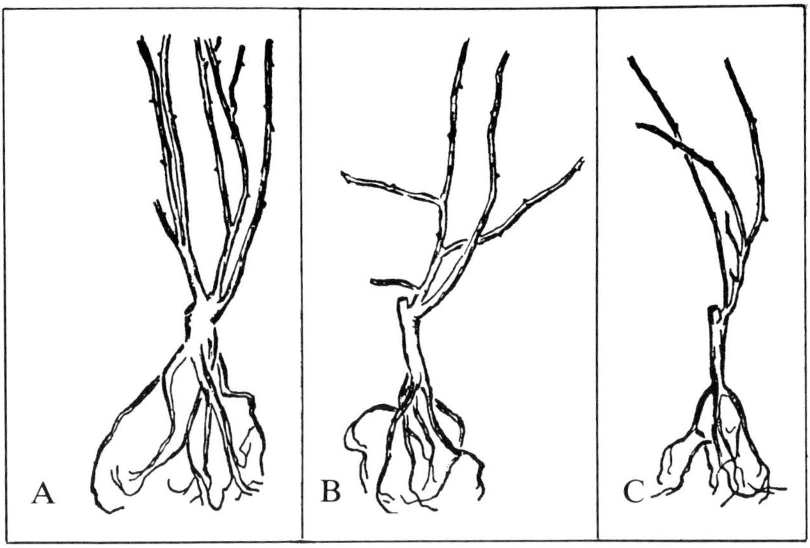

Relative Stärke. Niedrige Rosen. Qualitäten A, B und C, von links nach rechts. C-Qualität ist nicht pflanzwürdig.

Rosen auf multiflora, also meistens Polyantharosen und Floribundarosen, werden ebenso sortiert; doch wird eine extra starke Sortierung von gewissen Sorten gemacht, die in Töpfe gepflanzt werden sollen. Diese müssen auch in der Wurzel gutverzweigt sein. Bei der Sortierung muß natürlich auf die Wurzelausbildung besonders geachtet werden. Pflanzen mit wenig Wurzeln sind minderwertig und müssen entsprechend eingestuft werden. Bei Hochstämmen sollten Doppelkronen, d. h. Kronen aus zwei Veredlungsstellen gebildet, bei der ersten Güteklasse Bedingung sein. Die sortierten Pflanzen werden gebündelt, je nach Güteklasse und Stärke der Pflanzen zu 10 im Bund. Jedes Bund soll ein gutes Namensschild erhalten, das, auch wenn es vorübergehend in den Boden kommt, nicht unleserlich wird. Die sortierten Pflanzen werden dann sofort gut naßgegossen und zum Versand gebracht oder eingeschlagen. Jeder Hochstamm soll ebenfalls ein haltbares Namensschild erhalten. Sehr gut sind gedruckte Schilder aus haltbaren Plastikstoffen. Die Schilder müssen außer den Sortennamen auch die Mengen- und Gütebezeichnungen tragen. Dabei wird gewöhnlich die Güteklasse A ohne solche Bezeichnung gelassen und nur die Klasse B wird entsprechend bezeichnet. Topfextraauswahl wird natürlich auch extra bezeichnet.

Nun noch etwas über die Pflanzweiten. Die Wildlinge zum Veredeln niedriger Rosen werden in den Reihen 15–18 cm weit gepflanzt, bei Multifloraunterlage für Topfrosen ist die Pflanzweite besser 18 cm. Dicke Wildlinge sollen nicht viel anders behandelt werden als dünne. Den Reihenabstand selbst wählt man entsprechend den vorgesehenen Kulturmaßnahmen. Bei Handhacken genügen 60 cm, bei Pferdehacken und Motorbetrieb muß 70–80 cm Reihenweite gewählt werden. Wildlinge, die zur Gewinnung von Sämlingsstämmen aufgeschult werden, müssen immer 25 cm in der Reihe und 75 cm Reihenabstand haben. Hierfür pflanzt man nur die stärksten Wildlinge, die man erhalten kann, da diese Pflanzen Raum und Nahrung haben müssen.

Um die Rosen im zweiten Jahre gesund und kräftig zu machen, wird im Winter bzw. Vorfrühling durch eine Mineraldüngergabe eine letzte Düngung gegeben. Was im einzelnen sinnvoll und wirtschaftlich ist, wird man heute nur nach einer Bodenanalyse entscheiden. Dieser können wir gleichzeitig den pH-Wert entnehmen, der sich im übrigen mit einem einfachen pH-Meter auch selbst ermitteln läßt; woraus zu ersehen ist, ob physiologisch sauer, neutral oder alkalisch wirkende Düngemittel zu verwenden sind.

Das Kali, schwefelsaures Kali wie Kalimagnesia (Patentkali), geben wir im Winterhalbjahr. Die Gesamtmenge darf bis 5 Doppelzentner Kalimagnesia oder 2 Doppelzentner schwefelsaures Kali je Hektar gehen. Die Rosen brauchen sehr viel Kali, Kalimangel ist in 50 % der Fälle die Ursache, wenn Krankheiten überhandnehmen oder sonst die Kultur nicht will.

Der Phosphor wird in Form von Thomasmehl (Thomasphosphat) im Januar, auch auf den Schnee möglich, gestreut und als Superphosphat im März–April ausgebracht. Von diesem Dünger genügen 1,5 Doppelzentner auf den Hektar.

Den Stickstoff gibt man im März–April. Wir haben hier zu unterscheiden zwischen schnellwirkenden Salpeterdüngern und den langsam- und nachhaltigwirkenden Ammoniakdüngern. Bei der Auswahl eines Stickstoffdüngers ist an den pH-Wert zu denken, denn schwefelsaures Ammoniak dürfen wir nicht auf saure Böden bringen, wohl aber Kalkammonsalpeter. Bis zu 4 Doppelzentner werden wir auf den Hektar geben können. Vor einer Stickstoffüberdüngung müssen wir uns aber hüten, denn das beschert uns unweigerlich verweichlichte und kranke Pflanzen.

Ein Nachdüngen mit Kulturdünger im zweiten Kulturjahr ist auf den Feldern gar nicht möglich. Jauche ist für die Felddüngung zu Rosenveredlungen, wenn man nicht zusätzlich Kali gibt, nicht zu empfehlen.

Die Spurenelemente kann man bei der feldmäßigen Rosenkultur außer acht lassen, bei Naturdüngergaben werden sie auf gutem Boden immer in genügenden Mengen vorhanden sein.

Die für die Gewinnung von Sämlingsstämmen aufzupflanzenden Wildlinge, die stärksten, die man erhalten kann, etwa 8–12 mm R. canina Pfänder, R. can. Inermis Gamon oder R. can. Heinsohn's Rekord, werden in den Reihen auf 25 cm Entfernung gesetzt und die Reihen dann auf 75 cm genommen. Fleißiges Sauberhalten und Planeten sorgen erstmals dafür, daß die Grundlage, ein recht kräftiger Busch, gebildet wird. Dann, im zweiten Frühjahr, durchplaneten, Boden lockern und nochmals gründlich von Unkraut säubern, denn nachdem die Grundtriebe kommen, die die Sämlingsstämme geben sollen, darf man nicht mehr in die Pflanzung hinein. Als erste Grunddüngung etwa 400 Doppelzentner Rinderdünger je Hektar unterschälen und dann tief pflügen. Im nächsten Winter nimmt man je Hektar 4 Doppelzentner Thomasmehl, im Frühjahr vor dem Abhäufeln 5 Doppelzentner Kalimagnesia oder 2,50 Doppelzentner schwefelsaures Kali, außerdem einen ammoniaksalpeterhaltigen Dünger, so daß 75 kg Reinstickstoff auf den Hektar kommen. Die Anpflanzungen müssen natürlich auf besten Boden kommen, denn solche zweijährigen Caninabüsche brauchen Futter. Im zweiten Herbst werden die Büsche im November gerodet und auf einem oder, bei dickem Wurzelhals und günstiger Stellung der jungen Stämme, auf zwei solcher besten Triebe aufgeputzt. Im Arbeitsschuppen werden dann im Winter die Stämme endgültig sauber ausgeschnitten. Der Kopf des Wurzelstocks wird mit Schere oder Säge möglichst astfrei geschnitten. Die Stämme werden so eingeschlagen, daß sie keinen Frost- oder Winterschaden erleiden. Im Frühjahr, März – April, werden die Stämme ausgepflanzt. Man wartet dazu nach Möglichkeit bedecktes Wetter ab, so daß die empfindlichen Stämme nicht gleich durch Sonnenbrand oder Windtrocknung leiden. Gepflanzt wird auf 25 cm in den Reihen und die Reihen 1 m auseinander. Die jungen Stämme werden bald austreiben. Sind die Sämlingsstämme sehr schlank, muß man sie an Stäbe binden; bei größeren Mengen wird man sie alle mit einem haltbaren Jutefaden an einen Draht binden. Der Draht wird etwa 25 cm höher geführt als die Veredlungshöhe der Stämme geplant ist. Im Sommer werden sie etwa um den 1. Juni aufgeputzt. Es bleiben nur die Triebe stehen, die über der zukünftigen Veredlungsstelle gewachsen sind. 10 Tage später wird okuliert. Man setzt drei Augen ein, so daß sie in einer gleichbleibenden Schraubenwindung einmal um den Stamm zu stehen kommen, jedes Auge einen Zentimeter höher als das vorhergehende. Im August, etwa Ende des Monats, werden nochmals alle aus dem Wurzelstock und an dem unteren Drittel des Stammes hervorkommenden Wildtriebe entfernt. Im Herbst wird der Wildbusch auf 5 cm gekürzt und die Stämme so niedergelegt, daß sie flach auf der Erde liegen. Mit Weiden werden sie zusammengebunden, so daß sie fest und in einem schmalen Bündel liegen. Dann, vor Einsetzen schärferer Fröste, hoch angraben oder anpflügen.

Im Frühjahr, etwa Anfang April, abhäufeln und nach 14 Tagen die Weiden lösen und die Stämme aufrechtstellen. Sie müssen dann jeweils an einen Stab angebunden werden, der dann in etwa 1 m Höhe an einem dicken, waagerecht gespannten Draht befestigt wird. Ein leichtfertiges Pfuschen bei dieser Arbeit kann im Sommer großen Windschaden zur Folge haben. Die noch vorhandenen Wildköpfe werden 1 cm über dem obersten Auge weggeschnitten und die Wunde mit Baumwachs verstrichen. Die jungen Edelrosentriebe werden nach dem vierten Blatt entspitzt und dann jeder Trieb für sich sorgfältig geheftet. Die erste Blüte soll man bei Hochstammanzucht immer entfernen, dann noch etliche Male nachbinden im Sommer, damit es keinen Windbruch gibt. Bei alten Kronen ist die Bruchgefahr viel geringer, weil man sich auf das alte Holz als Traggerüst verlassen kann und dieses ja fest mit dem Baumpfahl verbunden wurde. Die zweite Blüte läßt man voll zur Entwicklung kommen, damit das Holzgerüst der jungen Krone gut ausreift. Trauerstämme müssen im ersten Jahr besonders sorgfältig aufgebunden werden, auch diese Rosen werden nach dem vierten Blatt entspitzt. Schädlingsbekämpfung ist natürlich besonders notwendig. Düngung wie bei den aufgeschulten Wildlingen, siehe oben. Ende Oktober werden dann die fertigen Stämme sorgfältig ausgerodet, sortiert in Güteklassen A und B. Güte A muß Doppelkronen haben, das heißt, die Krone muß auf zwei Veredlungen aufgebaut sein.

Noch ein Wort zu den Sorten für Hochstämme. Es wird so viel über häßliche Hochstämme geschrieben. Man soll für Hochstammrosen nur Sorten mit breitem Wuchs nehmen, keine steif aufrechtwachsenden, da nur durch breitwachsende Sorten eine schöne runde Krone erzielt werden kann. Siehe Vorschläge im Sortenverzeichnis.

Nun kann man auch noch auf andere Weise die Rosen veredeln. Im Gewächshaus kann man durch Pfropfen hinter die Rinde mit hartem Holz und später mit halbharten, beblätterten Trieben Rosen im Winter veredeln. Die Veredlungen werden auf eingetopften Wildlingen ausgeführt. Man kann die Wildlinge vor dem Veredeln eine Woche in einen mäßigwarmen Raum bringen, damit sie etwas in Saft kommen. Es geht aber auch ohne dem. Die Veredlungen werden mit Bast- oder Baumwollfäden verbunden und dann in einen warmen Kasten gestellt. Die belaubten Veredlungen müssen gut gegen Sonneneinwirkung beschattet werden, um ein Vertrocknen zu verhüten. Man kann auch kleine Mengen Veredlungen unter Glasglocken stellen, etwa $^3/_{10}$-Biergläser, und läßt sie dann im Fenster im geheizten Zimmer anwachsen. Es dauert so etwas länger, aber es geht auch. Eine selbstgezogene Rose ist doch noch eine be-

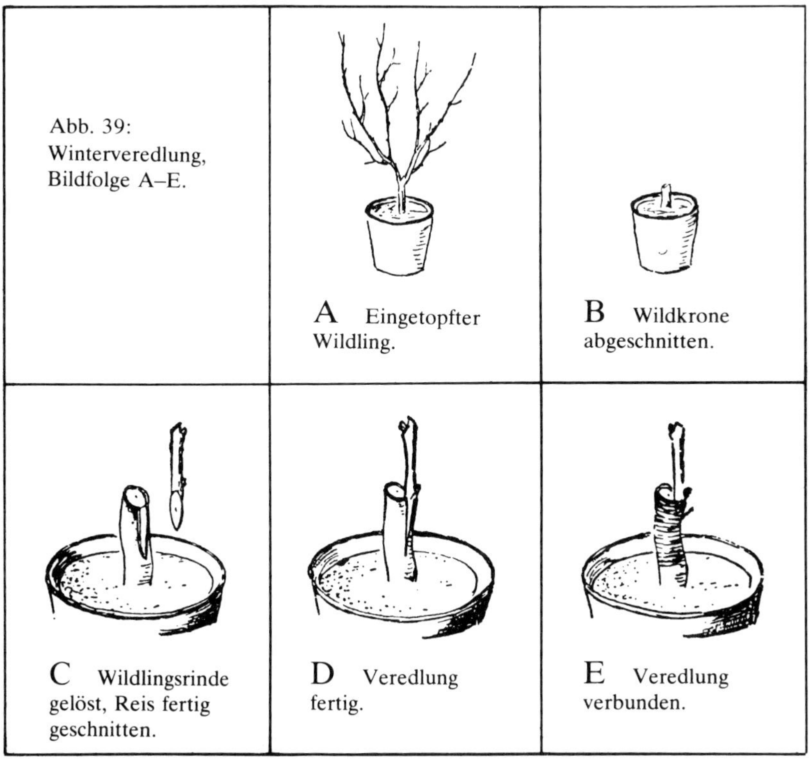

Abb. 39: Winterveredlung, Bildfolge A–E.

A Eingetopfter Wildling.

B Wildkrone abgeschnitten.

C Wildlingsrinde gelöst, Reis fertig geschnitten.

D Veredlung fertig.

E Veredlung verbunden.

sondere Freude. Solche Winterveredlungen werden aber nur für die schnellere Vermehrung von Neuheiten und in großen Mengen bei Treibrosen gemacht. Winterveredlungen sind meistens nicht gut, wenn sie im Garten ausgepflanzt werden. Richtige Freilandokulate sind für Gartenbepflanzungen immer vorzuziehen.

Ich habe oben schon erwähnt, daß man Rosen auch durch Steckholz und Stecklinge vermehren kann. Für gewisse Kletterrosen ist dieses durchaus gangbar. Die meisten Multiflora- und Wichuraianasorten wachsen aus solchen Steckhölzern bzw. Stecklingen ganz leicht. Steckhölzer werden im Herbst geschnitten, ehe Fröste die Triebe beschädigt haben, etwa Ende November–Anfang Dezember. Man nimmt sie von gut ausgereiften Langtrieben, schneidet sie in etwa 20 cm lange Enden, schneidet dicht unter dem unteren Auge einen wenig schrägen, sauberen Querschnitt und überwintert sie an einem frostfreien Ort. Man kann auch gleich dahin stecken, wo später die Pflanze wachsen soll. Dann deckt man bei Frost etwas mit Reisig ab, weniger um ein Erfrieren als um ein Auffrieren zu verhüten. Stecklinge macht man in den letzten Frühlingswochen; etwa fingerlange Triebe, die mäßig hart sind, werden ausgesucht. Das Erdreich, in das die Stecklinge kommen, muß ein Drittel Sand enthalten und mit 3 cm Sand abgedeckt sein. In diese obere Sandschicht steckt man nun die Stecklinge, deren untere Blätter man entfernt hat. Das untere Ende des Stecklings wird gut glattgeschnitten. Nach dem Stecken werden die Kästen gut luftdicht abgeschlossen und die Stecklinge warm und feucht gehalten. Sie dürfen nicht welken. Nach wenigen Tagen beginnen sie, Kallus und dann Wurzeln zu machen. Man kann solche Stecklinge auch in Töpfen, unter Glasglocken, wie bei den Winterveredlungen, machen. Bis zur Bewurzelung muß natürlich dicht Schatten gegeben werden. Im darauffolgenden Frühjahr kann man die jungen Rosen auspflanzen, etwa in Reihen wie die Wildlinge, oder, wenn man sich selbe zur Freude ein paar Stecklinge im Topf gemacht hat, direkt an den endgültigen Standort.

Bodenansprüche der Rosen

Die einheimischen Rosa canina sind kalkneutral, das heißt, sie gedeihen gut auf Böden, deren pH-Wert zwischen 5 und 7 liegt. Durch gute Ernährung, genügende Bodenfeuchtigkeit und entsprechend kalkwertiges Wasser wird die Rose zu einem guten Gedeihen befähigt. Auf vielen Standorten gibt das aufsteigende Grundwasser den Ausschlag. Wir haben in Deutschland viele Orte, wo das Grundwasser stark alkalisch ist, also pH-Werte bis 7 und darüber erreicht. Auf solchen Böden zeigen die Rosen rötlich-fahle Blätter und die ganze Entwicklung ist mäßig bis schwach. Hier muß man durch Torfmull der Überkalkung des Bodens entgegenwirken; Torfmull hat pH 4 und gibt dann einen Ausgleichsfaktor, der einige Jahre die Alkalinität des Grundwassers ausgleicht. Brunnenwasser ist dem Grundwasser natürlich gleichzusetzen. Die Wasser der städtischen Versorgungsbetriebe sind fast immer entkalkt und daher für Rosen zuträglich. Hohe Alkalinität kann auch durch Herbstgaben von 40prozentigem Kalidüngesalz gemindert werden, Kalidüngesalz darf aber nur im Herbst (November–Dezember) ausgestreut werden. Die pH-Zahl gibt eine relative Menge der im Boden vorhandenen, freien Wasserstoffionen an, als p-Potenz, H ist ja das Elementzeichen für Hydrogenium = Wasserstoff. Die Bakterienflora des Bodens richtet sich sehr stark nach dem Vorkommen freier Wasserstoffionen, diese wiederum werden weitgehend reguliert durch den im Boden vorhandenen, verteilten Kalk. Da die Rosen in bezug auf Kalk anspruchsvoll sind, muß man, um ein gutes Gedeihen der Anpflanzung zu erreichen, den Kalkgehalt des Bodens den Bedürfnissen der Rose anpassen. Bei zu niedriger Kalkmenge kann man durch Einbringen von gemahlenem Branntkalk, Hüttenkalk oder Kalkmergel den Mangel beseitigen. Als leichte Kalkzufuhr kann man auch Thomasmehl benutzen. In diesem, bei der Verhüttung phosphorhaltiger Eisenerze anfallenden wertvollen Düngemittel, ist ein beträchtlicher Kalküberschuß vorhanden, der vollwertig einen Ausgleich gibt für die wiederholte Verwendung von Nitrophoska oder ähnlichen, auf die Dauer den Boden versauernden Düngesalzen.

Schwieriger ist es bei zu hohem Kalkgehalt. Solcher kann auch durch alkalisches Gießwasser herbeigeführt werden; in diesem Fall muß man versuchen, durch Torfmullgaben oder durch Schwefelgaben, mit gutem Erfolg kann man auch Eisenvitriol nehmen, den gewünschten pH-Wert zu erreichen. Man streut im Herbst auf den Erdboden etwa eine Handvoll Schwefel in gemahlener Form je Quadratmeter. Das bewirkt im Laufe des Winters einen Rückgang des pH-Wertes und genügt zunächst bei einem Wert von pH 7. Liegt die Ursache des hohen Kalkgehaltes im Boden in der Zusammensetzung der Erdteilchen, ist Torfmull zusätzlich notwendig; ist sie im Grundwasser zu suchen, ist die Schwefelgabe gegebenenfalls jährlich zu wiederholen. In diesem Falle kann man auch mittels Eisenvitriol, in Wasser gelöst, etwa 500 g auf 10 bis 15 Quadratmeter, eine Herabsetzung des pH-Wertes erreichen. Vorzuziehen ist natürlich eine gründliche Herrichtung der Beete mit Torfmull vor der Pflanzung. Chlorhaltige Kalisalze verbrauchen Kalk, der dann an Chlor gebunden wird und mit dem Sickerwasser in die Tiefe geht. Kainit und die Kalidüngesalze, die Chlor enthalten, dürfen aber bei Rosen nur im Dezember gegeben werden. Deshalb auf Böden, die in der pH-Zahl richtig sind, keine chlorhaltigen Kalisalze anwenden. Ich bin immer für die Kali-Magnesia und das schwefelsaure Kali als Kalidüngesalze für Rosen.

Um den Boden um 1 pH aufzuregulieren, braucht man 60 Doppelzentner Kalk je Hektar, man darf aber diese Mengen, wenn es sich um 3 pH handelt, nicht auf einmal geben. Auch muß der Kalkmergel gleich durch Eggen untergebracht werden. Der Boden, der regelmäßig ausgiebig mit Stalldünger gedüngt wird, erhält regelmäßig etwa die Menge Kalk, die er benötigt, um die alte pH-Zahl zu erhalten. Die Zuführung von Kalk ist also immer auf guten Böden nur eine Erhaltungskalkung. Branntkalk wird man nur auf schweren, tonigen Böden geben, da der Kalk in dieser Form auf leichten und besonders moorigen Böden humusfressend wirkt. Er lockert die tonigen Böden und besorgt so eine Durchlüftungsmöglichkeit, die für die Bodenbakterien sehr nötig ist. Im amerikanischen Rosenjahrbuch ist eine interessante Untersuchungsfolge veröffentlicht über die Kalkwirkung in bezug auf die Bakterienvorkommen.

Die Parzellen 1 und 2 waren auf dem Felde auf den angegebenen pH-Wert gebracht. Im übrigen zeigt die Tabelle eindeutig die Wirkung der Kalkzufuhr und damit Regulierung der pH-Werte. Die ungewöhnliche Steigerung der Bakterienzahl in Parzelle 6 nach Kalkzufuhr ist auf eine vorhandene und schnell durch die Bakterien in Abbau genommene Menge organischer Substanz zurückzuführen. Die durch den Kalkvorrat des Bodens, beziehungsweise durch die ihrem Leben günstige Menge freier Wasserstoffionen reichliche Bakterienflora, hat für die Pflanzen eine sehr große Bedeutung. Einmal bauen die Bakterien die organische Substanz, also Pflanzenteile, Dünger, Humus in Form von Torfmull usw. schnell ab. Dabei werden diese in gewisse chemische Verbindungen übergeführt, die für die Pflanzenwurzel aufnehmbar sind. Es wird besonders Stickstoff, Kali, Phosphor und Kalk frei. Daneben natürlich auch die übrigen von den Pflanzen vorher zu ihrem Aufbau aus dem Boden entnommenen Nährstoffe. Der Mist allein würde den Pflanzen nichts nützen. Nur die geringen Salpetermengen darin sind sofort aufnehmbar. Die Bakterien müssen aus dem Mist erst Pflanzennährstoffe machen. Daher verständlich, wenn ich immer wiederhole, den Dünger nicht in die Tiefe pflügen, tiefer als etwa 25 cm gehen die Bakterien in unsere meisten Böden nicht. Auch beim Herrichten der Gartenbeete den Stallmist nicht zwei Fuß tief einrigolen, dort unten vertorft er und wird sogar für die Pflanzenwurzeln Gift. Neben der Freimachung der mineralischen Bestandteile der organischen Dünger wird fortlaufend von den Bakterien CO_2 als Gas abgegeben. Diesen Baustoff benötigt aber jedes grüne Blatt, um Kohlenwasserstoffe wie Stärke, Zucker, Zellulose usw. aufbauen zu können. Auch für die Versorgung der Pflanze mit dem Rohstoff ihrer Energieträger ist das Bakterienleben notwendig.

Millionen Microorganismen je Gramm Boden

Parzellen	pH.	Microorg.	Gekalkt pH.	Gekalkt Microorg.
1	7,4	85	7,4	85
2	7,1	72	7,1	72
3	6,0	66	7,2	68
4	4,5	38	6,8	68
5	3,8	15	6,7	64
6	3,2	2	6,3	116

Herrichtung der Beete und Pflanzstellen

Beim Beeteeinrichten oder Herstellen von Einzelpflanzstellen muß die gute Oberflächenerde oben bleiben. Man soll wohl den Grund bis 40 cm Tiefe umarbeiten, aber der tote Boden des Untergrundes soll auch unten bleiben und die lebende, schwarze Oberschicht von etwa 25 cm soll mit ihren Millionen Bakterien oben bleiben. Unten vertorft die humose Schicht, wird stark sauer und schließlich kann sie so übel werden, daß die Rosenwurzeln darin absterben.

Die Erdschichten in der Tiefe sind, besonders bei Sandböden, oftmals arm an Phosphor und Kalk. Phosphor wird an Eisen gebunden und ist, obgleich in großen Mengen vorhanden, für die Pflanzenwurzel nicht aufnehmbar. Kalkzufuhr hilft oft. Man kann auch Thomasmehl nehmen, dann wird mit der Düngergabe gleich löslicher Phosphor und Kalk eingebracht. Es ist sehr vorteilhaft, auf fast alle Böden bei der Untergrundbearbeitung auf die umgegrabene Unterschicht reichlich, etwa 500 g, Thomasmehl auf einen halben Quadratmeter zu streuen. Auch bei Feldkultur hat es sich bewährt, das Thomasmehl mit der Schälfurche unterzuackern, dann kommt es nachher mit dem Pflügen in die richtige Tiefe. Auch Rhenaniaphosphat eignet sich für diese Anwendung. Beim Herrichten von Beeten und Einzelpflanzstellen im Garten muß man noch beachten, daß der Untergrund nicht nur gelockert werden muß, sondern daß das in diese Beete einsickernde Regenwasser nun nicht in dem aufgegrabenen Raum stehenbleibt, wie in einem gemauerten Bassin. Viele unserer Böden sind in der Tiefe sehr fest, teilweise sogar mit Ortstein gegen unten und oben abgeschlossen, kein Wasser kann aus dem aufgegrabenen Beet heraus und die armen Rosen ersaufen – man darf unsere Gartenrosen ja nicht mit Seerosen verwechseln. In solchen üblen Fällen muß man schon dafür sorgen, daß das Wasser abziehen kann. Entweder muß eine Dränage mittels Dränröhren oder Steinbrocken gelegt werden, oder man muß den wasserdichten Untergrund so tief aufbrechen, bis die Möglichkeit des Versickerns geschaffen ist. Besonders im Frühjahr ist die Gefahr groß, daß der Beetraum sehr lange voll Wasser stehenbleibt; kümmerlicher Wuchs, kleine, krankheitsanfällige Blätter und wenige und kümmerliche Blüten sind die Folge. Eine Regenperiode im Sommer bringt gleiche, unerfreuliche Wirkungen. Für Einzel- oder Gruppenpflanzungen gilt natürlich das Obengesagte auch. Die Rosen wollen tief wurzeln können, sie gehen schnell weit von der Pflanze fort, aber sie benötigen Luft an den Wurzeln, also sogenannten offenen Boden. Solcher Boden ist eines der wenigen großen Geheimnisse, weshalb in vielen Gärten die Rosen wie Unkraut wachsen – ohne daß der Besitzer viel dazu tut.

Schwere, tonige Böden kann man durch Sand, je gröber je besser, oder Torfstreu grob, luftiger und wasserführender machen. Ein ausgezeichnetes Mittel hat uns die Industrie in den letzten Jahren beschert. Styromull ist eine lockere, viel Luft enthaltende Herstellung von Schaumplastik. Dies kann sehr leicht und ohne weiteres mit allen Erden durch einfaches Aufstreuen und Eingraben eingebracht werden. Es hält viel Luft, beim Wasserzutritt im Boden werden diese Luftkammern mit Wasser gefüllt, das sie später leicht wieder hergeben. Es ist praktisch der gleiche Vorgang wie beim Torfmull. Ein Unterschied ist allerdings zu beachten. Sowohl Styromull als auch Torfmull oder Torfstreu sind praktisch ohne Pflanzennährstoffe. Alle hellen Torfe sind aber als Humuslieferanten für das Bakterienleben wichtig. Der Torf wird deswegen auch in einigen Jahren von den Bakterien zersetzt und muß nachgegeben werden. Styromull bleibt unzersetzt im Boden und verliert seine wasser- und luftführenden Eigenschaften erst im Laufe einiger Jahre.

Auf Standorten, die im Herbst rechtzeitig austrocknen, sofern die Wettergötter es erlauben, werden selten Winterverluste im Rosenbestand auftreten, auch wenn die Winter bösartig sind.

Kali braucht die Rose sehr viel. 125 kg Reinkali je Hektar ist eine gute Gabe und die Rosen danken dafür durch prächtige Belaubung und große, gutgefärbte Blüten. Kali wirkt auch sonst vorteilhaft; die Pilzkrankheiten treten auf kaligesättigten Rosen nicht so leicht und nicht so schwer auf als bei kalihungrigen. Witterungseinflüsse, auch Frost, wirken auf kalisatten Rosen nie so verheerend als auf schlecht versorgten Rosen.

Es ist mit dem Kali wie mit dem menschlichen Essen, bei Mangel treten alle möglichen Krankheiten auf, die bei guter Ernährung nie eine schlimme Wirkung haben. Bei Neuanlagen größeren Umfangs ist es gut, vorher den Kalivorrat des Bodens feststellen und sich einen Rat geben zu lassen über die nötige Kalizufuhr. Die Rose ist in ihren Kaliansprüchen noch größer als unsere hungrigsten landwirtschaftlichen Pflanzen. Über den Chlor im Kainit und Kalidüngesalz ist noch zu sagen, daß man nur auf kalkreichen Böden solche Kalidünger geben darf und dann nur im Winter, damit der schädliche Chlorkalk bis zum Beginn der Nahrungsaufnahme der Wurzeln wieder ausgewaschen ist. Magnesia, das die Rosen auch benötigen, wird mit der Kali-Magnesia (Patentkali) gleich mit in den Boden gebracht. Man braucht also keine Sonderaktion dafür.

Phosphor benötigen die Rosen zum Aufbau ebenfalls. Die gebräuchlichen Phosphordünger, Thomasmehl und Rhenaniaphosphat, soll man im Laufe des Winters geben, Superphosphat im Frühjahr vor dem Abhäufeln und Umgraben der Beete. An Reinphosphorsäure soll man 50–100 kg je Hektar geben. Wichtig ist zu wissen, daß die Phosphate im Boden sehr langsam beweglich sind, deshalb Tiefendüngung beim Herrichten der Beete. Superphosphat ist zunächst beweglich, wird aber auch bald festgelegt. Eine zu reichliche Versorgung des Bodens mit Phosphorsäure macht sich in blassen Farben bemerkbar. Besonders auffällig kann man dies erleben bei Topfrosen, wenn die Phosphorsäuredüngung in dem kleinen Topfraum schnell zur Wirkung kommt. Phosphordüngung kann man auch anwenden, wenn man in der Treiberei eine Rosenkultur zum Abschluß der Triebe bringen will. Es genügt dann eine Superphosphatgabe von normalem Umfang, diese tüchtig einschlämmen und nach langsamem Wasserentzug kommen die Pflanzen bald zur Ruhe. Wenn man nach vier Wochen mit der Wiederingangbringung der Rosen anfängt, ist die Phosphorwirkung im Boden vorbei, das frei bewegliche Phosphor ist gebunden. Versuche, durch eine ähnliche Düngung im Herbst die Rosen zur Ruhe zu bringen, sind leider fast immer gescheitert. Man kommt wohl auf den flachen Beeten in den Gewächshäusern mit der Phosphorgabe an die Wurzel, aber nicht im Freiland.

Bleibt noch der Stickstoff. Er ist die Peitsche und als vernünftiger Mensch gebraucht man sie nur gelinde. Die Rosen sind ebensolche Stickstoff- wie Kalifresser. Man muß also vorsichtig sein. Hat der Boden viel organische Substanz und genügend Kalk, um diese schnell zu zersetzen, soll man mit extra Stickstoff besonders zurückhaltend sein. Auf schweren Böden, die auch gut mit Kali und Phosphor versorgt sind, darf man im Wachstumsbeginn eine zusätzliche Stickstoffgabe von etwa gleicher Höhe, wie beim Phosphor angegeben, anwenden. Dabei sind die Dünger, die den Stickstoff als Ammoniak- und Salpeterstickstoff enthalten, die wertvollsten. Stickstoff in Salpeterform wird von den Pflanzen schnell aufgenommen, er wird auch im Boden nicht festgehalten, sondern geht schnell mit dem Regenwasser in die Tiefe. Die Pflanze wird, sobald die Stickstoffaufnahme ergiebig ist und die übrigen Nährstoffe nicht in genügender Menge vorhanden sind, trotzdem allen Stickstoff aufnehmen, den sie bekommen kann und alle Reserven an Kali und Phosphor freimachen, ja bereits endgültige Gewebe auflösen, um den Stickstoff auswerten zu können. Man erreicht also bei unausgeglichener Stickstoff-Kali-Phosphor-Bilanz ein schwammiges Gewebe, das, sobald irgendeine Wachstumsstörung eintritt, kümmert und ein Opfer jeder möglichen Krankheit wird. Ammoniakstickstoff kann auch aufgenommen werden, wird aber scheinbar nicht so aktiv in der Pflanze. Alle Stickstoffdünger wirken auf leichteren Böden natürlich schneller als auf tonigen Böden. Dies gilt bei den Handelsdüngern in jeder Form gleich. Sandige, warme Böden sind ein Substrat, in welchem alle Dünger den Pflanzen schnell zur Verfügung stehen. Lehmige Böden sind ebenfalls gut, doch sind tonige Böden oftmals unerfreulich langsam in der Wirkung der Dünger, es besteht bei ihnen die große Gefahr, daß die Wirkung zu lange in den Herbst hinein anhält und dann große Frostverluste die Folge sind. Man kann auf solchen schweren und meist im Frühjahr nur langsam in Gang kommenden Böden nur dann mit Erfolgsaussicht Rosen anbauen, wenn der Boden als Folge normalen Witterungsverlaufs im Herbst austrocknet. Dann sind selbst schwere Böden für Rosen gut geeignet, obgleich man auf ihnen nie die Leistung der Rosen erreicht wie auf sandigen oder lehmigen Böden. Die tonigen Böden sind oftmals kalireich, das ist die Ursache der besonders schönen und leuchtenden Farben, die Rosen auf solchen Böden zeigen. Daher auch der Trugschluß, daß Rosen Lehmböden benötigen, um annähernd Höchstleistungen zu geben. Wie oft hört man, ich habe extra Lehm anfahren lassen, um meinen Sandboden zu verbessern. Unter Umständen für das Rosenbeet eine verhängnisvolle Maßnahme. Man stelle sich vor, der Boden ist sandig, wird 50 cm tief gut durchgegraben und zur Hälfte mit Lehm vermischt, Sandböden trocknen bekanntlich leicht aus – die Lehmklumpen in solchem trockenen Sand ebenfalls. Zu was soll nun solch trockener Lehmklumpen nützen? Beim Bewässern solcher Beete wird doch meistens viel zu wenig Wasser gegeben, um alles richtig anzufeuchten, wobei gewöhnlich noch vergessen wird, daß der nicht gewässerte, trockene Boden ringsumher von dem für die Rosen bestimmten Wasser recht viel abzieht. Man lasse lieber seinen Sandboden ohne Lehm; um wasserhaltende Kraft hineinzubringen, nehme man Torfmull. Durch Kalkzuführung kann die versäuernde Wirkung des Torfes leicht behoben werden. Man kann auch die Beete auf Böden, die stark austrocknen, etwa 5 cm hoch mit grobem Torfmull abdecken. Kurzer Rinderdünger wirkt ebenfalls, als Bodendecke gegeben, Wunder. Doch darf man nur Bodendecke anwenden, wenn der Boden nicht naß ist. Nasse Böden, die besonders im Frühjahr lange das Wasser halten, soll man nie bedecken. In Städten, wo in engen Gärten, besonders auch Vorgärten, auf der Südseite die Tageswärme vorübergehend hohe Werte erreicht, kann die Bodendecke als letztes Mittel angewandt werden, um überhaupt die Rosen richtig in Gang zu bringen. Die Bodendecke aus organischer Substanz hat für alle Böden noch den Vorteil, daß sie im Laufe des Sommers eine dauernde Quelle der notwendigen Kohlensäurebildung ist. Besonders wenn die Belaubung der Rosen einigermaßen den Boden deckt, geht kaum etwas von der Kohlensäure, die ja auch durch die Bakterien frei wird, verloren. Man hat gemessen, daß die Kohlensäure unter solcher geschlossener Laubdecke das Mehrfache der normalen Menge in der Luft, die nur 0,03 v. H. beträgt, sein kann. Die Pflanzen können diese sehr gut verwerten. Man kann oft feststellen, daß die Wuchsleistung mit dem Schließen der Laubdecke beachtlich ansteigt. Dies gilt natürlich für alle Böden. Unter der Bodendecke wird die Erde krümelig und porös, so daß die Luft gut eindringen kann, es entsteht die sogenannte Schattengare. Wieder vorteilhaft für die Bodenbakterien.

Lehm- und tonige Böden sind sehr empfindlich gegen Bodenbearbeitung, wenn sie noch naß sind. Besonders sind die Trittspuren, die beim Bearbeiten der Beete entstehen, sehr ungünstig. Man muß also auf solchen Böden im Frühjahr vorsichtig sein, aber auch im Sommer, wenn schwere Regen die Erde mit Wasser gefüllt haben. Die Rosen gehen, wenn die Bodenverhältnisse es gestatten, gerne tief hinunter mit ihren Wurzeln. Ich habe selber bei Tiefbearbeitung des Bodens in alten Rosenbeständen gefunden, daß Wurzeln bis 2 m tief hinuntergingen, bis die Grundwasserhöhe ihnen Halt gebot. Diese Tiefe wird von Caninaformen schon in zwei Jahren erreicht. Deshalb sind undurchlässige Schich-

Abb. 40:
‚Pariser Charme‘. M. Tantau, 1965.
Sehr starkduftend. Pflanze aufrecht, verzweigt, kräftige Belaubung. *Teehybride* (Edelrose).

Abb. 41:
'Adolf Horstmann'. W. Kordes' Söhne, 1971.
Sehr starkduftend. Pflanze starktriebig, robust, straffaufrecht; reicher Herbstflor.
Teehybride (Edelrose).

Abb. 42:
‚American Home‘.
Jackson & Perkins,
1962.
Sehr starkduftend.
Pflanze breitwachsend, mit reichlicher Belaubung.
Teehybride (Edelrose).

Abb. 43:
‚Carina‘. Meilland,
1963.
Blüten sehr haltbar.
Pflanze straffaufrechtwachsend.
Reichliches Laub.
Schnittsorte. *Teehybride* (Edelrose).

Abb. 44:
‚Ernest Morse'.
W. Kordes' Söhne, 1968.
Duftrose. Pflanze buschig, gutverzweigt, reichblühend. *Teehybride* (Edelrose).

Abb. 45:
‚Ambossfunken'.
Meyer, 1961.
Gutduftend. Die Streifung der Blüten ist ungewöhnlich. Pflanze breitwüchsig, gutverzweigt. *Teehybride* (Edelrose).

ten den auf canina veredelten Rosen besonders unangenehm. Es ist mir oft aufgefallen, daß Rosen im zweiten Jahr nach der Pflanzung nicht so gut waren, wie die Entwicklung des ersten Jahres erwarten ließ. Dies dürfte oft daher kommen, daß sie im nährstoffreichen Boden nach der Pflanzung gleich alles fanden, was sie brauchten und nicht so wie sonst, gleich in die Tiefe gehen mußten. Im zweiten Jahr tritt dann oftmals eine Lagerung des Bodens ein, die Bakterien werden geringer und die Rosen müssen erstmals ihr Wurzelsystem besser ausbauen. Sie wachsen dann unterirdisch mehr als oberirdisch. Im dritten Jahr haben sie sich dann den Verhältnissen besser angepaßt und leisten mehr als im Jahr vorher. Dies gilt besonders für schwere Böden.

Die Bewässerung ist auch ein Sorgenkind. Vielfach sieht man Rasensprenger zwischen den Rosen aufgestellt. Dies ist ungefähr das Falscheste, was gemacht werden kann. Die Belaubung wird feuchtgehalten, die parasitischen Pilze haben die beste Möglichkeit auszukeimen und trotz stundenlangen Besprengens wird der Boden nur an seiner Oberfläche angefeuchtet. Man darf beim Bewässern der Rosen nie die Belaubung naß machen, auch nicht durch Spritzer vom Boden. Man soll einen Schlauch auf das Beet legen und ihn langsam laufenlassen, bis der Boden bis in 30 cm Tiefe gründlich naß ist, dann legt man den Schlauch weiter. Im Handel kann man jetzt poröse Schläuche kaufen, sie sind mit kleinen Löchern versehen, aus denen das Wasser in feinem Strahl herausgedrückt wird. Dies ist vielleicht nur für den Rasen richtig, aber auf unsern Rosenbeeten muß man die Schläuche mit den Austrittsöffnungen nach unten legen, damit das Wasser nur auf den Erdboden und nie an die Blätter kommt. Das Wasser soll auch nicht spritzen, weil durch die Spritzer die Sporen der pilzlichen Krankheitserreger auf oder unter die Blätter geraten, um dort ihr Zerstörungswerk beginnen zu können. Man kann auch einen Sack um die Schlauchöffnung binden, der das Wasser so verteilt und den Druck auffängt, so daß es nicht spült und schlämmt. Man muß ausprobieren, bis es richtig hinkommt. Jedenfalls ist es besser, auch in trockenen, heißen Perioden nicht zu gießen, wenn man es nicht gründlich kann. Die Rosen vertragen viel Trockenheit, weil sie schnell in große Tiefe wachsen, wenn sie können. Ich habe noch nie gegossen oder gewässert und habe immer herrliche Rosen auf recht leichtem, sandigen Boden mit Kiesuntergrund, bei Grundwasser in 4 m Tiefe. Aber ich habe immer die Beete mit kurzem Dünger abgedeckt. Auch auf dem schweren, tonigen Boden in Sangerhausen haben Bodendecken ganz vorzügliche Ergebnisse gebracht. Sangerhausen ist sehr trocken, im Regenschatten des Harzes.

Für die Anpflanzung im Felde habe ich schon kurze Hinweise gegeben in der vorigen Abhandlung über Vermehrung.

Naturdünger ist eines jener Dinge, die langsam aber sicher aus dem Erreichbaren des Liebhabergärtners entschwinden. Wo er noch erreichbar ist, sollte man ihn verwenden. Für kleine Beete braucht man ja nur kleine Mengen, die aber heutzutage selbst für Geld und gute Worte nicht mehr angefahren werden können. Hier wirkt sich das Wirtschaftswunder gegen den Gartenbesitzer aus. Als Ersatz muß er sich mit Naturstoffen behelfen, die erstmals den Humusbedarf der Bakterien decken. Erreichbar ist meistens nur Torfmull und in jeder Form brauchbar; für schwere Böden groben Torfmull, für leichte Sandböden eine feinere Sorte. Ebenfalls als Ersatz für Kuh- oder Pferdedünger kann das im Herbst gesammelte Laub dienen. Es muß, wie der Torf, mit Erde durchgelegt, dann im Winter einige Male umgeschaufelt werden. Wenn das Laub bis zum März–April nicht genügend zersetzt ist, noch ein Jahr so bearbeiten. Vor dem Ausbringen auf die Beete kann man dann etwa zu gleichen Teilen Thomasmehl, Kalimagnesia (Patentkali) und Kalkammonsalpeter zusammenmischen. Von diesem Gemisch kommt etwa 12,50 kg auf einen Zentner gut verrotteter Blätter oder trockenen Torfmull. Gründlich einmischen. Dieses dann 3 bis 5 cm hoch über die Beete gebracht und beim Abhäufeln gut eingearbeitet, damit der Wind es nicht davonträgt, ist ein vollwertiger Ersatz für Naturdünger. (Siehe auch das nächste Kapitel: Kompost.) Dieser Ersatz-Naturdünger wird bei der Anlage der Beete genauso behandelt wie Naturdünger. Man bringt ihn grundsätzlich in die obersten 25 cm des Bodens ein. Genau wie den Naturdünger gut mit dem Erdreich vermischen. Gibt man beim Kuh- oder Pferdedünger eine Schicht von 10 cm in den Boden ein, bei Geflügeldünger etwa die Hälfte – plus 5 cm Torfmull, so gibt man von unserem Naturdünger-Ersatz eine 10 cm dicke Schicht. Dazu nimmt man eine Bodendecke von 5 cm aus dem gleichen Material, sobald die Rosen im April–Mai anfangen zu treiben.

Als Naturdünger soll immer solcher genommen werden, der etwa sechs Monate alt ist. Kann man ihn mit Erde durchlegen und daraus guten Kompost machen, so ist das natürlich sehr vorteilhaft. Auf leichten und lehmigen Böden ist Rinderdünger der beste, auf tonigen Böden ist Pferdedünger vorteilhafter, weil er schneller zersetzt wird. Zuviel Pferdedünger bringt aber oft Mehltau im Gefolge, ein Zeichen, daß der Stickstoff zu einseitig gewirkt hat und nun eine Wachstumsstörung die Folge ist. Also zum Pferdedünger eine Sondergabe Kali, etwa zwei Zentner schwefelsaures Kali je Hektar oder bei Kalimagnesia die doppelte Menge.

Heute werden vielfach getrocknete Naturdünger in verschiedener Form und Zusammensetzung angeboten, z. B.: Getrockneter Rinderdünger, Hühnerdünger oder zusammengesetzter Trockendünger. Sie sind ein vollwertiger Ersatz für Rinder- oder Pferdedünger. Diese muß man flach einhacken und nicht sofort gebrauchte Mengen gut trocken aufbewahren. Wir empfehlen, nur die vorgeschriebene, angegebene Menge des jeweiligen Dunges anzuwenden, da Konzentration und Zusammensetzung der verschiedenen Herstellungen sehr unterschiedlich sind.

Im Garten sind die Mischdünger oftmals sehr gut. Wohl der beste der fertigen Dünger ist Nitrophoska blau mit dem hohen Kaligehalt im Verhältnis zu Stickstoff und Phosphor. Die benötigte Menge ergibt sich aus obigen Angaben. Die Prozent-Angaben bei den Handelsdüngern entsprechen immer 500 g Stickstoff oder Kali oder Phosphorsäure je Zentner Dünger. Bei der Wahl der Mischdünger soll man sich nach dem Kalkzustand seines Bodens richten. Auf allen Böden ist eine sorgfältige Sommerbearbeitung erforderlich. Man sorge, besonders nach Regen, für eine Oberflächenlockerung. Hervorragend dafür geeignet sind die Zinkenhacken, sie bewirken eine Oberflächenkrümelung und verlangen nicht übermenschliche Kräfte für die Anwendung. Dies verhindert Verkrusten der Bodenoberfläche und damit Luftabschluß und auch ein schnelles Verdunsten der Regenwasser- oder auch Bewässerungswassermengen.

Unkrautbeseitigung ist selbstverständlich. Alle diese Arbeiten werden durch die Bodenbedeckung bedeutend erleichtert. Eine Verkrustung des Bodens tritt auf einem gut abgedeckten Beet nie ein. Zusammenfassend also, die Rosen gedeihen praktisch auf jedem Kulturboden. Wenn man sich etwas Mühe gibt, ist auch jeder Boden, der Roggen oder Weizen trägt, in der Lage, Höchstleistungen der Rosen zu ermöglichen. Die Mühen aber sind bei den heutigen Rosen nicht mehr so, daß man mit hundert Künsten versuchen muß, etwas zu erreichen, was nur selten einmal gelingt. Die Züchtung, besonders seit 1890, hat Rosen erzielt, die es mit vielen Unkräutern aufnehmen an Frohwüchsigkeit und Ausdauer.

Der Kompost

Ein Mittel, um viel Geld zu sparen, zugleich seinen Rosen den besten Dünger der Welt zu geben, ist ein gutgepflegter Komposthaufen. In einer Ecke des Gartens, wo Sonne und Mond, Regen und Frost ihn „finden“, wird er auf dem gewachsenen Boden angelegt. Eine handbreit hohe Schicht Torfmull, es kann grobe Torfstreu sein, dient als Unterlage. Dann kommen Unkräuter, Rasenabfälle, Staudenkraut in einer 15 cm dicken Schicht, dann wieder Erde und darüber wieder Torfstreu. So geht es fort, bis der Haufen einen Meter hoch ist. Jede zwei Monate umsetzen, damit Luft und Regen an alles kommen und alle Unkräuter die Verarbeitung durch die Bakterien mitmachen. Kaninchen-, Hühner-, Ziegendünger, alles kommt mit hinein. Man kann auch Rinder-, Schweine-, Pferdedünger dazwischenpacken, aber nicht zu viel. Dann zwei Jahre gut bearbeiten. Wenn er einmal austrocknen sollte, etliche Eimer Wasser, vielleicht von der großen Wäsche, etwas müssen die Hausfrauen auch beisteuern, übergießen. Torf- und Holzasche darf mit hinein, aber keine Asche von Braun- oder Steinkohlen; Kohlenasche ist giftig. Immer darauf achten, daß nicht Beifuß, Brennessel, Disteln und Melden anzeigen, wo fettes Futter für sie ist. Das Futter sollen die Rosen haben und die Unkräuter sollen ein gut Teil dieses Futters abgeben. Hat man diese einfache Arbeit getan, hat man einen idealen Dünger, um ihn zwischen die Rosen und die Beete zu geben. Nicht handhoch, nur einen Zentimeter jährlich. Wenn die Erde zu hoch wird zwischen den Rosen, nehmen wir von den Beeten welche fort, um sie auf den Komposthaufen zu tun.

An Zutaten mineralischer Natur etwas gemahlenen Branntkalk. Der hilft den Bakterien. Er nimmt überschüssige Humussäuren fort, wenn sie sich gebildet haben. Kali und Phosphor geben wir nicht hinein. Kali würde wie Salz in der Pökeltonne wirken. Es hindert die Bakterien und damit die Zersetzung der Rohmasse in leicht aufnehmbare Nährstoffe.

Wir werden auch keine Rosenblätter oder Zweige hineintun. An diesen sind immer Sporen der Pilzkrankheiten unserer Rosen. Deren Dauersporen sind auch im Komposthaufen unverwüstlich. Rosenabfälle gehören ins Feuer, die Asche kann als Dünger genutzt werden, sie enthält viel Kali und Phosphat.

Wie pflanze ich meine Rosen?

Nachdem wir uns über die Herrichtung der Beete genügend unterhalten haben, kann die erfolgreiche Einrichtung derselben als sicher angenommen werden. Wir müssen nun die Rosenpflanze besorgen, die Sortenwahl können wir in späteren Kapiteln dieses Buches erledigen. Dann geht es ans Pflanzen. Wir brauchen keine Wünschelrute, um die Plätze richtig zu finden. Nur unser bißchen Verstand soll uns helfen. Die Rosen, wie wir sie aus den Rosenschulen erhalten, zeigen deutlich, wo ober- und unterirdischer Teil sich trennen. Die Zweige der Rosen beginnen meistens dort, wo die Wurzel endet, und hier müssen wir nun achtgeben beim Pflanzen. Die lockere Erde des Beetes wird sich noch etwas absetzen, also müssen wir die Rosen so tief pflanzen, daß noch 5 cm von den Zweigen mit in die Erde kommen. Dann wird die Rose nachher gerade richtig stehen und im Winter die Veredelungsstelle, das ist die Stelle, wo Zweige und Wurzel sich trennen, gerade eben 2–3 cm tief in der schützenden Erde sein und nicht erfrieren. Die Skizze (S. 97) zeigt, was mit Worten allein nicht zu sagen ist.

Vorher haben wir die Wurzeln eingekürzt. Es schadet nicht, wenn wir die Wurzeln auf etwa 20–30 cm Länge kürzen. Da sie oftmals 40 bis 50 cm lang sind, wenn sie aus der Baumschule kommen, würden sie schon so tief in den Boden mit ihren Enden kommen, daß sie die reich mit Nährstoffen versorgte Oberschicht unserer Beete gar nicht ausnutzen können. Die Wurzeln werden über einem Hügel im Pflanzloch verteilt, so daß sie nach allen Seiten auseinanderstreben. Dann Erde nachfüllen und antreten. Auf schweren Böden natürlich fester als auf leichten, aber immer die schönen Worte bedenken: „Festgemauert in der Erden –“ sind für die Glockenform beim Glockenguß wohl richtig, aber nicht für die Rosen. Ich pflanze meistens mit kürzeren Wurzeln. Kürze auf höchstens 20 cm und pflanze in einen Spalt. Dieser wird mit einem Spaten etwa 25 cm tief und 10 cm breit aufgedrückt. In solchen Spalt pflanzen wir ja auch die Wildlinge. Die orthodoxen Rosenliebhaber werden mir sehr böse sein, wenn ich solches

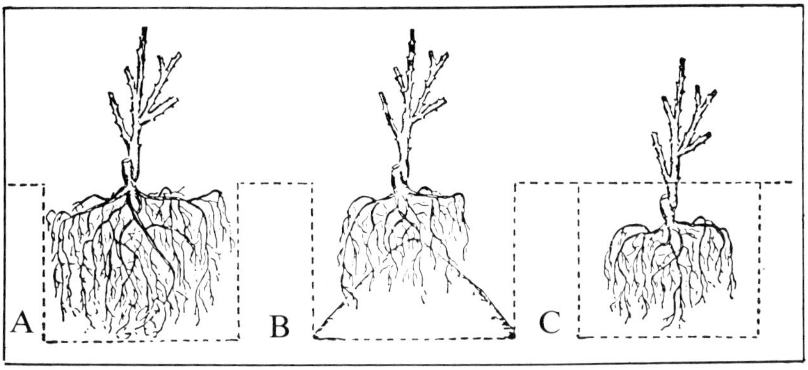

Abb. 46:
Das Pflanzen niedriger Rosen.

A zeigt ein zu kleines Pflanzloch. Die Wurzeln berühren schon jetzt den Rand.

B zeigt den Hügel unter der Pflanzmitte und die dadurch erreichte gleichmäßige Wurzelverteilung.

C zeigt die Pflanztiefe.

Auf allen 3 Abbildungen ist die Wurzel unbeschnitten dargestellt.

auch für die Pflanzung im Garten der Liebhaber empfehle, aber ich habe in 25 Jahren eigenem Rosengarten immer gute Erfahrungen gehabt und schließlich bin ich kein Zauberkünstler, sondern ein ganz einfacher Rosenkrauter, vielleicht ein bißchen viel Rosennarr. Also, die Wurzeln gut gerade in den Boden, verkrümmt hinkommende Wurzeln sind fast immer die Ursache von Wildtrieben aus der Wurzel. Falls sich solche Triebe noch finden sollten, die sich meistens an der von den Edeltrieben unterscheidenden Farbe und wenn stachelige Unterlagen verwendet worden sind, an den unterschiedlichen Stacheln erkennen lassen, müssen sie sauber entfernt werden. Abreißen ist das sicherste Mittel, schneiden läßt immer einen Grund des Triebes zurück, aus welchem später wieder Augen austreiben und die Plage hat kein Ende. Beim Pflanzen in den Spalt nur einmal gut antreten, dann richtig den Boden auf dem Beet glatthakken. Wenn dies getan ist, sieht man sofort, ob tief genug oder zu hoch oder zu tief gepflanzt worden ist. Jetzt sollen die Pflanzen 5 cm tief im lockeren Erdreich stehen. Stehen sie so, kann man leicht anhäufeln, etwa 5 cm hoch. Will man bei Herbstpflanzung noch ein übriges tun, so kann man das frischgepflanzte Beet mit Fichtenzweigen abdecken, wobei man natürlich auf die Gegend Deutschlands Rücksicht nehmen muß.

Was im Seeklima genügt, würde im bayerischen Hochland oder in Ostpreußen die Rosen schwer gefährden.

Die Pflanzweite richtet sich nach Sorte, Nährstoffreichtum des Bodens und natürlich nach dem Ortsklima. Man kann als Faustregel sagen, daß eine Pflanzweite von 30 cm in der Reihe und 30 cm Reihenweite für unsere modernen Rosen das Richtige ist, immer vorausgesetzt, daß ein geschlossenes Beet gewünscht wird. Auf 40 x 40 cm muß man allerdings die starkwachsenden Sorten pflanzen, unsere modernen, wüchsigen Rosen, wie: Irish Wonder, Lilli Marleen, Toni Lander, Brennende Liebe, Duftwolke, Elysium, Goldrausch, Hansestadt Bremen, Honigmond, Käthe Duvigneau, Korona, Märchenland, Olala, Schneewittchen, The Queen Elizabeth Rose, Träumerei, Montana usw., benötigen mehr Raum zur vollen Entwicklung.

Bei den Teehybriden ist es natürlich genau das gleiche, die starkwüchsigen Sorten, insbesondere die folgenden Sorten sollen möglichst auch auf 40 x 40 cm gepflanzt werden: Ernest Morse, Folklore, Freude, Gail Borden, Gloria Dei, Goldkrone, Kordes Perfecta, Landora, Peer Gynt, Super Star, Tradition. Man braucht also weniger Pflanzen je Quadratmeter, um den gleichen Effekt zu erreichen. Man kann natürlich auch unsere modernen Polyanthahybriden und Floribundarosen in Einzelstellung setzen oder in kleinen Trupps zu dreien und fünfen in die Staudenpflanzungen oder locker in den Rasen stellen. Dazu braucht man dann etwas Rosengefühl und ein wenig Talent zum Gelingen. Größere Sträucher soll man, wenn der Platz vorhanden, einzeln stellen. Sie brauchen Platz, um wirklich schön zu werden. Hecken soll man so pflanzen, wie es die Sorte zuläßt. Es gibt so viel Rosenschönheit und diese hat so viel Gestaltungsmöglichkeit, daß ein dicker Wälzer nicht ausreichen würde, um alle die Herrlichkeit in Wort und Bild zu schildern. Anhaltspunkte gibt das Kapitel „Rose im Garten“ und die Sortenliste. Bei Frühjahrspflanzung, die an vielen Orten der Herbstpflanzung vorgezogen wird, muß man achtgeben, daß die Pflanzen nicht austrocknen, man wird sie deshalb auf etwa 10 cm Trieblänge zurücknehmen; Kletter- und Strauchrosen auf 25 cm. Dann nur anhäufeln und nur bei früher Märzpflanzung oder Anfang April noch einen leichten Schutz durch Nadelholzzweige geben. Bei Herbstpflanzungen die Rosen nicht zurückschneiden.

Nun etwas Wesentliches: Die Rosen sind aus ihrem Element herausgenommen, die Wurzeln haben kürzere oder längere Zeit nicht im Erdboden gesteckt. Das hat oftmals eine Einwirkung auf die freudige Neubildung von jungen Wurzeln zur Folge. Besonders bei später Frühjahrspflanzung macht es sich bemerkbar. Man muß die Wurzeln tüchtig naßmachen und nur nasse Wurzeln dürfen in den Boden kommen. Trockene Wurzeln brauchen zuweilen Monate, um selbst in feuchtem Boden mit der Erde Verbindung zu bekommen. Solche Pflanzen treiben dann schlecht oder gar nicht aus, können auch trotz Anhäufeln zugrunde gehen. In diesem Punkte werden oft große Fehler gemacht, die nachher sich verhängnisvoll auswirken. Es ist immer nötig, die Wurzeln gleich nach dem Auspacken, oder, wenn die Rosen am Ort erworben wurden, gleich nach der Ankunft gut an den Wurzeln und Trieben naß zu machen. Das festeste Antrampeln und Festmauern im Erdreich kann eine Schlamperei in diesem Punkt nicht wieder gutmachen. Heute werden die Rosen in fast allen Baumschulen und Versandgärtnereien in Kühlhäusern überwintert. Sie werden dabei im Luftraum, ohne Decke für die Wurzeln, aufbewahrt. Solche Rosen soll man vor dem Pflanzen 24 Stunden ganz ins Wasser legen, damit Wurzeln und Zweige voll mit Wasser sind. Dann werden sie gut anwachsen. Bei Trockenlassen gibt es meistens Ausfälle, wenn nicht die Regengötter ein Einsehen haben und menschliche Unvernunft ausgleichen.

Bei Hochstämmen muß man Rücksicht nehmen auf den Platz, wo man in den kommenden Winter die Krone auf die Erde legen will. Jeder Stamm kommt mit einer kleinen, aber deutlichen Biegung aus der Wurzel. Siehe Zeichnung Seite 71. Bei der Pflanzung muß so gesetzt werden, daß diese Biegung nachher sich zwanglos in dem Bogen fortsetzt, den der Stamm machen muß, damit die Krone auf den Boden kommt. Macht man hier Fehler, gibt es über kurz oder lang Bruch und ein schöner Rosentraum ist ausgeträumt. Es ist auch für den Stamm unnatürlich, wenn er anders gebogen wird. Gewebezerrungen, die leicht zu Frostschäden führen, sind dann oft die Folge, und dazu pflanzen wir ja keine Rosen, damit

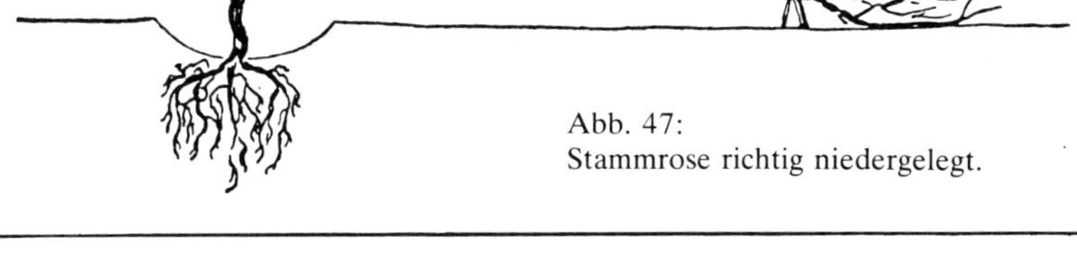

Abb. 47:
Stammrose richtig niedergelegt.

General Winter eine große Beute hat. Bei Hochstämmen pflanzt man immer so, daß der Wurzelkopf mit dem Erdboden gleich hoch ist, dann kann man die Wildtriebe, die sich hier immer wieder bilden, besser gründlich entfernen.

Kletterrosen darf man ohne Bedenken sogar 10 cm tief pflanzen. Sie machen dann aus den eigenen Trieben Wurzeln und oftmals blühen solche Pflanzen reichlicher, als wenn sie nur von der Unterlage ernährt werden sollen.

Sehr wichtig ist es, darauf zu achten, daß an die Rosenwurzeln, beim Pflanzen oder auch später, kein frischer Dünger kommt. Der frische Naturdünger soll sich erst zersetzen und dann sollen die Zersetzungsprodukte erst die Nahrung für die Rosen geben. Wenn man nur frischen, nicht abgelagerten Naturdünger hat, soll man ihn nach der Pflanzung auf die Beetoberfläche legen, dort werden die Bakterien ihn in Kürze zu Mulm zersetzen und die Pflanzennährstoffe freimachen, die dann mit dem Regenwasser in die Tiefe zu den Wurzeln gelangen.

Zusammenfassend: Die Wurzeln kürzen, im Pflanzloch oder im Spalt gut verteilen, achtgeben, daß sie nicht krumm oder verdreht in den Boden kommen. Je nach Boden fest oder leichter antreten, mit den Trieben 5 cm tief in den Boden setzen. Im Herbst Triebe nicht zurückschneiden. Im Frühjahr schon vor der Pflanzung zurückschneiden. Dann anhäufeln, so daß jetzt 10 cm vom Holz der Edelrose im schützenden Erdreich sind. Im Herbst Schutzdecke aus Nadelholzreisig oder Heidekraut. Im Frühjahr ist dies nur bei noch zu erwartenden Frösten und trockenen Ostwinden nötig. Immer mit nassen Wurzeln pflanzen. Wenn dann die Rosen gesund und in Ordnung waren und Boden und Ort ihnen zusagen, kann es nicht schiefgehen.

Wo pflanze ich meine Rosen?

Eigentlich ganz einfach zu beantworten: In die Sonne. Die Rosen sind Licht- und Luftkinder. In der Steppe stehen sie ringsum frei und nie im Schatten. Am Waldrand oder im lichten Buschwald schicken sie ihre Klettertriebe in die anderen Gehölze und treiben erst eine buschige Krone, wenn sie frei an Licht und Luft kommen können. Sie sind ja fürs Klettern mit ihren Stacheln besonders gut ausgerüstet.

Also richten wir uns im Garten danach. Nun gibt es viele Rosenliebhaber, deren Gärten liegen zwischen hohen Bäumen oder gar Häusern eingeschlossen. Nur wenige Stunden haben die Rosen Sonne, fast nie freie Luft. In solchen Hexenkesseln behagt es den Rosen natürlich nicht im vollen Sonnenbrand. Besonders niedrigbleibende Sorten, die den Boden nicht richtig decken, wollen nicht gedeihen. Oft hilft eine gute Bodendecke von altem Dünger oder Torfstreu. Der Boden wird nicht zu warm, hält die Feuchtigkeit besser, das Bakterienvolk wird nicht totgekocht und die Rosen können leben. Noch ein Ausweg aus solcher unerfreulichen Lage: Man verzichte auf niedere Rosen und setze Stämme. Diese sind in der Luft über dem heißen Erdboden und gedeihen oft noch, wo niedrige Rosen schon längst versagen. Bodendecke unter den Stämmen ist auch wichtig. Es können aber auch niedrige Stauden sein, die den Boden gegen die Sonne abschirmen. Kletterrosen in solchen Lagen sind oft ein besonderes Schmerzenskind. Besonders Mehltau befällt in solchen Gärten immer wieder die Rosen.

Eine weitere Schwierigkeit ist oft das Wasser im Winter. Ein Garten mag im Sommer schön trocken sein, aber im Winter kann er zu einem Sumpf werden, weil ungenügende Entwässerung Regen und Schmelzwasser nicht abführen können. In solchem Sumpf gehen die Rosen sehr schnell zugrunde. Da hilft nur, für Dränage sorgen und, unter ganz bösen Umständen, eine Schicht grobe Ziegelbrocken oder Heidekraut in den Untergrund des Beetes bringen, aus welcher dann die Entwässerungsröhren das Sickerwasser fortführen.

Das Gegenteil kann natürlich auch der Fall sein. Es gibt ja viele Böden in Deutschland, die auf Kies oder Sand stehen und im Sommer pulvertrokken werden. Da versagen meistens unsere Rosen aus Mangel an Wasser. Man kann durch Dränröhren, die in 1 Meter Entfernung die Beete in 50 cm Tiefe durchziehen und durch eine aufrechtstehende Zuleitungsröhre bis an den oberen Beetrand reichen, gründliche Tiefwässerung erreichen. Man läßt dann einfach das Wasser aus dem Schlauch oder der Kanne in die Röhren laufen. Mehrfach bis oben füllen. Es wird dann im Boden zwischen den einzelnen Röhren austreten und das Erdreich durchfeuchten. Dann kann es oben pulvertrocken bleiben, die Pilze können nicht keimen und die Rosen haben genügend Wasser. Bodendecke auf solchen Wüstenböden ist natürlich notwendig. Torfmull muß natürlich auch zum Wasserhalten in den Boden. Schwierig sind auch die tonigen und Letteböden. Sie sind oftmals nur unter feinfühligen Händen zu Rosengärten zu gebrauchen. Auflockern und luftigmachen durch verrotteten Dünger. Besonders Pferdedünger, Torfmull und Buchenlaub können viel helfen. Entwässerung, wo nötig, ist sehr wirksam, denn diese Feinerdeböden halten das Wasser mit gewaltiger Kraft. Zuweilen kann man durch Höherlegen der Beete, bis 20 cm über die umgebende Bodenhöhe, viel erreichen; Kalkung mit gemahlenem Branntkalk. Alles hilft, aber es muß auch alles zusammenwirken, um den Rosen ein gutes Fortkommen zu ermöglichen. Wachsen sie erst einmal gut, kann man oft mit jahrelangem, guten Gedeihen rechnen. Zuweilen bleibt als letztes Mittel, jeden Herbst die Rosen aufnehmen und gut überwintern und dann im Frühjahr, nach erneuter Herrichtung der Beete, wieder pflanzen Man kann natürlich auch in großen Töpfen kultivieren, wie es in Rußland früher viel ausgeübt wurde. Im Sommer auf die Beete stellen und im Winter so überwintern, daß der Frost keinen Schaden anrichtet. Bei sachgemäßer Pflege gibt es prachtvolle Pflanzen. In Schweden wird diese Kultur heute noch viel ausgeübt und in Kalthäusern oder Wintergärten hat man mit solchen Riesenpflanzen großen Erfolg.

In lichtem Halbschatten kann man sehr schön Kletterrosen an Bäume und Sträucher pflanzen. Sie werden bei einiger Aufmerksamkeit und guter Pflanzlochvorbereitung große Pflanzen. Gerade viele der kleinblütigen Kletterrosen sind an solchen Plätzen nach einigen Jahren während der Blütezeit eine herrliche Pracht. In solchem lichten Schatten halten sich die Farben dieser Rosen sehr gut, man muß natürlich bedenken, daß die Bäume und Sträucher auch leben wollen und von dem Dünger, den die Rosen erhalten, tüchtig mitzehren. Niedrige Gartenrosen sind meistens in solchen Lagen nur gut, wenn sie keinen Druck, besonders Tropfenfall von oben haben. An Abhängen gedeihen einige harte, kriechende Kletterrosen sehr schön. Dort kann man sie verwildern lassen und hat dann oft, wenn der Winter nicht doch zu arg war, eine herrliche Blütenpracht. Für diesen Zweck sind jetzt außer den älteren Sorten Excelsa, Dorothy Perkins, White Dorothy und ähnliche, besonders die neuen Sorten der Rosa kordesii als Kletterrosen verwendbar: Dortmund, Hamburger Phönix, Leverkusen, Max Graf usw.. Mit den modernen, winterfesten, öfterblühenden Rosen lassen sich sehr gut Hecken pflanzen. Hecken, die schmal bleiben müssen und dabei bis 1 m Höhe erreichen dürfen, kann man sehr schön mit Rosen vom Typ der Betty Prior erreichen. Wenn nur 50 cm Höhe erlaubt ist, sind Sorten, wie: Diamant, Duftwolke, Friesia, Goldrausch, Korona, Montana, Rosenmärchen und Träumerei passend. Höhere Hecken kann man mit den straffaufrechtwachsenden Sorten, wie: Aloha, Bischofsstadt Paderborn, Ilse Haberland, Lichtkönigin Lucia, Nymphenburg, Shalom, Stadt Kiel oder The Queen Elizabeth Rose pflanzen. All diese Rosenformen stehen aus eigenem Vermögen aufrecht, man kann aber sehr gut Drahtgitter mit Sorten bepflanzen, die man dann mit Zweigen durch die Maschen wachsen läßt und auf diese Weise erreicht, daß der Zaun in wenigen Jahren ganz mit Rosen bewachsen ist. Hierfür sind insbesondere die einmalblühenden Sorten vom Typ Excelsa und Dorothy Perkins geeignet.

Noch ein paar Worte über die Anpflanzung von Rosenstämmen: Sie sind nicht überall angebracht, passen oftmals nicht in unsere Gärten, und doch gibt es wohl keinen Rosenliebhaber, der sie missen möchte. Man kann sie einzeln und in kleinen Gruppen pflanzen. Eine Reihe von Sorten, die ich in der Liste besonders angeführt habe, bildet schöne, runde Kronen und blühen auf Stamm viel reichlicher und schöner als niedrig. Man pflanze also Stämme, wenn das Gefühl es verlangt. Bei richtiger Anwendung geben Stammrosen dem Garten oftmals erst eine Vollendung. Besonders da, wo sonst nur flache Beete Massenwirkung durch Farbkleckse bringen, geben Stammrosen dem Garten den letzten persönlichen Ausdruck. Man hüte sich aber vor einer Massenpflanzung, auch wirken ungleichwachsende Sorten, zusammen auf ein Beet gepflanzt, nicht erfreulich. Auch darf man nicht Stämme pflanzen, die es nicht erlauben, die Blüten zu besehen, also höher sind als etwa 1 Meter. Halbstämme wirken oft deswegen besser, weil sie nicht wie ein an einen

Besenstiel gebundener Blumenstrauß aussehen. Das Unnatürliche muß man bei der Anpflanzung immer bedenken. Wichtig für den Gesamteindruck ist die Wahl anständiger, unauffälliger Pfähle für die Hochstämme. Sie sollen nicht in ihrer Färbung stören, sollen nicht auffällig aus der Krone herausragen. Die Streichung mit mittelgrün und hellerem Kopf ist noch am erträglichsten. Hat man starke Tonkinstäbe, so soll man ihnen die Naturfarbe belassen. Den Pfahl oder Stab immer hinter dem Stamm – vom Weg aus gesehen. Immer bedenken: Er ist nur Hilfsmittel, darf also nicht das Bild beherrschen.

Sehr wirksam war in Baden-Baden die Unterpflanzung der Hochstämme mit einer andersfarbigen Rose. Diese Unterpflanzung darf aber nicht zu hoch werden, damit die Hochstammrosen auch als solche erkennbar sind.

Einen ganz erfreulichen Effekt, der auch durchaus natürlich wirkt, hat Karl Plomin mit den Rosenhügeln in Hamburgs „Planten un Blomen" erreicht. Diese Hügel enthalten als Kern Schutt. Sie wurden dann mit guter Erde abgedeckt und geben jetzt, im sonst flachen Gelände, plötzlich Aufsichtsflächen an den Abhängen. Hier sind es vor allem die Floribundarosen, ganz besonders die breitbuschigwachsenden Sorten, die, aus der Ferne und auch aus der Nähe besichtigt, sehr wirksam sind.

Arbeiten im Frühling und Schnitt

Im März – April, wenn die Nachtfröste nachlassen und eine kühle, aber feuchte Zeit wahrscheinlich ist, wird man seine Lieblinge aus der Winterverpackung nehmen. Die Nadelholzzweige werden zunächst entfernt. Nach einigen Tagen wird abgehäufelt und die Bodendecke eingebracht. Vorher werden die Rosenpflanzen beschnitten. Hier möchte ich zunächst eine persönliche Meinung zum Besten geben. Es gibt Menschen, die glauben, die Erfindung von Schere und Messer sind nur gemacht, damit „Sie" von allen Pflanzen, die ihnen in den Weg kommen, was abschneiden können. Das nennen solche Hornochsen dann Gartenkunst.

Also, lieber Rosenfreund, der Du das liest, bitte, schinde Deine Rosen also nicht. Denke daran, daß das, was lebt, auch Blüten bringen wird, und daß die wahre Kunst des Beschneidens darin liegt, erfrorenes oder altersschwaches Holz zu entfernen. Auch die schwachen Triebe, die doch kaum zu kräftiger Entwicklung kommen, darfst Du entfernen. Abei sonst laß der Pflanze ihr Leben. Unsere modernen Rosen sind größtenteils nicht mehr solche Kümmerer, daß sie einfach über der Erde abgesäbelt werden müssen, weil das Holz des Vorjahres doch nicht mehr recht lebendig ist. Unsere Rosen sind teilweise schon beachtlich winterfest, und so ein Teehybriden- oder ein Floribundabusch, der aus altem Holz einen dreiviertel Meter hohen blütenüberladenen Strauch bilden kann, wenn Messer und Schere es erlauben, ist eine Schönheit, die von den meisten der alten Remontantrosen nie erreicht wurde. Wenn der Winter uns das vorjährige Holz gelassen hat, soll man erhalten, was kräftig und gesund ist. Ich habe Teehybriden nur eingekürzt, so daß der Busch nachher 80 cm hoch war. Er brachte 30 Blüten. Hätte ich ihn über der Erde abgesäbelt, hätte ich 3–5 Blüten gehabt; dicke, kohlkopfähnliche Gebilde, aber keinen Blütenrausch. Ich habe immer beim Beschneiden gedacht: „Du willst doch Blüten haben." Blüten kann die Pflanze aber nur an jedem Trieb bringen, den sie entwickeln kann. Um einen Trieb zu entwickeln, braucht sie gute Augen, Nahrung und Licht. Schneidest Du die Augen weg, muß die Pflanze erst ruhende Augen entwickeln. Das werden immer nur wenige sein, also hat sie nachher weniger Blätter. Die Menge der Blätter ist aber entscheidend für die Verwertung der Nähr-

Abb. 48:
Der richtige und der falsche Schnitt.

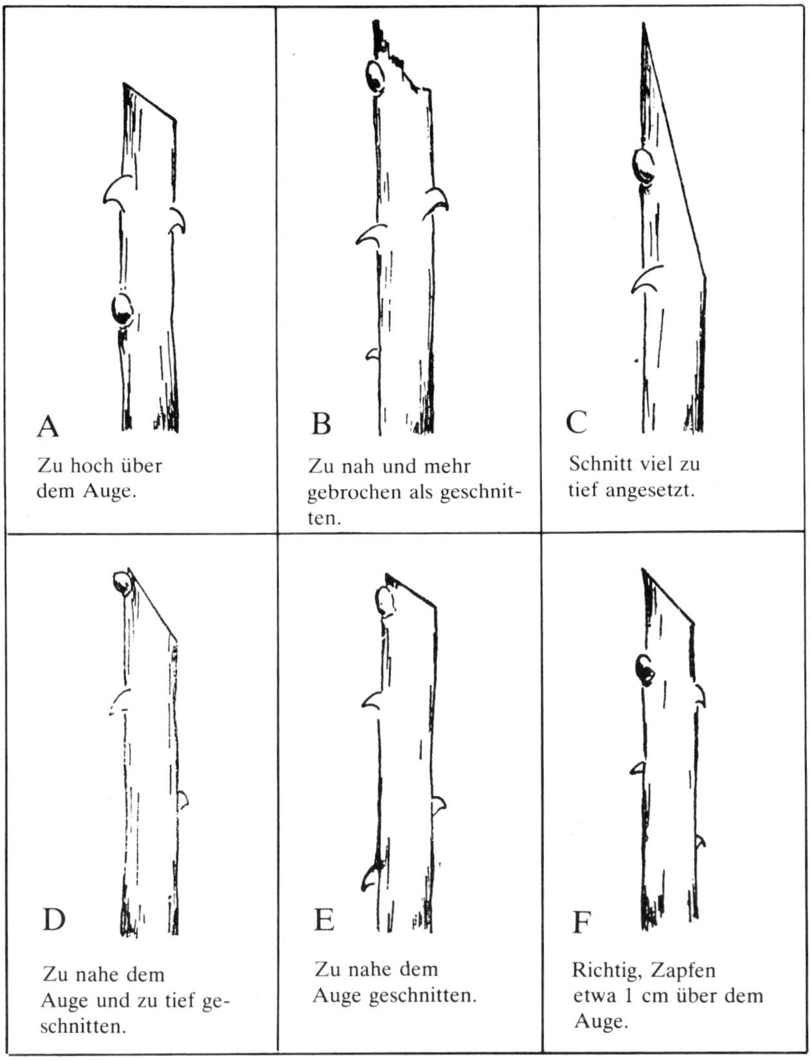

Abb. 49:
‚*Pascali*'. L. Lens, 1963.
Gutduftend, edel in der Form. Sehr reichblühend. Robuste Pflanze. *Teehybride* (Edelrose).

Abb. 50:
‚*Ballet*'. W. Kordes' Söhne, 1958.
Edelste Form, reine, haltbare Farbe. Robuste Pflanze, gutverzweigt. Sehr hart. *Teehybride* (Edelrose).

Abb. 51:
'Rosmarin'. W. Kordes' Söhne, 1965.
Sonnenfeste Blüte. Dichter, buschiger Wuchs. Reichblühend. *Zwergbengalrose.*

Abb. 52:
'Bonny'. W. Kordes' Söhne, 1974.
Reichblühend. Dichter, runder, starkverzweigter Busch. *Zwergbengalrose.*

Abb. 53:
'Baby Maskerade'. M. Tantau, 1955.
Reichblühend. Regenfest. Dichte, runde, kleine Büsche bildend. *Zwergbengalrose.*

Abb. 54:
'Scarletta'. de Ruiter, 1972.
Leuchtende Farbe. Pflanze dichtbuschig, aufrecht, reichverzweigt. *Zwergbengalrose.*

Abb. 55:
‚Goldstern‘. M. Tantau, 1966.
Früh- und reichblühend. Bis 3 m hoch. Aufrecht. *Öfterblühende Kletterrose.*

Abb. 56:
‚Sympathie‘. W. Kordes' Söhne, 1964.
Gutduftend. Edelste Blütenform. Reichblühend. Üppig und robustwachsend.
Bis 5 m hoch werdend. *Öfterblühende Kletterrose.*

stoffe. Also: weniger Blätter, weniger Blüten. Die wenigen Triebe entstehen am Grunde, beschatten sich stark gegenseitig, was natürlich nie eine Leistungssteigerung zur Folge haben kann. Darum habe ich, wenn es dem Winter gefiel, nur wenig geschnitten und Blüten in Mengen erlebt.

Voraussetzung ist natürlich immer entsprechende Ernährung. Man kann von einem Halbverhungerten nicht viel verlangen. Die Rosen sind in diesem Punkte wie die Menschen. Mein Rat ist also: „Alles kräftige, nicht erfrorene Holz an den Pflanzen lassen!“ Die starken Triebe nur einkürzen, etwa das obere Drittel abschneiden, über das ganze Beet ein wenig ausgleichen, so daß es nicht flach, sondern etwas Lebendiges, Bewegtes wird. Solch ein Beet wirkt nachher persönlich und nicht wie eine tote seelenlose Sache.

Abb. 57:
Rosen im Herbst und im Frühjahr.

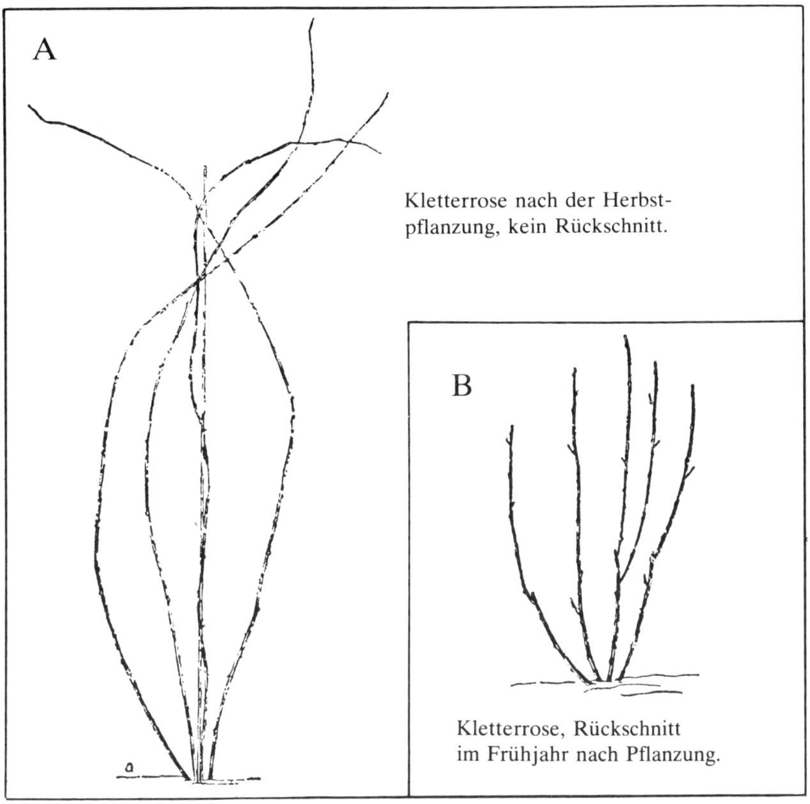

C

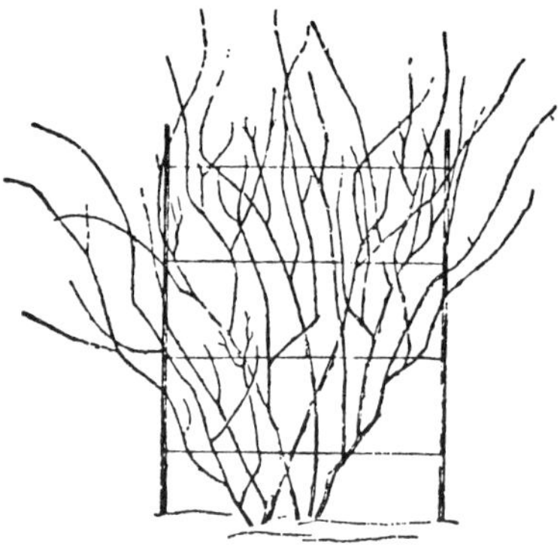

Kletterrose vor Bindung der Zweige und vor Rückschnitt.

D

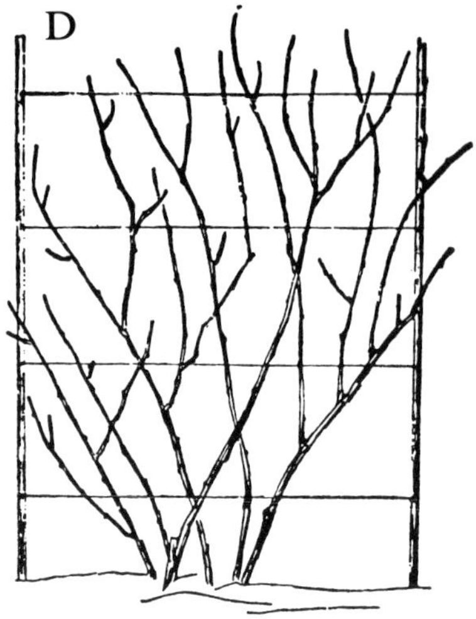

Verteilung der Zweige nach Rückschnitt.

E

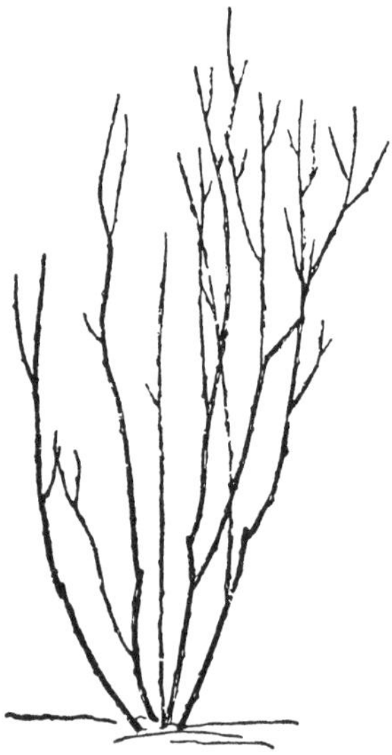

Niedrige Rosen nach der Pflanzung.

F

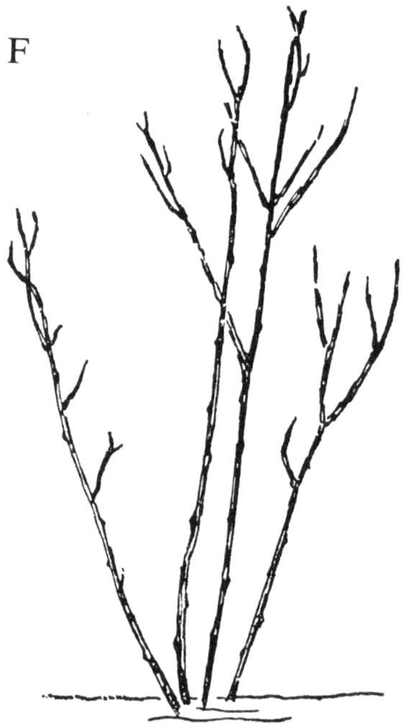

Vor dem Frühjahrsschnitt, ein Jahr später.

Ganz schlimm ist es bei den Kletterrosen und Park- oder Strauchrosen Hier soll man sich nach Winterwirkung, Ernährungszustand und den Er fordernissen des Ortes richten. Bei allen als Einzelstrauch stehenden Rosen immer nur altersschwaches Holz entfernen oder, wenn es sein muß, einmal einen gründlichen Rückschnitt durchführen; diesen aber fast bis auf den Boden herunter. Erfrorenes muß natürlich entfernt werden, auch, was nicht wegen Platzmangel bleiben darf, muß weg. Aber sonst immer daran denken: Bei diesen Rosen schneidet man mit jedem gesunden Trieb eine Vielzahl von Blüten weg, die kein Zauberspruch wieder herbeirufen kann. In meiner Heimatstadt Elmshorn stand einmal an einer Hauswand eine Riesenpflanze der Kletterrose François Foucard. Bei dieser Pflanze waren Messer und Schere nur benutzt worden, um die Weiden abzuschneiden, womit die Triebe jedes Jahr an Drähte geheftet wurden. Sie bedeckte eine Fläche von 15 Quadratmetern. Wenn diese Rose blühte, dankte sie ihrem Besitzer und seinem Gärtner mit tausenden von Blüten dafür, daß sie wußten, wozu Messer und Schere da sind. Wie oft habe ich schon vor geschundenen Schönen gestanden und vor meinem Auge stand das Bild „jener“ Herrlichkeit.

Das Beschneiden der Rosen ist ganz einfach. Nach altem, seelenlosen Stil hackt man alles kurz über dem Boden ab, außer bei Kletterrosen und Strauchrosen, denen man einige Langtriebe läßt. Nach meinem Stil schneidet man nur, was weg muß: totes, erschöpftes und nicht an den Ort passendes Holz. Läßt gesundes möglichst wenig gekürzt und hat nachher eine dankbare Rosengesellschaft.

Oft wird im Herbst, wenn man die Winterbehäufelung anbringt, von den Gartenrosen schon die Hälfte von den Trieben des letzten Sommers abgeschnitten. Gewiß, es arbeitet sich leichter, weil der lange, hakige Busch nicht mehr kratzt und beißt. Aber in jede so geschaffene Schnittstelle dringt der Frost mit Wonne ein und verrichtet sein Zerstörungswerk. Bei Rosen können Schnittwunden an den Trieben meist schlecht abheilen. Sie sind sehr schlechte Kallusbildner, und da diese Wunden ihnen nun am Anfang der Frostzeit zugefügt werden, haben sie auch gar nicht mehr die Zeit, die offenen Leitungsbahnen durch Kork- oder Tyllengewebe zu verschließen. Die Schäden durch Frost sind also bestimmt bei solchen Rosen stärker, aber gegen Dummheit ist kein Kraut gewachsen. Jeder Schnitt im Herbst, der anderes entfernt als totes, schwaches Holz, tut unseren Rosen Böses an.

G

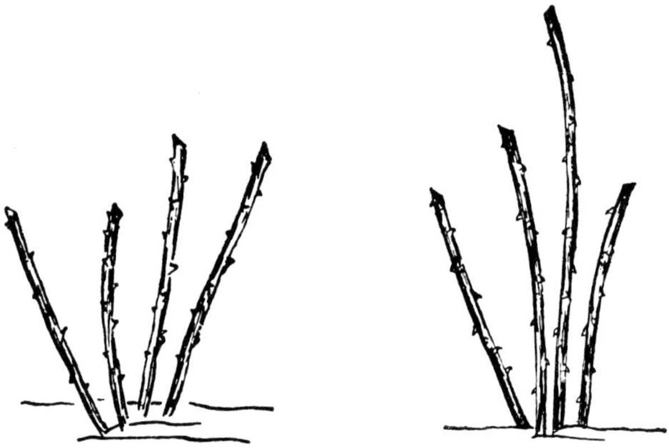

Niedrige Rosen nach dem Rückschnitt.

H

Binden der Rosen mit Bindeweiden.

Hochstämme muß man noch sorgfältiger behandeln. Die Triebe der Rosen auf Hochstamm sind meistens kürzer als bei den niedrigen Rosen, also wird der Schaden durch zu starken Schnitt entsprechend größer. Wir hatten einmal im Rosarium in Uetersen Stämme mit Etoile de Hollande, die nach vier Jahren einen Durchmesser von einem Meter hatten. Es war kein „Kunstgärtner", der sie jährlich besäbelte, sondern ein denkender Mensch. Bei einem Holzhacker wären auch diese Stämme nie größer geworden, als sie im ersten Jahre waren. Nach dem Beschneiden soll man gründlich mit einem insektentötenden Mittel spritzen oder stauben. Ich habe viele Jahre Obstbaumkarbolineum gebraucht, Spritzmischung etwa halb so stark wie für Apfelbäume. Es dürfen alle Karbolineumsorten verwandt werden, ebenfalls Dinitrokresol und Metasystox. Einige Tage warmes Wetter nach der Spritzung und viel verkrochenes Ungetier kommt auf die Rosen, um zu grasen. Diese fahren alle rechtzeitig in den Schädlingshimmel, sehr zu unserer Freude. Der Boden wird gründlich mitgespritzt. Dann kann man mit der Bodenbearbeitung beginnen. Abhäufeln, nachdem der Handelsdünger ausgestreut ist. Wo der Naturdünger in den Häufelfurchen im Winter eingebracht wurde, muß man jetzt, am besten mit Grabegabeln, diesen Dünger untergraben. Bei dieser Gelegenheit soll man auch die Wildtriebe, die aus der Wurzel der Unterlage gekommen sind, freilegen und durch Abreißen, unter Umständen mitsamt der Wurzel, aus der sie kommen, gründlich entfernen. Einebnen des Bodens. Alles Unkraut sorgfältig entfernen und dann die Bodendecke aufbringen. Diese darf 5 cm dick sein. Dann Ruhe und ein wenig Glück mit den Spätfrösten. Sobald das Laub richtig in der Entwicklung ist, etwa Anfang Juni, eine leichte Spritzung mit einem der im Kapitel Pflanzenschutz genannten Fungizide. Bei einer solchen Anwendung verhindern wir den im trockenen, heißen Juni zuweilen auftretenden Befall durch echten Mehltau. Rote Spinne, Rosenzikade an Kletterrosen vor den Wänden, Läuse, die oft während der ganzen sommerlichen Vegetationszeit auftreten, oft bereits recht früh im Jahr, sollten mit E 605-Staub oder einem anderen, hierfür anerkannten Präparat bekämpft werden (s. S. 144). Hierbei ist zu bedenken, daß durch eine Spritzung mit dem systematisch wirkenden Metasystox eine bessere Verteilung des Insektengiftes, besonders bei Kletterrosen und an Wandspalieren, zu erreichen ist. Hierbei kann man auch die Unterseiten viel besser erreichen und damit an die Schlupfwinkel der Roten Spinne herankommen. Die Rote Spinne hat sich in den letzten zwanzig Jahren zur alles übertreffenden Pestilenz entwickelt und ist besonders in geschlossenen Gärten und an Spalierrosen ein sehr hartnäckiger Schädling geworden.

Die eben genannten insektiziden Präparate können mit den gebräuchlichen Mitteln gegen pilzliche Blattkrankheiten gemischt, also in einem Arbeitsgang ausgebracht werden.

Parathionpräparate wie E 605 gehören seit vielen Jahren wegen ihrer gleichermaßen breiten und intensiven Wirkung zu bevorzugten Mitteln gegen die verschiedenartigen Schädlinge unserer Gartenkulturen aus dem Reich der Insekten und Spinnmilben. Gegen diese beißenden oder saugenden ‚Aggressoren' in unseren Rosenkulturen gibt es heute jedoch eine Reihe hochwirksamer, amtlich anerkannter Insektizide, mit denen zumeist die gleiche Wirkung wie durch Parathion erreicht wird, die dabei aber durchaus nicht immer die hohe Giftigkeit gegen Mensch und Haustier besitzen. Auch diese Mittel sind mit den Präparaten zur Bekämpfung von Mehltau und anderen Blattkrankheiten mischbar.

Siehe auch Kapitel: Die Bekämpfung von Krankheiten und Schädlingen.

Wichtig ist eine andere Arbeit, die gründlich und sorgfältig getan werden soll: Kletterrosen anbinden. Der Laie kann meistens nicht mit den vom Gärtner gebrauchten Bindeweiden umgehen. Sie stehen ihm auch gewöhnlich nicht zur Verfügung. Also soll er Bindfaden nehmen. Die Zweige der Kletterrosen werden zweckmäßig verteilt und an den Drähten oder Stäben, Latten oder Pfählen angebunden. Dabei muß man so binden, daß sie noch dicken können. Man muß bei dieser Arbeit bedenken, daß sie mindestens einen Sommer halten soll, Bast genügt also nicht. Ebenfalls die Stämme müssen gut angebunden werden.

Man nimmt sie aus dem Winterschutz heraus und läßt sie einige Tage liegen. Möglichst, wenn bedecktes, frostfreies Wetter zu erwarten ist, entfernt man die letzte Schutzhülle. Dann werden Haltestäbe gut eingetrieben und der Stamm zweimal, die Krone je nach Größe einmal oder zweimal an den Stab gut angebunden. Der Stab muß also mindestens 30 cm in die Krone hineinragen. Das Anbinden der Krone ist wichtiger als das Stammbinden, weil es sonst leicht geschehen kann, daß der Stamm über der letzten Bindestelle abbricht. Man warte mit dem Kronenbeschneiden, bis die Zweige 10–14 Tage an der Luft gewesen sind. Dann ist das gute, lebende Holz erkennbar und es wird kein Unfug gemacht. Nur nicht zu voreilig mit der Schneiderei; ich lasse meine Rosen immer erst austreiben; es wird auf diese Weise oft leicht frostgeschädigtes Holz gerettet.

Es ist ja eine Erfahrenssache, daß frostgeschädigte Pflanzen nicht geschnitten werden dürfen, damit die Pflanzen alle Reservestoffe freimachen können, um die Schäden zu überwinden. Die Schädlingsbekämpfung hat genau wie bei den Buschrosen zu geschehen.

Beim Beschneiden soll man natürlich besonders auf die Wildtriebe achten; jetzt kann man sie gründlich entfernen. Nach Möglichkeit diese von der Wurzel abdrücken, damit die Ursprungsstelle mit entfernt wird. Beim Abschneiden verbleibt immer die Urstelle und aus derselben entwickeln sich immer wieder Wildtriebe, eine ständige Quelle von Ärger und oft Ursache des Eingehens der Edelrosen.

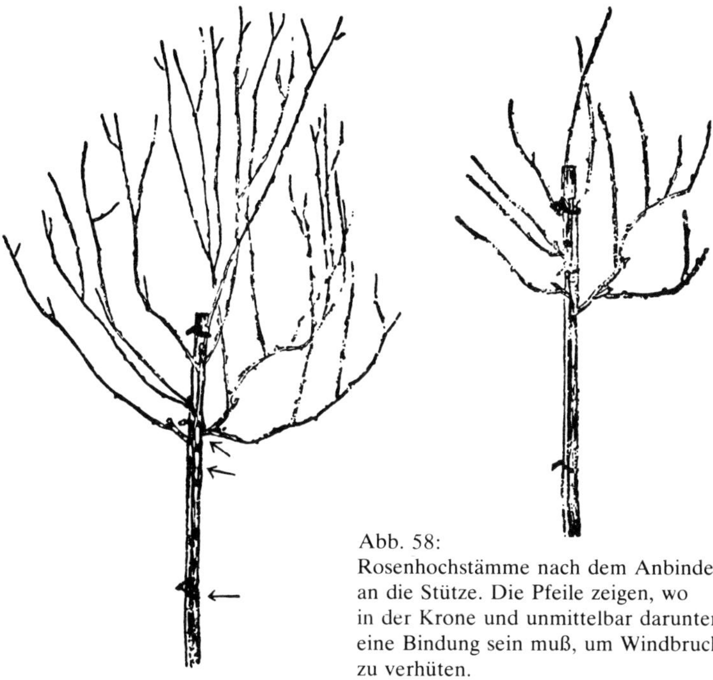

Abb. 58:
Rosenhochstämme nach dem Anbinden an die Stütze. Die Pfeile zeigen, wo in der Krone und unmittelbar darunter eine Bindung sein muß, um Windbruch zu verhüten.

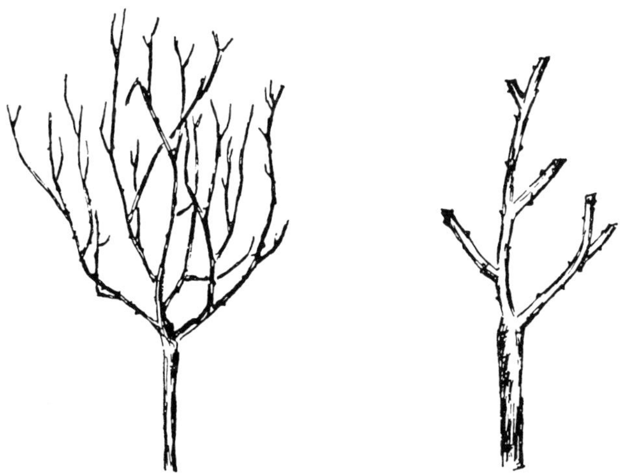

Abb. 59:
Hochstammkrone vor und nach dem Rückschnitt im Jahre der Pflanzung.

Viel umstritten ist, ob man zwischen den Rosen graben soll. Ich bin gegen tiefes Umgraben, man beschädigt sehr viel Wurzeln dabei. Nur wenn alter Dünger untergearbeitet werden soll, ganz flach umstechen. Sonst sind die Zinkengeräte, mit zwei oder drei Zinken, krummen Haken, weit besser als die Spaten. Ist der Dünger kurz und verrottet, kann man ihn ebensogut mit den Zinkengeräten einbringen wie mit dem Spaten, ohne die Wurzeln zu beschädigen.
Und noch eine Frühjahrsarbeit gibt es. Wer Rosen als Liebhaber im Garten hat, der wird es doch gerne wissen wollen, wie jedes seiner Lieblinge getauft worden ist. Zu diesem Zweck gibt es Namensschilder, auf „Hochdeutsch" sagen die Gärtner Etiketten. Es gibt schöne, einfache, praktische, wetterfeste Ausführungen in Kunststoff. Mit einem haltbaren Kupferdraht versehen, kann man sie an dem Stammpfahl befestigen. Oder auf einem kleinen Zinkblechfuß befestigt, kann man sie vor die Pflanze ins Beet stecken. Diese Schilder können mit Wettertrotzbleistiften beschriftet werden und halten oft viele Jahre. Einfacher ist es heute, die sogenannten Schlaufenetiketten zu verwenden. Diese kann man an die Zweige der Pflanze hängen, was besonders bei Kletterrosen und Stammrosen praktisch ist. Sie halten gut ein Jahr und halten auch die mit einem sogenannten Tintenschnellschreiber geschriebenen Namen solange. Damit entgeht man dem Gefahrenherd der Drähte, die ja die bisher üblichen Befestigungsstoffe der Namensschilder waren. Im Frühjahr hat man natürlich dafür zu sorgen, daß verrostete Drähte erneuert werden, verwitterte Schrift ausgebessert, die Blechstreifenfüße erneuert, kurz, alles wieder so wird, wie es sein soll. Schön und praktisch sind auch Porzellanschilder. Diese werden mit eingebrannter Schrift geliefert. Angenehmer als die weiße ist die leichtgrüne Farbe als Untergrund bei den Porzellanschildern. Aber eines bitte! Nie die Schilder mit Draht an den Stamm oder einen Zweig binden. In der Baumschule wird dies getan, weil eine andere Befestigung nicht möglich ist. Diese muß man aber im ersten Frühjahr beseitigen, da sonst die Drähte einschneiden und der Stamm eine geschwächte Stelle bekommt, an welcher er leicht abbricht. Zu den Kunststoffetiketten wäre noch zu bemerken, daß die Baumschulen heute solche Namensschilder mit aufgedruckten Namen verwenden. Diese Schilder sind sehr haltbar und können für wenige Pfennige auch von den Pflanzenlieferanten später nachgekauft werden.
Im Herbst vor dem Anhäufeln alle drei Jahre je Quadratmeter 200 Gramm Kalkmergel oder, auf schweren Böden, Branntkalk geben. Im Herbst ebenfalls Thomasmehl geben, je Quadratmeter 100 Gramm. Mit

der Hacke einarbeiten, etwa acht Tage vor dem Anhäufeln. Im Frühjahr 100 Gramm schwefelsaures Kali oder 200 Gramm Kali-Magnesia (Patentkali), gemischt mit 100 Gramm schwefelsaurem Ammoniak oder Ammonsalpeter, ebenfalls je Quadratmeter. Wird Nitrophoska gegeben, was einfacher ist, da alles fertig gemischt, im Frühjahr davon etwa 100 Gramm je Quadratmeter nehmen.

Diese Dünger vor dem Abhäufeln ausgestreut, werden dann beim Durcharbeiten des Bodens mit eingemischt. Bei vorhandener vorjähriger Bodendecke kann dieses alles zusammen eingebracht werden. Man kann auch andere Blumendünger nehmen, aber man achte bei den Gehaltsangaben darauf, daß immer doppelt soviel Kali gegeben wird als Stickstoff oder Phosphorsäure.

Bei einer Nachdüngung im Sommer das oben gegebene Mischverhältnis von Kali-Stickstoff einhalten, aber spätestens mit Beginn der Vollblüte geben, also etwa 15. Juni. Nie Stickstoff allein.

Sommerarbeit

Hat man all diese Mühen hinter sich gebracht, Arbeit bringt endlich Freude, so beginnt, wenn die Wettergötter hold sind, das „Große Blühen". Die frühblühenden Strauchrosen aus der Gruppe der Bibernellrosen beginnen schon im Mai, dann folgen frühblühende Multiflora-Abkömmlinge und schließlich beginnen Teehybriden, Polyanthahybriden und Floribundarosen mit dem großen Rosenfest.

Damit kommen nun neue Sorgen. Käfer, Raupen, Blattwespenlarven, Blattläuse usw. suchen ihren Anteil an der Rosenpracht zu bekommen. Blattkrankheiten treten gewöhnlich erst nach der ersten Blüte auf. Dann muß man schon mal wieder mit den vorhin erwähnten Spritz- oder Stäubemitteln arbeiten. Die Mischung aus einem unserer breitwirkenden Insektizide mit einem der gebräuchlichen Fungizide wirkt gleichzeitig gegen tierische und pilzliche Feinde. Wir wollen doch die Herrlichkeit für uns und solche Menschen, die uns lieb sind; da heißt es eben, den Naturfeinden der Rose einen scharfen Kampf ansagen und rücksichtslos durchführen. Einzelheiten finden wir im Kapitel „Rosenschädlinge". Hier sollen uns nur die Arbeiten an den Rosen selbst beschäftigen. Wer Riesenblüten haben will, hat dies schon im Frühjahr beim Schneiden berücksichtigt – also kurz geschnitten. Dafür hat er oder sie nun in der Zahl weniger Blüten zu erwarten.

Man kann auch noch ein übriges tun und bei gewissen Sorten die Nebenknospen ausbrechen, dann gibt es eben nur eine Riesenblüte. Wer solches will, darf aber nur Teehybriden pflanzen, die sich für diese Behandlung eignen. Wer vielblütige Rosen im Garten hat, wird nun durch die Blütenzahl der kleineren, aber meist edleren Blüten, eine Farbwirkung erreichen, die bei Riesenblüten natürlich nicht möglich ist.

Nach dem Abblühen der Rosen soll man die Hagebutte entfernen. Oft wird auch schon täglich all das entfernt, was in der Farbe nicht mehr gefällt. Dies abgeschnittene Zeug wird dem Feuer überantwortet. Man kann beim Entfernen der Blüten die oberen zwei Blätter mit fortschneiden oder bei ungleichmäßig gewachsener Pflanze auch einmal Triebe stärker kürzen. Immer aber ist zu bedenken: Das Blatt ist der Magen der Rose, und so gut wie es keinen kräftigen Menschen ohne gesunden Magen gibt, wird es keine schönen Rosen geben, wenn man den armen, hilflosen Dingern die Blätter raubt. Wer Rosen zur Schnittrosengewinnung gepflanzt hat, muß beim Blütenschneiden auch daran denken. Einmal auf eine lange Blüte mit langem Stiel verzichtet, bringt nachher eine Vielzahl von schönen Blüten im nächsten Flor. Es schadet nichts, wenn wir im Garten Blüten ernten fürs Zimmer, aber mit kurzem Stiel geht es auch und die Pflanzen behalten ihre Blätter. Rosen für das Zimmer soll man nur frühmorgens schneiden, wenn sie von Tau und Bodenwasser vollgesogen und prall sind. Dann baldmöglichst ins Wasser und die Herrlichkeit kann im Zimmer tagelang anhalten und Freude, Farbe und – das Köstlichste an unseren Rosen – Duft, unvergleichlichen Duft, ins Haus bringen. Aber auch im Garten muß man die Rosenherrlichkeit beim Taufall und Morgenwerden genossen haben, um zu verstehen, wie schön Rosen sein können.

Für das Entfernen der abgeblühten Rosen ist eine kleine Schere mit einer Klemmvorrichtung praktisch, da sie erlaubt, die Blüte zu entfernen, ohne sie erst nachher vom Boden aufsammeln zu müssen. Auch für das Blumenschneiden sind solche Scheren praktisch; sie schützen vor den scharfen Stacheln.

Wollen wir noch einmal nachdüngen, wenn im Frühjahr Naturdünger eingearbeitet wurde, ist jetzt dazu die Zeit. Als Nachdüngung sind die Volldünger wie Hakaphos, Nitrophoska die wertvollsten und gefahrlosesten. Nur ausstreuen, wenn die Blätter ganz trocken sind, vor oder im Anschluß an Regen, der die Verteilung in die Erde besorgt. Leicht einhacken ist wichtig, um eine schnelle und auch rechtzeitig endende Wirkung zu erreichen. Notfalls durch durchdringende Bewässerung die Verteilung im Boden fördern. Menge etwa 100 Gramm je Quadratmeter Beetfläche. Wichtig ist um diese Zeit unter Umständen eine gründliche Bewässerung. Wenn die Regengötter uns verlassen, kann man durch tiefgehende Bewässerung den Schaden beheben. Nie die Blätter naßmachen, auch besonders nicht auf der Unterseite; das hat Mehltau, Sternrußtau und Rost zur Folge. Man lege den Gartenschlauch so auf das Beet, daß er eben läuft. Dann, wenn das Wasser an dieser Stelle 25 cm tief eingedrungen ist, den Schlauch weiter legen. Strahlregner sind der

Tod für unsere Rosen. Sie feuchten nur die Blätter und den Bodenobergrund an, sorgen für hohe Luftfeuchtigkeit und geben allen Pilzen dadurch eine ihnen notwendige Keimmöglichkeit. Ist das Blatt immer trocken, gibt es höchstens etwas Mehltau. Dieser ist meist eine Folge von Bodenaustrocknung, und ich habe oft die Erfahrung gemacht, daß durchdringendes Bewässern ihn zum Verschwinden brachte. Kann man im Frühjahr keine Bodendecke auflegen und im Sommer tritt eine Hitzezeit ein, ist eine vorübergehende Hilfe möglich durch die Grasabfälle vom Rasenmähen. Diese verhindern dann eine zu große Erhitzung der Bodenoberfläche und sorgen später bei ihrer Zersetzung durch Bakterien für Kohlensäure und Nährstoffe. In heißen, trockenen Gegenden darf man auch leichten Schatten geben. Dies bewirkt dann, daß die Blüten viel länger halten und auch die Farben länger lebhaft bleiben. Plätze für die Rosen, wo sie morgens Sonne und von Mittag ab leichten Schatten haben, sind vielfach gerade für Sorten, deren Farben sonst schnell verblassen, besonders geeignet. Im allgemeinen muß aber der Standort so sein, daß Tropfenfall von oben nicht eintreten kann. An Plätzen, an denen große Bäume viel Raum in der Luft einnehmen, muß ja auch mit der Wurzelkonkurrenz dieser Bäume gerechnet werden. Die Nährstoffe und das Wasser, die wir den Rosen zugedacht haben, holen sich die größeren Bäume und unsere Lieblinge müssen sich dann durchhungern und dürsten. Fehler in der Anlage der Beete machen sich gewöhnlich im zweiten Jahr nach der Pflanzung richtig bemerkbar. Leider ist es dann oftmals für eine befriedigende Leistung der ersten Anpflanzung zu spät. Solche gut vorbereiteten Rosenbeete werden im ersten Sommer meist stark von den suchenden Wurzeln, der größeren Mitkämpfer um Leben und Licht, durchwachsen. Im zweiten Jahr beginnen die freundlichen Mitkämpfer aber schon mit solch starker Wurzelbildung alles auszuräubern, was herauszuholen ist, so daß die in der Wurzelmenge hinter den großen Mitbenutzern des Erdraumes weit zurückbleibenden Rosen ganz unterdrückt werden. Hier hilft nur Umpflanzen oder das Beet mit einer Umgrenzung von Dachpappe oder Plastikfolie für einige Jahre gegen die Gelüste der Nachbarn schützen. Solche Beete sind leicht kenntlich an den wenigen Trieben, die von sonst kräftigwachsenden Rosen gemacht werden. Die Blüten erscheinen in viel längeren Zeitintervallen, wenn es überhaupt zu einer Wiederholung der Blüten im Herbst kommt. Auch sind Blüten und Blätter klein und gering. Trotz guter, reichlicher Nachdüngung, die in solchen Fällen ruhig das Doppelte der oben angegebenen Mengen betragen darf, wird es nicht zu einem guten Gedeihen kommen. Besonders scharfe Räuber sind Ulme, Roßkastanie, Buche, auch gewisse Blütensträucher, wie Falscher Jasmin, Flieder und andere, dichte Wurzelfilze bildende Arten der Gehölze. Hecken aus Liguster und Lebensbaum sind besonders unerfreuliche Nachbarn der Rosen.

Oft werden auch die Rosen auf den Beeten locker gestellt und mit niederen Stauden oder Einjahrsblumen unterpflanzt. Hier ist im Sommer darauf zu achten, daß die Unterpflanzung nicht ins Wuchern kommt und die Rosen leiden. Frühlingsblumen, Tulpen, Trollius, Anemonen und viele andere, die vor den Rosen blühen und dann entweder einziehen oder nur noch einen sauberen Blätterschopf haben, sind besonders erfreuliche Nachbarn der Rosen; nur man muß natürlich mit den Arbeiten auf dem Rosenbeet immer auf die hübschen Kammerkätzchen ihrer Majestät, der Blumenkönigin, Rücksicht nehmen.

Im Sommer, nachdem die ersten Blüten gefallen und nur noch in unseren Träumen und Hoffnungen eine Wiederaufstehung feiern, werden sich all die Fehler bemerkbar machen, die im Winter bei der Anlage der Beete, der Düngung, dem Schnitt und jetzt bei der Schädlingsbekämpfung im Frühjahr gemacht worden sind. Schlechte Entwässerung zeigt sich in kümmerndem Wachstum; oftmals gehen die besten und gesundesten Sorten auf solchen unterirdischen Wasserbassins zugrunde. Sie zeigen schlechte Farbe, sowohl der Blätter, als auch der Blüten, wenn es überhaupt welche gibt. Düngung hilft hier meistens gar nichts, die Pflanzen kann man nur retten, wenn die Pflanzung im nächsten Herbst neu eingerichtet wird. Einseitige Düngung, zuviel Stickstoff, bringt Riesenwuchs, dunkelgrüne Belaubung, aber erhöhte Anfälligkeit für Mehltau, schwammiges Holz und weiche, substanzlose Blüten, häßliches Verblauen sonst gut farbbeständiger Sorten. Hier hilft nur eine kräftige Kali-Extragabe. Zuviel Phosphorsäure verursacht kurzen gedrungenen Wuchs und meist sehr blasse Farben. Bei roten Rosen kann die Farbe blaßrosa werden. Kleine Belaubung, auch hier hilft nur reichlich zusätzliche Kaligabe und etwas Stickstoff. Bei trockenem Wetter gründlich einwässern, sonst liegt Kali- und Stickstoffsalz bis zu den Herbstregen in der obersten Kruste. Wer versäumt hat, bei der Beetherrichtung den Untergrund gründlich durchzugraben, der wird jetzt belohnt durch mickrigen Wuchs und kümmerliche Blüten und die Wahrscheinlichkeit, daß seine Rosen ein Opfer des nächsten Winters werden. Wer aber fleißig war und seinen Rosen den Lebensraum richtig eingerichtet hatte, wird jetzt ernten – wenn andere weinen. Man kann ja mit gleichem Auf-

wand einen vollen Erfolg erreichen, wenn man nur immer bedenkt, daß die Rose nur dankbar sein kann, wenn man ihr Genüge getan hat. Zu den kleinen Arbeiten gehört jetzt auch das Spritzen oder Sprühen mit den anerkannten Mitteln zum Abtöten parasitärer Pilze und Insekten. Es ist ja heute sehr einfach, seine Rosen von Läusen, Roten Spinnen, Thripsen, Raupen und ähnlichem Ungeziefer freizuhalten. In allen Drogerien, gärtnerischen oder landwirtschaftlichen Fachgeschäften erhält man die begehrten Mittel als amtlich anerkannte Präparate mit allen notwendigen Angaben zum Anwendungsbereich, Herstellung der Spritzbrühe, Bedingungen des Einsatzes, z. B. Witterung oder Tageszeit, und evtl. Mischbarkeit oder Nebenwirkungen. Diese Hinweise sollte man genau beachten, um Schädigungen der Laub- oder Blütenblätter auszuschließen. Einsätze gegen Mehltau und Sternrußtau sollten zumeist im 10tägigen Abstand erfolgen. Rosenrost ist heute kaum noch in den Gärten anzutreffen, aber auch gegen diese Krankheit haben wir jetzt wirksame Mittel. Wer sehr gewissenhaft auf die Gesundheit seiner Rosen bedacht ist, sollte diese Spritzungen, ganz besonders im Hinblick auf Mehltaubefall, vorbeugend durchführen. Bei den pilzlichen Feinden der Rose, die in unsichtbarer Sporenform durch die Lüfte zugetragen werden, ist dies sehr wichtig und jedenfalls besser als ein häßlicher Kampf, wenn die Pilze schon die Oberhand haben. Aber immer bedenken: Gut und richtig ernährte Rosen, an einigermaßen günstigen Orten, nicht verdurstet in glühend heißen Sommertagen, werden selten krank. Und auch der Befall mit Blattläusen ist nie so verheerend als bei ohnehin kränkelnden Pflanzen.
Vorbeugende Behandlung alle 10 oder 14 Tage wiederholen. Ausführlicher im Kapitel: Die Bekämpfung von Schädlingen und Krankheiten.

Hagebutten sollen sich nicht bilden an unseren öfterblühenden Gartenrosen. Diese nehmen wir fort mit den obersten Blättern des Blütentriebes. Bei sehr kurztriebigen Sorten lasse man alle Blätter an der Pflanze, um so besser und reichlicher wird die folgende Blüte. An den Strauchrosen aber, deren Sommerblütenpracht durch eine Herbstschau roter oder orangefarbener Hagebutten ergänzt wird, lassen wir selbstverständlich alle Hagebutten sitzen. Remontantrosen bringen oftmals auch solche Herbstpracht, also bitte bei diesen nicht die abgeblühten Blumen abschneiden – man beraubt sich damit einer prächtigen Gartenzierde.

Mitte September müssen wir dann wieder an den Winter denken. Es hat sich oftmals als wahrscheinlich von tiefwirkender Kraft gezeigt, wenn um

Ende August Kali und Superphosphat gegeben worden ist. Dies hilft den Rosen beim natürlichen Triebabschluß. Phosphor wirkt schnell wachstumshindernd und das Kali sorgt für eine hohe Salzmenge im Protoplasma. Diese wiederum macht, im Verein mit dem durch das Superphosphat bewirkten Wachstumsabschließen, eine nicht unerhebliche, günstige Beeinflussung der inneren Bereitschaft der Rosenpflanzen für den Winter. Praktisch ist es, die oben angegebenen Mengen für die Frühjahrsdüngung in Kali und Phosphor jetzt Mitte September zur Hälfte zu geben, also kein Volldünger mit Stickstoff, damit sie durch den Herbstregen oder eine durchdringende Bewässerung rechtzeitig an die Wurzeln kommen. Die andere Hälfte kann ja, wie oben angegeben, zu den erwähnten Zeiten ausgestreut werden. Der Sommer bringt aber noch mehr an den Tag. Dies Mehr zeigt sich dann in einem plötzlichen Gelbwerden und Welken der Pflanzen. Hier ist es gewöhnlich ein unterirdischer Liebhaber unserer Rosen, der Engerling, zuweilen auch die Werren, die mit einer geradezu boshaften Geschäftigkeit die Wurzeln unserer Lieblinge befressen. Heute ist ihre Zeit vorbei. Man braucht nur durch Aufziehen einer geschädigten Pflanze den Wurzelfraß dieser unerfreulichen Zeitgenossen festzustellen. Dann sollte man geeignete Präparate (siehe Abschnitt Pflanzenschutz – Dickmaulrüßler) besorgen und nach gewissenhafter Ausbringung bzw. Einarbeitung kann mit einem schnellen Sterben der bösen Buben gerechnet werden.

Früher haben uns diese Auch-Rosenliebhaber bös geärgert. Ich habe Beete mitten im Sommer abgeräumt und die Engerlinge abgesucht, dann aber durch eines der anerkannten Präparate die Beete gründlich entseucht. Heute ist alles nur noch halb so wild. Mit den neuen Schädlingsbekämpfungsmitteln und der bequemen Nährstoffzufuhr durch die Düngesalze, bei gleichzeitiger, guter Bodenbedeckung durch alten Stallmist oder Torfstreu, ist das Rosenliebhabersein ein Kinderspiel geworden gegen das, was es früher war. Zudem haben die Züchtungen sich langsam aber stetig den erwünschten Idealen in bezug auf Gesundheit, Wüchsigkeit und Widerstandsfähigkeit gegen Witterungsunbilden genähert. Es ist also vieles besser geworden und ich bin mehr denn je überzeugt, daß der Siegeszug der Rose in unseren Gärten erst jetzt richtig beginnt. Heute haben wir wirklich in dieser Hinsicht vieles schon erreicht, was ich 1932 bei der ersten Auflage dieses Buches den Rosenfreunden versprochen habe. Wir müssen nur noch richtig pflanzen, gut und vernünftig düngen, ein paarmal sprühen oder spritzen, mäßig Winterschutz geben und alle Himmel und Herrlichkeiten, von denen unsere Vorgänger kaum zu träumen wagten, finden wir in unseren modernen Gartenrosen.

Abb. 60:
‚Coral Dawn‘. Boerner-Jackson & Perkins, 1952.
Reichblühend, aufrechtwachsend. 2–3 m hoch. Gute Frosthärte. *Öfterblühende Kletterrose.*

Abb. 61:
,Maigold'. W. Kordes' Söhne, 1953. Reichblühend und einmal im Herbst leicht nachblühend. Großer, dichter, aufrechter Strauch. Reichlich belaubt. Vogelschutzgehölz. *Park- und Kletterrose*

Abb. 62:
,Dornröschen'. W. Kordes' Söhne, 1960. Edelrosengleiche, große Blume. Reichblühend. Hoher, dichter, starkverzweigter Busch mit Hagebutten. Höhe etwa 1,50 m *Parkrose.*

Abb. 63:
‚Bischofsstadt Paderborn'. W. Kordes' Söhne, 1964.
Sehr reichblühend, aufrecht, gutverzweigt. Ideale Heckenrose und für Gruppen. Ca. 1,50 m hoch. *Strauchrose.*

Abb. 64:
,Lichtkönigin Lucia'. W. Kordes' Söhne, 1966.
Duftend. Reichblühend. Aufrechter, buschiger, doch kräftiger Wuchs. Hellgrüne Belaubung. *Strauchrose.*

Abb. 65: Sternrußtau, die übelste aller Blattkrankheiten an der Rose.

Abb. 66: Mehltau, oft im Frühsommer nach trockenen Perioden auftretend.

Abb. 67:
Rosenrost.
Rote oder schwarze Sporenhaufen auf den unteren Blättern.

Abb. 68:
Frostschäden an Rosenzweigen.
Vergeblich versuchen die Rosen solche frostgeschädigten Zweigstellen durch Überwellen auszuheilen. Es gelingt selten, gewöhnlich sterben die Zweige über den Froststellen ab. ▼

Krankheiten und Schädlinge der Rosen

Noch eine kurze Beschreibung der wichtigsten Schaderreger. Der häufigste Pilzschädling ist der Mehltau, sein äußeres Merkmal ist ein weißer Belag auf allen möglichen Teilen der Rosen. Die Blätter, Rinden, Stacheln, Knospen, kurz, die gesamte Oberfläche der Rosen, kann davon befallen werden. Es handelt sich um einen auf der Oberfläche lebenden Pilz, dessen Mycel und Fruchtkörper unter Lupenvergrößerung sehr gut erkennbar sind. Vom Mycel werden Saugzellen durch die äußere Zellschicht des befallenen Gewebes geschickt und damit der Rose Nährstoffe entzogen. Mehltau kann sich schnell ausbreiten und bei geeignetem Wetter auch ganze Beete befallen. Seiner Ausbreitung förderlich sind immer feuchte Wärme, also zunächst Wasser auf der Pflanzenoberfläche. Die Sporen keimen in etwa 10–12 Stunden und bilden einen neuen Befallsherd. Da der Pilz an der Oberfläche lebt, ist eine Bekämpfung im Anfangsstadium des Befalls relativ einfach. Bei der Auswahl eines der verschiedenen, recht wirksamen Mittel sollte man nicht unüberlegt zugreifen. Da diese Präparate neben der Wirkung gegen den Echten Mehltau häufig auch recht gut gegen andere Pilzkrankheiten der Rose reagieren, sollte man vor dem Spritzeinsatz recht genau prüfen, ob nicht gleichzeitig etwas gegen aufkommenden Sternrußtau oder versteckte Rostherde getan werden muß. Auch hinsichtlich unerfreulicher Blattflecke durch Wirkstoffablagerungen gibt es bei den Mitteln deutliche Unterschiede. Es sollte bedacht werden, daß sich gelegentlicher Wechsel der Präparate günstig gegen die Bildung neuer Rassen (Biotypen) der parasitischen Pilze auswirkt.

Der Rosenrost ist heute nur relativ selten an unseren Rosen zu finden. Er lebt zunächst in verdeckten Pflanzenteilen und man bemerkt ihn häufig erst, wenn er sein Zerstörungswerk praktisch vollendet hat und seine Sporen aus der Unterseite der Blätter in die weite Welt schickt zu ferneren Übeltaten. Die Rostpilze gehören zu den schlimmen Feinden unserer Kulturpflanzen. Bei Rosen ist eine wirksame Bekämpfung nur durch vorbeugende Spritzeinsätze mit Spezialpräparaten möglich und erfordert neben zusätzlichen Kontrollen entsprechende fungizide Mischzusätze bei allen pflanzenschutzlichen Maßnahmen. Man geht deshalb schon lange den Weg, daß man rostanfällige Sorten aus der Vermehrung ausschließt und dafür immune Sorten anpflanzt. Das haben wir bei unseren Rosen heute weitgehend erreicht. Es ist nicht mehr nötig, anfällige Rosensorten zu pflanzen und besonders unsere Polyantharosen und deren Hybriden, auch die Floribundarosen, sind fast alle rostimmun. Besonders anfällig waren die alten Remontantrosen und ein Teil der Bourbonrosen. Die aus diesen gezüchteten Teehybriden, besonders die dunkelroten, zeigten ebenfalls eine Neigung zu dieser Pest. Heute hat Rost, besonders auf kalireichen Böden, nur noch untergeordnete Bedeutung.

Die übelste Blattkrankheit, die selbst unsere besten Sorten befallen kann, ist der Sternrußtau. Dieser Pilz lebt auch im Innern des Blattgewebes, und erst seine schwarzen Sporenhaufen an Ober- und Unterseite der Blätter geben uns Kunde, daß er sein Werk vollendet hat. Vielfach fallen die Blätter bei Berührung ab, besetzt mit dunkleren Flecken und Streifen, – meist zunächst einzelne Fiederblätter – ohne daß die Sporen in Erscheinung treten. Solche werden dann im toten Blatt noch gebildet und überwintern auch in den abgestorbenen Blättern.

Deshalb ist es bei Sternrußtaubefall wichtig, die abfallenden Blätter zu vernichten. Die Sporen kommen im Sommer durch Regenspritzer oder beim Spritzen mit dem Schlauch, genau wie die Rostsporen auf die Blätter, wo sie bei etwa 12 Stunden anhaltender Feuchtigkeit und Wärme keimen und in die Luftöffnungen oder auch direkt in die Blatthaut eindringen. Später bilden sie zwischen den Palisadenzellen ein dichtes Mycel und stören hierbei schon weitgehend den Gasaustausch. Durch Saugzellen, die in die lebenden Blattzellen geschickt werden, wird die Nährstoffaufnahme des Parasiten getätigt.

Eine Bekämpfung ist heute mit vielen jener Fungizide möglich, die auch gegen Echten Mehltau und Rost wirksam sind. Es muß aber alle 10 Tage gespritzt werden, und besonders die Unterseite der Blätter muß durch die Spritzflüssigkeit getroffen werden. Reichlich Kali im Boden und gute Entwässerung sind praktische Vorbeugungsmittel. Da jeder zusätzliche Feuchtigkeitszutritt die Infektion fördert, sollten Standorte unter Bäumen gemieden werden. Am stärksten befallen werden Sorten, die von Rosa foetida (lutea) stammen. Diese sollte man ausmerzen und durch gesunde ersetzen. Bei der heutigen großen Auswahl ist dies gut möglich. Besonders die Polyantharosen, ihre Hybriden und die Floribundarosen sind weitgehend fest gegen Sternrußtau. Gegen diese drei Pilzkrankheiten der Blätter sollte man vom Austrieb an vorbeugend mit einem der auf S. 141 aufgeführten Mittel spritzen. Zeit der Frühjahrsspritzung je nach Wetter und Gegend Mitte bis Ende April.

An den Trieben unserer Kletterrosen finden wir im Frühjahr bald nach dem Aufdecken zuweilen fingerlange, gelblichbraune Stellen, die ein Auge als Mittelpunkt haben. Wenig später bilden sich auf der abgestorbenen Rindenfläche Ringe von graubraunen Pusteln; die Rinde vertrocknet und reißt ein. Dieser Pilz Coniothyrium ist eine üble Krankheit bei Rosentrieben, die feuchtwarm durchwintert sind. Man kann nur durch Entfernen und Verbrennen die Ausbreitung beschränken. Kletterrosen, die frei ungedeckt überwintern, werden so gut wie nie befallen. Spritzungen mit Cu-Präparaten oder speziellen Fungiziden wirken vorbeugend. Beim Schneiden der Rosen auf Befallstellen achten und restlos entfernen. Es kann sonst zur Infektion der neuen Schnittflächen kommen, und Triebe, die schon handlang sind, sterben dann im Mai bis Juni plötzlich ab. Da die Edelrosentriebe oberhalb der Befallstelle doch absterben, soll man gleich rücksichtslos alle kranken Teile ausschneiden. Jedenfalls ist es immer angebracht, zur Winterabdeckung nur luftdurchlässiges Material, wie das altbewährte Fichtenreisig oder Rohrmatten, zu verwenden.

Wenn der Rosenbesitzer gegen einen Teil der pilzlichen Schädlinge sehr viel gewissenhafte Arbeit einsetzen muß, ist der Einsatz gegen tierische Schädlinge, jedenfalls die oberirdischen, in den meisten Fällen mit geringerer Mühe verbunden.

Die nachgenannten Spritzmittel beseitigen jeden Befall durch Blattläuse, Raupen und den unerfreulichen Rosenkäfer gründlich. Blattläuse sitzen besonders gern an kräftigwachsenden Triebspitzen und sind dort sehr schnell zu erkennen. Aber auch der Besatz unter den Blättern sollte bei Kontrollgängen nicht übersehen werden. Bei diesem Schädling ist der Einsatz systemischer Präparate angebracht, wobei auch die Spinnmilben – meist als ‚Rote Spinne' bekannt – mit erfaßt werden. Diese kleinen, aber stark schädigenden Tiere saugen, ähnlich wie die Läuse, Zellsaft aus der Unterseite der Blätter. Zum eigenen Schutz spinnen sie über ihren Wohnplatz ein feines, wasserdichtes Netz, womit ihnen auch ein Schutz gegen drucklos ausgebrachte Kontaktinsektizide gegeben ist.

Gegen diesen gefährlichen Allerweltsschädling haben wir heute eine Reihe von Spezialpräparaten zur Verfügung. Auch hier ist bei Auswahl der Präparate stets zu berücksichtigen, ob gleichzeitig noch andere tierische Parasiten mit bekämpft werden müssen und ob die Bildung von Spritzbelägen auf den Blütenblättern berücksichtigt werden muß. Sehr wichtig ist vor allem der Einsatz eines Voraustriebspritzmittels (z. B. Folidolöl). Ein übler Zeitgenosse, der meist erst an seiner Zerstörungsarbeit sich erkennbar macht, ist der Frostspanner. Er befällt viele Pflanzenarten, kommt im April, wenn die jungen Triebe aus den Knospen sich entwickeln sollen. Dann vernichtet er in wenigen Tagen als ganz kleines Räupchen die sich öffnenden Triebkosten. Besonders die frühblühenden und strauchartigen Rosen befällt er, nachts frißt er die Knospen aus, und man wundert sich über den kahl bleibenden Strauch, der sonst ganz gesund aussieht. Rüsselkäfer, die sich ebenso an den Strauchrosen zu schaffen machen, liefern ein ähnliches Fraßbild. Hier helfen die obengenannten Mittel sehr gut. Schon die Winterspritzung, die den Boden gründlich mittrifft, beseitigt sehr viel von diesen Lästlingen. Siehe S. 146.

Im nächsten Kapitel wird Herr Dr. Paetzholdt den Rosenliebhabern helfen, ihre Rosenfreuden zu sichern. Ich bitte alle meine Leser und Leserinnen dort nachzusehen, sobald irgend etwas auf tierische oder pilzliche Schädlinge deutet. Wichtig ist, daß die Anwendung genau nach Vorschrift geschieht, alle Packungen dieser meist giftigen Mittel enthalten genaue Anweisungen.

Sobald die Rosen blühen, macht man oft die Entdeckung, daß gewisse Blüten aussehen, als hätte jemand sie aus Langeweile zerwühlt. Sucht man in der Blüte nach, findet man einen dicken, trägen Käfer mit braunen Flügeldecken und schwarzem Kopf. Der Bursche frißt Blütenblätter, noch lieber die Staubblätter, und um dahin zu kommen, wo seine Lieblingsspeise besonders zart ist, durchwühlt er die sich öffnende Blüte. Bei starkem Auftreten werden auch die ganzen Blüten gefressen. Da man mit den Bekämpfungsmitteln nicht gut in die Blüten kommt, muß man sich durch Absammeln helfen. Starkes Auftreten erfordert Einsatz von Kontaktinsektiziden.

Gelegentlich treten in Gärten die Blattroll-Rosenblattwespen auf. Diese legen ein Ei an die Unterseite der Blätter, worauf das Fieder sich zusam-

menrollt. Das Insekt oder seine Larve sind nur schwer zu finden. Der Einsatz von Kontaktherbiziden ist nicht immer lohnend.
Zwei weitere parasitische Schädlinge, die auf der Unterseite der Blätter ihren Schaden verursachen, sind die sogenannte Rote Spinne und die Rosenzikade. Beide Tierarten sind von unscheinbarer Größe, und der Befall wird häufig erst durch ihre Schadsymptome festgestellt. Die Spinnmilben saugen auf den Unterseiten der Blätter – zunächst vor allem längs der Blattadern – und spinnen über ihren Wohnplatz ein feines, wasserdichtes Netz. Die befallenen Blätter erscheinen durch die Saugstellen zunächst rötlich oder gelblich gesprenkelt, werden schließlich fahlgrau, verdorren dann und fallen ab. Befallsgefahr wird durch trokkene Luft gefördert.

Auch die Rosenzikade saugt an der Unterseite der Blätter, ein kleines Tierchen mit hellen Flügeln, etwa 2–3 mm lang. Bei einer Berührung des Blattes flieht es sofort fliegend oder springend. Durch die Einstich- und Saugstellen zeigen die Blätter weiße Punkte und weißlichgelbe Flecke.

Im Gegensatz zu diesen beiden ‚Gewohnheitsschädlingen' sind die an hellen Rosen früher oft zu beobachtenden, weitgreifenden Fraßschäden durch den Thrips (Blasenfuß) an den Blütenblatträndern heute sehr selten geworden. Die Befallsbedingungen für unsere Parasiten sind eben ausschlaggebend von der Rosenart, ihrer Züchtungsform und den jeweiligen Kulturbedingungen abhängig. Der rechtzeitige Einsatz von Pflanzenschutzmitteln kann jedoch alle diese stillen Teilhaber an unserer Rosenschönheit ausschalten.

Unerfreuliche Zeitgenossen sind auch die Mäuse und besonders die Wühlmäuse. Im Sommer fressen sie die Wurzeln ab, im Winter Knospen und Rinde. Wühlmäuse und auch Feldmäuse können durch sehr handliche, in der Ausbringung ungefährliche Fertigköder mit dem Wirkstoff Zinkphosphid beseitigt werden. Gegen Erd- und Feldmäuse ist auch der Spritzeinsatz mit Toxaphen meist recht erfolgreich. Natürlich muß der Einsatz erfolgen, bevor die Graukittel in den Winterschlaf gehen.

Eigentlich ist der letzte Teil dieses Kapitels ganz unnötig. Wer richtig spritzt oder stäubt und die Läuse damit fernhält, hat gleichzeitig fast alles andere Ungeziefer mit beseitigt – „wir leben also doch in einer herrlichen Rosenzeit".

Die Bekämpfung von Krankheiten und Schädlingen

von Dr. M. Paetzholdt, Rellingen

Für den Praktiker bedarf es keiner Begründung, daß kostbare Pflanzen zwangsläufig besondere – das muß nicht heißen zusätzliche – Anforderungen an ihre Kultur und damit auch an den Schutz vor Schaderregern verschiedenster Art stellen. Dabei wäre es rundweg falsch, den Rosen schlechthin eine erhöhte Krankheitsanfälligkeit zuzuschreiben. Es weiß jeder Rosenfreund, daß er von der für einen bestimmten Standort ausgewählten Rosensorte stets nur dann die sorteneigenen Schönheitsattribute erwarten kann, wenn gleichermaßen den entsprechenden Kulturbedingungen Rechnung getragen wurde. Damit soll unterstrichen werden, daß fachgerechte Sortenwahl – Beratung aus der Rosenschule sollte nicht versäumt werden! – im Einklang mit kritischer Bewertung des Standortes sich als wichtigste vorbeugende Maßnahme gegen Krankheitsbefall auswirken wird.

Anfälligkeit gegen Krankheiten und Schädlinge resultiert ausschlaggebend aus dem Faktorenkomplex des Standorts mit Bodenart, Düngung, Vor- und Nachbarkulturen, Klimazone mit Witterungsablauf, Pflanzweite und Lichtzutritt, Art der Wässerung, evtl. Luftverunreinigungen etc. Es ist deshalb ebenso schwer wie riskant, Diagnosen über alle Krankheitsursachen zu stellen, und zwangsläufig ebenso unmöglich, eine starre, allgültige Rezeptur vorzulegen. Für den praxisgerechten Pflanzenschutz ist es sehr ratsam, eigene Erfahrungen zu sammeln und auch die Beobachtungen des Gartennachbarn zu berücksichtigen.

Die mannigfaltigen Sortenwünsche des Rosenfreundes im Hinblick auf alle erdenklichen Standortsbedingungen machen oft den Einsatz chemischer Pflanzenschutzmittel notwendig. Es wird an dieser Stelle jedoch bewußt auf eine Aufzählung aller z. Z. im Bundesgebiet für die genannten Krankheiten zugelassenen Präparate verzichtet und nur Hinweise auf solche Mittel (mit Handelsnamen) gegeben, die sich gegenwärtig im südholsteinischen Anbaubereich bewährt haben. Nachfolgende Leitsätze sollten besonders berücksichtigt werden:

- **Gebrauchsanweisungen** und Einsatzbedingungen der Pflanzen-Behandlungsmittel **sind genau zu beachten!** Riskante Mischungen mit anderen Präparaten sollten vermieden werden, Einsatz erhöhter Mittelkonzentrationen kann zu beträchtlichen Schäden führen.
- **Hinweise auf Risikofaktoren** – z. B. Empfindlichkeit einzelner Sorten gegen bestimmte Spritzmittel oder auf Einflüsse der Witterung – sollten entsprechend berücksichtigt werden.
- **Handliche Kleinpackungen** der Präparate sollten nach Möglichkeit bevorzugt werden. In jedem Falle nur Mittel mit dem **Zeichen der amtlichen Anerkennung verwenden!**
- Vor dem Spritzen sind Witterung und **Gefahrenpunkte für die Nachbarschaft** zu berücksichtigen. **Windabtrift** in Nachbars Garten kann unangenehme Folgen haben! Nicht vor einsetzendem Regen und nicht in der Mittagshitze spritzen.
- **Mittel gegen tierische Schadenerreger** sollten **nur dann** eingesetzt werden, wenn **deutlicher Befall** vorliegt und eine Verwechselung mit ungefährlichen oder nützlichen Insekten ausgeschlossen ist. Dann jedoch sofort! Dabei sind durchaus nicht immer Präparate mit hoher Giftklasse notwendig.
- Bei **Auswahl der Insektizide** sollten nach Möglichkeit solche Mittel bevorzugt werden, die auch eine **Wirkung gegen Spinnmilben** besitzen.
- Beim Einsatz von Insektiziden ist die **Verordnung zum Schutze der Bienen** (vom 19. 12. 1972) zu beachten. Danach dürfen bienengefährliche Pflanzenbehandlungsmittel – vor allem bei Insektiziden entsprechende Kennzeichnung beachten! – nicht bei blühenden Pflanzen eingesetzt werden. Dies gilt gleichermaßen auch für blühende Unkräuter! Wichtig ist weiterhin, daß innerhalb eines Umkreises von 60 m um Bienenstände bienengefährliche Pflanzenschutzmittel ohne Zustimmung der Imker nur außerhalb der Zeit des täglichen Bienenfluges angewendet werden dürfen. Keine gefährlichen Brühereste verschütten!
- Manche Mittel hinterlassen **Spritzflecken** auf Blättern und Blüten. Hierzu sind jeweils eigene Erfahrungen notwendig, um den notwen-

digen Spritzeinsatz gegen das Ausmaß der „Verschmutzung“ abzuwägen.

- Bei einer Spritzfolge gegen Krankheiten mit anhaltendem Infektionsdruck sollten **bei den Wiederholungen nach Möglichkeit die Mittel jeweils gewechselt** werden. Es stellen sich häufig überraschende Erfolge ein.

- Gegen verbreitete pilzliche Krankheiten ist **vorbeugender Einsatz zweckmäßig.** Dies sollte jedoch nicht in unkritische und bedenkenlose Routinearbeit ausarten!

- **Ausgewogene Wachstumskomponenten** im Pflanzbeet gewähren ein hohes Maß an Befallsresistenz. Mit Stickstoffgaben sollte man sehr zurückhaltend sein, die Ansprüche an Kali, Magnesium und den Kalkwert des Bodens sind dagegen sehr ausgeprägt. Entsprechende Bodenuntersuchungen sollten nicht versäumt werden.

Krankheiten der Rose an Blättern, Trieben und Knospen
Hierbei haben wir es mit einer Reihe sehr verbreiteter pilzlicher Parasiten zu tun. Zur Bekämpfung im Freiland nach Möglichkeit Mittel mit kombinierter Wirkung gegen Echten und Falschen Mehltau, Sternrußtau und Rost einsetzen. Bei wiederholten Spritzungen sollten die Mittel nach Möglichkeit gewechselt werden.

Echter Mehltau (Rosenmehltau)
Weißer, mehliger Belag auf Trieben und Blättern. Diese kräuseln, falten sich nach oben mit rötlicher Verfärbung und braungrauer Fleckung. Jüngste Blätter, Triebspitzen und Blütenkelche werden zuerst befallen! Das Öffnen der Blüten wird gehemmt, die Pflanzen kümmern.
Erreger: Pilz Sphaerotheca pannosa Lév.,
von Juni bis Spätherbst.

Mit der Bildung neuer Rassen muß gerechnet werden. Naßkalte und magere Böden vermeiden, ebenso eingeschlossene Lagen. Feuchtwarme Witterung wirkt befallsfördernd, ebenso starke Temperaturschwankungen zwischen Tag und Nacht. Nicht einseitig Stickstoff und Kalk geben. Echte Mehltaupilze machen rechtzeitigen und wiederholten Einsatz spezieller Bekämpfungsmittel notwendig! Dazu gehören: Bayleton 100, Compo-Mehltaumittel, Euparen, Nimrod, Plondrel 50 W, Saprol.

Sternrußtau (Blattfallkrankheit)
Auf der Blattoberseite stumpfbraune bis schwarze, am Rande meist zerfranste, sternförmige Flecke (bis 1 cm groß). Blätter vergilben und fallen bei leisester Berührung ab. Oft totaler Blattfall. Dieser veranlaßt Neuaustrieb mit erhöhter Frostgefährdung für den nicht ausgereiften Zuwachs.

Erreger: Pilz Marssonina rosae Lib.,
Juli, August, selten früher.

Auch hier bereits mehrere biologische Rassen nachgewiesen. Für optimale, d. h. qualitativ und quantitativ ausgeglichene Düngung sorgen. Standort unter Bäumen meiden (Lichtmangel und Regentraufe!). Beim Einsatz von Spritzmitteln auch Blattunterseiten behandeln. Noch im Herbst junge Triebe wegschneiden und mit dem abfallenden Laub verbrennen.
Spritzmittel: Badilin-Rosenfluid, Euparen, Ortho-Phaltan, Saprol.

Rosenrost
Blattoberseits gelbrötliche Flecke, unterseits und auf Trieben stecknadelkopfgroße, gelbe (später dunkle) Pusteln (Sporenlager), nachfolgend Blattfall. Zu beachten: Befallsbeginn meist bei den unteren, verdeckten Blättern! Praktisch nur Befall im Freiland.

Erreger: Pilz Phragmidium mucronatum (Pers.) Schlecht.,
Sommer

Vorbeugend ist für gute Ernährung (Kalk und Kali) und ausreichende Standweiten Sorge zu tragen. Feuchte Lagen meiden. Liegenbleibende, befallene Blätter sind Infektionsherde für das kommende Jahr. Beim Einsatz von Spritzmitteln Blattunterseiten mit erfassen!
Spritzmittel: Antracol, Badilin-Rosenfluid, Plantvax, Saprol.

Falscher Mehltau
Unregelmäßig geformte und unscharf begrenzte gelbbraune oder rötliche Blattflecke, die blattunterseits häufig Pilzrasen zeigen und später austrocknen. Blattfall. Schäden auch an Knospen und Blüten.

Erreger: Pilz Peronospora sparsa Berk.
Besonders in Gewächshäusern, Folientunnels oder eingeschlossenen windstillen Freilandstellen. Überhöhte Luft- und Bodenfeuchtigkeit vermeiden, für Zutritt von Licht und Luft Sorge tragen.

Spritzmittel: Antracol, Dithane Ultra, Lonacol, Orthocid 50, Pomarsol forte u. a.

Brandfleckenkrankheit der Rinde

An zweijährigen Trieben rote, längsovale, sich bald vergrößernde Flekke. Hieraus schließlich große, graubraune, krebsartig aufreißende Brandflecke. Trieb kann umgürtet werden und stirbt ab.

Erreger: Pilz Coniothyrium wernsdorffiae Laub.
Rindenbeschädigungen sowie zu starke und späte Düngung vermeiden, um gute Holzreife zu erreichen. Frostschutzdecke luftdurchlässig halten (günstig ist Nadelholzreisig) und im Frühjahr rechtzeitig entfernen. Rückschnitt! Vor Austrieb Cu-Präparate spritzen.

Rindenbrand bei Vegetationsruhe

Bei Kühlhausrosen und solchen, die im Erdeinschlag überwintern, tritt eine dunkelbraune bis violette umgreifende Verfärbung an der Basis einjähriger Triebe auf. Beim Austrieb zeigen sich starke Ausfälle.
Der pilzliche Erreger Gnomonia rubi gilt als Schwächeparasit. Wichtig ist deshalb, vor der Rodung auf ausreichende Holzreife zu achten. Frosteinwirkungen und Schädlingsbefall können die Anfälligkeit erhöhen. Spritzungen mit Benomyl vor der Einlagerung haben gute Erfolge gezeigt.

Wurzelhalsbräune und Krankheiten der Veredlungsstelle.
Rindenverfärbungen, häufig verbunden mit Blattvergilbungen und Absterbeerscheinungen am Stammgrund und im Bereich der Veredlungsstelle werden durch verschiedene parasitäre Pilze hervorgerufen. Wichtigste vorbeugende Maßnahme ist, für gesundes Veredlungsmaterial und ebenso einwandfreie Unterlagen zu sorgen. Pflanzen an gefährdeten Stellen nach Möglichkeit so einsetzen, daß die Veredlungsstelle über der Erdoberfläche bleibt. Stauende Nässe vermeiden! Kranke Pflanzen sollten sofort entfernt und verbrannt werden.

Purpurfleckenkrankheit

Auf Blättern, Jahrestrieben und Blütenstielen zahlreiche kleine, dunkelrote Blattflecken (mit heller Mitte), z. T. zusammenfließend.

Erreger: Pilz Sphaceloma rosarum (Pass.) Jenk,
Juni bis Herbst.

Er gilt als Schwächeparasit und ist deshalb weitgehend vom Standort oder Witterungsablauf abhängig. Spritzungen wie bei Sternrußtau oder Falschem Mehltau, jedoch bereits bei Vegetationsbeginn.

Botrytis-Zweig- u. -Stielfäule
Fäulnis und Absterbeerscheinungen unter Braunfärbung junger grüner Teile an nicht ausgereiften Zweigen und Blütentrieben. An den Befallsstellen knicken die Stiele um.

Erreger: Pilz Botrytis cinerea.
Befallene Teile baldmöglichst entfernen, stagnierende Luft, zu engen Stand und übermäßige Feuchtigkeit vermeiden. Spritzungen mit Benomyl oder Euparen, im Haus ist auch Räuchern mit Altritan oder Tecto-Räuchertabletten wirksam.

Wirtelpilz-Welke
Wachstumsstillstand mit Welken, Kippen der Knospen, Laubverfärbung und z. T. Blattfall.
Der parasitische Pilz Verticillium sp. wuchert in den Leitgefäßen der Pflanze und kann deshalb nur vorbeugend durch Bodenentseuchung oder rechtzeitiges Angießen mit systemischen Fungiziden, wie DuPont Benomyl oder Cercobin M, bekämpft werden.

Wurzelkropf
Unregelmäßige Wucherungen und kropfartige Auswüchse an Wurzeln, Wurzelhals, selten höheren Stammabschnitten. Häufig bei R. rugosa, gelegentlich bei Canina-Unterlage.

Erreger: Agrobacterium tumefaciens, ein bei verschiedenen Kulturpflanzen verbreitetes Bakterium.
Befall bewirkt zumeist keine erkennbaren Schädigungen der Pflanzen, trotzdem Quarantäneschädling bei Einfuhr in viele Länder. Eine Bekämpfung im Bestand ist nicht möglich, deshalb sollten anfällige Vorkulturen, wie z. B. Obstgehölze, Dahlien, Betarüben u. a., gemieden werden.

Tierische Schädlinge an Rosen
Vor Knospenaufbruch ist der vorbeugende Einsatz eines Austriebsspritzmittels, wie Folidolöl, zweckmäßig. Der Mitteleinsatz gegen oberirdisch angreifende Schädlinge läßt sich zumeist mit den Spritzungen ge-

gen Pilzkrankheiten kombinieren. Hierzu die örtlichen Erfahrungen auswerten. In keinem Falle sollte man sich zu Überdosierungen verleiten lassen!

Spinnmilben („Rote Spinne“)
Blätter durch zahlreiche, kleine Saugstellen gelblich fahl bis weißlich grau. Sehr kleine, gelbliche Tiere auf der Blattunterseite. Stärkste Symptome vor allem längs der Blattadern, später feine Gespinste. Blätter verdorren. Sehr verbreitet, besonders in Gewächshäusern.

Schädling: Parasitische Milbenarten, meist Tetranychus urticae Koch, während der ganzen Vegetationszeit.
Befall besonders bei warmer und trockener Luft. Rosenspaliere nicht zu nahe an Südwände setzen, Luftwechsel ermöglichen. Wiederholte Spritzung mit Metasystox, PD 5, oder Spezialmitteln, wie Folimat, Kelthane, Pentac, Plictran 25 W, Tamaron. Gewissenhafter Spritzeinsatz ist notwendig! Alle Pflanzenteile (Blattunterseiten!) müssen erfaßt werden.

Blattläuse
Häufig in dichten Kolonien an jungen Trieben und im Knospenbereich. Durch die Saugtätigkeit kräuseln, verfärben und verkümmern Blätter und Triebe.

Schädlinge: Blattlausarten, häufig Macrosiphum rosae L.
Frühjahr und Sommer wiederholter Einsatz von Phosphorinsektiziden im Gieß- und Spritz- oder Sprühverfahren. Zweckmäßig und bewährt: Metasystox, Dimethoat, Hostaquick, Pirimor, Parexan, Unden.

Rosenzikade (wird häufig mit der „Weißen Fliege“ verwechselt).
Blätter oberseits weißlich gescheckt. Blattunterseite 3 mm lange, geflügelte und springende Zikaden und deren Larven. Blätter verdorren und fallen ab.
Schädling: Typhlocyba rosae L.,
Mai bis September.

Bei Trockenheit oft Massenbefall. Spritzungen mit Diazinon, Dimethoat, Malathion, Actellic 25, Lannate 25-Wp, Torak oder Unden unter Einschluß des Bodens um die Sträucher.

Andere saugende Schädlinge:
Blattwanzen (Lygus pratensis u. a.) und

Blasenfußarten (Thrips spp.)
mit Schäden an jungen Blättern und blühreifen Knospen. Sie werden bei den vorher genannten Einsätzen gegen Rosenzikade, Läuse, Raupen oder Blattwespen mit erfaßt. Das Auftreten von **Schildläusen** (Kleine Rosenschildlaus, Napfschildlaus u. a.) macht spezielle Einsätze notwendig. Hierzu ist entsprechende Beratung zweckmäßig.

Die Rosentriebbohrer
Die Larve der einen Wespenart frißt bis zu 4 cm Bohrgang im Mark von oben nach unten, die der anderen etwa 9 cm von unten nach oben in Triebspitzen. Diese sterben ab.
Schädlinge: Ardis brunniventris Htg. (abwärtssteigend) und Monophadnus elongatulus Kl. (aufwärtssteigend),
Juni bis September.

Rückschnitt der befallenen und welkenden Triebe. Da die Larven im Boden überwintern, kann nach stärkerem Befall vor dem Neuaustrieb Einsatz von Bodeninsektiziden zweckmäßig sein.

Schneckenförmige Rosenblattwespe
Blätter werden durch 6–10 mm lange, grünliche, schneckenartige Larven skelettiert.
Schädling: Caliroa aethiops Fabr.,
Sommer.
Stärkeres Auftreten nur in einzelnen Jahren. Bekämpfung wie bei Rosenzikade.

Kleinste Rosenblattwespe
Fiederblätter von den Rändern nach unten zur Mittelrippe röhrenförmig eingerollt, darin 8–9 mm lange, weißliche, später grünlichgefärbte Larven. Blätter vergilben und sterben vorzeitig ab.
Schädling: Blennocampa pusilla Kl.,
Mai bis September.
Vereinzelte, befallene Blätter möglichst bald entfernen und verbrennen. Rechtzeitiger, weitgehend vorbeugender Einsatz von Insektiziden wie bei Rosenzikade.

Wickler-, Spinner- und Eulenraupen, Blattwespenlarven
Fraßschäden durch Raupen oder Blattwespenlarven an Trieben und

Blättern, dabei häufig Bildung von Blattwickeln oder Blattrollen. Stärkerer Befall nur in einzelnen Jahren.
Schädlinge verschiedener Gattungen und Arten, im Sommer.
Für wirksame Bekämpfung stehen uns verschiedene Insektizide zur Verfügung: PD 5, Tamaron, Lannate-Wp, Torak, Gusathion H, Unden, Dipterex. Rechtzeitiger Einsatz – junge Tiere sind am besten zu erfassen – ist anzustreben.

Okuliermade
Nach Okulationen sterben Edelauge mit Schildchen sowie angrenzende Teile des Wildtriebes ab. Unter dem Schildchen kleine rote Larven, die das Verwachsen verhindern.
Schädling: Okuliermade (Gallmücke), Clinodiplosis oculiperda Rübs.
Verwendung bewährter Verbandsfolien, zusätzliches Verstreichen der Okulierstellen mit Baumwachs. Erde um den Wurzelhals ausreichend anhäufeln.

Dickmaulrüßler
Nageschäden durch die Käfer an der Triebrinde, den Blattknospen und Okulaten ab Vegetationsbeginn. Austriebsverluste und Entwicklungsstörungen. Die Käferlarven (ähnlich kleinen Engerlingen) schädigen an den Wurzeln.
Schädlinge: verschiedene Rüsselkäferarten, häufig Otiorrhynchus sulcatus Fabr.,
Frühjahr.
Gegen die Käfer Spritzmaßnahmen mit Gardona SK oder wie bei Raupen und Blattwespenlarven, jedoch bis zum Wurzelbereich der Büsche. Bei Schäden durch Käferlarven Einsatz von Curaterr oder Tamaron; dazu Spezialberatung einholen.

Nematoden
Mikroskopisch kleine parasitäre Wurmarten, die wir hier in freilebende Älchen und in Wurzelgallennematoden unterteilen. Die erste Artengruppe bewirkt durch Saugtätigkeit im Wurzelsystem verschiedene Entwicklungsstörungen der Pflanze, Vergilbungserscheinungen und Symptome der sogenannten „Bodenmüdigkeit“. Zweckmäßig ist geregelter Flächenwechsel, Bekämpfung durch Bodenentseuchung im Dämpfverfahren oder durch chemische Bodenentseuchung (Nematizide, wie Di-Trapex, Basamid, Terabol, Shell D-D).

Abb. 69:
‚Schneewittchen‘. W. Kordes' Söhne, 1958.
Dauerblühend bis zum Frost. Breitbuschig. Reichlich belaubt. Für Gruppen- und Heckenpflanzung. Bis 1,50 m hoch. *Strauch- und Floribundarose.*

Abb. 70:
‚Westerland'. W. Kordes' Söhne, 1969.
Starkduftend, sehr blühwillig. Breit- und aufrechtwachsend. Geeignet für breite Hecken und Gruppen und als Einzelstrauch. Bis 1,50 m hoch. *Strauchrose.*

Abb. 71:
,Uwe Seeler'. W. Kordes' Söhne, 1970.
Guter Duft. Große, edle Blüten. Pflanze kräftige Büsche bildend, mit reichlicher Belaubung. *Floribundarose.*

Abb. 72:
‚Gruss an Heidelberg‘. W. Kordes' Söhne, 1959.
Großblumig. Reichblühend. Pflanze breitbuschig, mit reichlicher Belaubung. Höhe bis 3 m. *Öfterblühende Kletterrose.*

Wurzelgallenälchen (Meloidogyne-Arten) bewirken enggepackte, knotige Anschwellungen der feinen Faserwurzeln, denen Wachstumsstörungen mit dichter Wurzelverfilzung folgen. Dies fast ausschließlich an Multiflora-Unterlage. Quarantäneschädling! Bekämpfung wie vorher.

Viruskrankheiten

Rosenmosaik, Gelbmosaik und Rosenwelke (Rosa Virus 1 bis 3).
Die Symptome dieser bei uns vorkommenden Virosen variieren sehr stark nach Standortsbedingungen, Klimaeinwirkungen sowie Sorteneigenschaften und zeigen sich in chlorotischen Flecken, Streifen oder Ringen auf den Blättern, verbunden mit Entwicklungsstörungen. Übertragung und Verbreitung erfolgen durch Okulieren und Pfropfen, z. T. auch durch Blattläuse oder andere Insekten.

Sehr leicht kann das entsprechende Krankheitsbild mit Ernährungsstörungen oder Einwirkung von Unkrautbekämpfungsmitteln verwechselt werden. Gewissenhafte Beobachtung verdächtiger Symptome ist wichtig und recht baldige fachmännische Überprüfung unbedingt ratsam. Vor allem bei Einführung neuer Rosensorten sollte ein Vorkommen dieser nicht bekämpfbaren Krankheiten kontrolliert werden.

Ernährungsstörungen

Chlorose durch Nährstoffmangel.
In überkalkten Standorten kann Bildung des Blattgrüns durch **Blockierung der Eisenaufnahme** gestört werden. Die jungen Blätter werden gelb oder weißlichfahl, nur die Adern bleiben grün.
Bei **Manganmangel** stellt sich die Vergilbung von den Blatträndern ein, wobei nur die Hauptnerven grün bleiben.
Magnesiummangel zeigt sich durch vergilbende und später verbräunende Interkostalfelder der Blätter. Häufig vorzeitiger Laubfall.

Bei allen Unstimmigkeiten der Nährstoffaufnahme sollte man nicht lange mit entsprechenden Bodenuntersuchungen zögern. Der Eisenmangel-Chlorose läßt sich durch Einarbeiten von Torf und sauren Düngemitteln, dazu Einsatz von Eisenchelaten, wie Fetrilon oder Sequestren 138 Fe, entgegenwirken. Bei Mangan- oder Magnesiummangel sollten entsprechende Düngersalze – zweckmäßig als Sulfat durch Blattspritzung – ausgebracht werden. Die **Mangelsymptome überdecken sich häufig gegenseitig!**

Vergiftungserscheinungen durch Kulturfehler
Die Blätter verfärben sich unregelmäßig gelb, weiß oder braun, verbunden mit allgemeinen Absterbeerscheinungen der Pflanzen. Die Schadbilder sind häufig den Symptomen der Viruskrankheiten – z. B. Rosenmosaik – ähnlich.

Häufig nach unsachgemäßer Ausbringung von Herbiziden oder durch Übersalzung mit Düngemitteln meist als Übermaß von Nitraten oder durch aufsteigende Ammoniakdämpfe an warmen Tagen.

Die nachstehend aufgeführten Pflanzenschutzdienststellen erteilen Auskünfte über Bekämpfungsmöglichkeiten bei Krankheiten und Schädlingen der Rosen:

Baden-Württemberg
Landesanstalt für Pflanzenschutz,
Reinsburgstr. 107, 7000 Stuttgart 1
Regierungspräsidium Karlsruhe – Pflanzenschutzdienst
Amalienstr. 25, 7500 Karlsruhe
Regierungspräsidium Stuttgart – Pflanzenschutzdienst
Breitscheidstr. 4, 7000 Stuttgart 1
Regierungspräsidium Freiburg – Pflanzenschutzdienst
Hauptstr. 34, 7800 Freiburg i. Br.
Regierungspräsidium Tübingen – Pflanzenschutzdienst
Keplerstr. 2, 7400 Tübingen

Bayern
Bayerische Landesanstalt für Bodenkultur und Pflanzenbau
– Abteilung Pflanzenschutz –
Menzinger Str. 54, 8000 München 19

Bremen
Pflanzenschutzamt Bremen
Bahnhofsplatz 29, Tivoli-Hochhaus, 2800 Bremen

Hamburg
Institut für Angewandte Botanik – Pflanzenschutzamt
Marseiller Str. 7, Postfach 30 27 22, 2000 Hamburg 36

Hessen
Pflanzenschutzamt Frankfurt (Main)
Friedrich-Wilhelm-v.-Steuben-Str. 2, 6000 Frankfurt (Main)-Hausen
Pflanzenschutzamt Kassel
Am Versuchsfeld 17, 3500 Kassel-Harleshausen

Niedersachsen
Pflanzenschutzamt Hannover
Wunstorfer Landstr. 9, 3000 Hannover 91
Pflanzenschutzamt Oldenburg (Oldb.)
Mars-la-Tour-Str. 9–11, Postfach 9 83, 2900 Oldenburg (Oldb.)

Nordrhein-Westfalen
Pflanzenschutzamt der Landwirtschaftskammer Rheinland
Mittelstr. 99, 5300 Bonn-Bad Godesberg
Institut für Pflanzenschutz, Saatgutuntersuchung und Bienenkunde der Landwirtschaftskammer Westfalen-Lippe
von-Esmarch-Str. 12, 4400 Münster (Westf.)

Rheinland-Pfalz
Landespflanzenschutzamt Rheinland-Pfalz
Essenheimer Str. 144, 6500 Mainz-Bretzenheim

Saarland
Pflanzenschutzamt Saarbrücken
Lessingstr. 12, 6600 Saarbrücken 3

Schleswig-Holstein
Pflanzenschutzamt des Landes Schleswig-Holstein
Westring 383, 2300 Kiel
Amt für Land- und Wasserwirtschaft Itzehoe
– Abt. Pflanzenschutz –
Hauptstr. 108, 2084 Rellingen

Berlin (West)
Pflanzenschutzamt Berlin
Altkircher Str. 1 und 3, 1000 Berlin-Dahlem (Post: 1000 Berlin 33)

Abb. 73:
‚Super Star‘.
M. Tantau, 1960.
Farbe: Salmorange. Gutduftend. Reichblühend. Edelste Form. Farbbeständig. Pflanze kräftigwachsend. *Teehybride* (Edelrose).

Abb. 74:
‚Mabella‘.
W. Kordes' Söhne, 1972.
Farbe: Zitronengelb.
Sehr starkduftend. Straffaufrecht. Kräftige Büsche bildend, mit reichlicher Belaubung. Gute Schnittrose. *Teehybride* (Edelrose).

Abb. 75: ‚*Primaballerina*‘. M. Tantau, 1957.
Farbe: Kirschrosa. Starkduftend. Robustwachsend. *Teehybride* (Edelrose).

Abb. 76: ‚*Michèle Meilland*‘. Meilland, 1945.
Farbe: Zartrosa. Duftend. Eine liebliche Rose wegen der Farbe und der Blütenform. Reichblühend. *Teehybride* (Edelrose).

Pflege im Herbst und Einwinterung

Unsere Gartenrosen werden wir im Herbst genauso halten wie im Laufe des Sommers, das Ungeziefer wird von selber weniger, Mehltau verschwindet auch, wenn die Tage kürzer und die Nächte kühler werden, und gewöhnlich im September bis Oktober haben wir noch einmal eine große Parade unserer Blumenkönigin als Abschied und Dank für Mühe und Pflege. Die Herbstblumen sind größer, oftmals in den Farben satter, bei den bunten Rosen werden die Rottönungen kräftiger, die gelben Rosen bringen noch einmal die strahlenden Sonnenfarben, um dann, wenn wir es richtig gemacht haben, langsam aber sichtbar im Oktober im Wachsen und Blühen nachzulassen. Fröste, die Anfang Oktober den Pflanzen einen kleinen Schock geben, sind für uns nur vorteilhaft. Sie nehmen uns zwar manche Blüte, aber sie zwingen die Pflanzen, den Rhythmus des Sommers zu verlangsamen und sich auf den kommenden Winter einzustellen. Dies ist nun für unsere Gartenrosen etwas Unnatürliches, da sie das Öfterblühen teils von subtropischen Arten ererbt haben, von Ahnen, die keinen Winter kennen, sie wollen daher freiwillig nicht so recht Schluß machen. Jetzt zeigt es sich, ob wir mit der Stickstoffzufuhr richtig gehandelt haben. Stickstoffmangel, Phosphorangebot bringen auch die wenig Willfährigen zum Gehorchen. Der erste Frost bringt einem Teil der Belaubung den Tod, er zwingt dann die Pflanze, aus den restlichen Blättern an Nährstoffen zu retten, was noch zu retten ist und viel wird noch an wertvollen Nährstoffen in die Reservespeicher der Holzbetriebe zurückgeführt. Diese wichtige Arbeit der Pflanze dürfen wir nicht unterbrechen durch eine Bodenbearbeitung, die den Bakterien wieder Luft und damit den Pflanzen wieder Stickstoff zuführt. Unkraut darf nur noch von Hand beseitigt werden. Erst, wenn eine kühlere Zeitspanne die Pflanzen zur Ruhe gebracht hat, darf man durch ein wenig Anhäufeln der aus dem Boden kommenden Zweige einen ersten, leichten Winterschutz geben.

Dann, mit Einsetzen der Fröste, kann man auf diesen Erdschutz noch durch Dünger eine zweite Schutzdecke geben.

Diesen Naturdünger, Kuhdünger vom Winter vorher, kann man im Herbst gerne 10 cm hoch zwischen die Häufelfurchen legen. Er bleibt den Winter über allen Einwirkungen von Frost und Regen, Schnee und Wind ausgesetzt. Er ist gewöhnlich im Frühjahr so weit mürbe geworden, daß er als Bodendecke liegenbleiben kann. Über die ganze Geschichte dann noch eine lockere Decke aus Nadelholzzweigen, wenn man diese beschaffen kann. Diese Decke soll locker und luftig sein. Sie soll wohl den Frost an die Pflanzen und den Boden lassen, aber soll verhindern, daß die Wintersonne die gefrorenen Rosenzweige auftaut. Mehrmaliges Gefrieren und Auftauen der Zweige bedeutet Tod. Wo kein Fichten-, Tannen- oder Kiefernzweigwerk zu erhalten ist, bleibt nur übrig, sie offen stehen zu lassen. Man kann auch Heidekraut als Sonnenschutzdecke nehmen, aber wo gibt es noch Heidekraut? Stroh ist auch knapp. Dann ist bei diesen Hilfsmitteln immer zu bedenken, je dichter diese Decke, um so größer die Gefahr, daß Mäuse die Zweige abnagen und größeren Schaden verursachen als der Winter. Also einige Dränagerohre auslegen und Giftweizen hinein, aber so, daß Fasanen und Haushühner nicht daran können.

Nie die Zweige im Herbst vor der Einwinterung zurückschneiden. Die Rosen sind sehr schlechte Kallusbildner. Wunden werden nur bei hoher Wärme und hoher Luftfeuchtigkeit gut verheilen. Die Wärme fehlt im Herbst und Winter, und die Wunde von der Kürzung der Zweige ist offen und gefährlich. Also auf jeden Fall nicht im Herbst schneiden. Das bißchen Mehrarbeit beim Anhäufeln und Düngereinbringen macht sich in herrlichen Blüten im nächsten Sommer bezahlt. Ich habe seit Jahren nur noch eine Bodendecke als Winterschutz gegeben und eine leichte Sonnenschutzdecke und habe seitdem keine Winterverluste mehr. Selbst in den arktischen Kriegswintern habe ich nur eine Anpflanzung von Sämlingen verloren, die trotz besseren Wissens Anfang Oktober durchgegraben wurde. Trotz Anhäufelns und Windschutz gingen 95 v. H. bei etwa 3000 Pflanzen zugrunde. Ihre Wurzeln erfroren und damit hatte ich wieder einmal gelernt, daß die Dummheit der beste Rosenverkäufer ist. Also, macht es besser!

Hochstämme sind um die Herbstzeit ein besonderes Sorgenkind. Nachdem die ersten leichten Fröste das Wachstum der Edelrosenkronen eingedämmt haben, kann man beginnen, die Kronen zu entblättern und auf

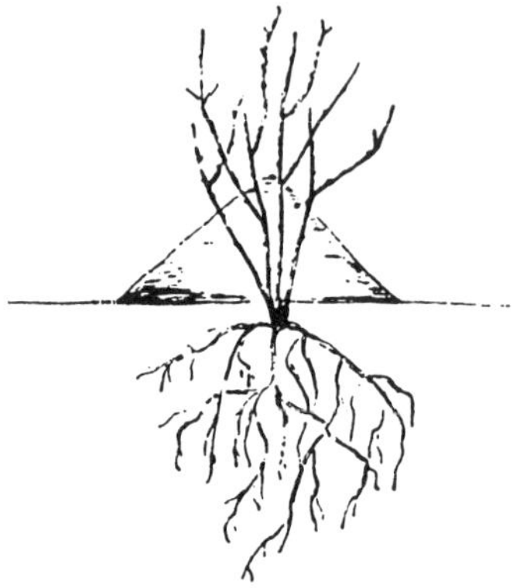

Abb. 77:
Niedrige Rose angehäufelt. Das lose Erdreich bis etwa 10 cm hoch durch die Hacke um den Mittelpunkt der Zweige zusammengezogen.

den Boden zu legen. Das Entblättern geht sehr gut mit einer kleinen Schere. Die Blätter werden verbrannt. Die in der Regel noch nicht ausgereiften Triebspitzen, die in der Winterdecke nur verrotten würden, werden mit abgeschnitten. Dann wird der Stamm nach der Seite gezogen, an welcher er ursprünglich schon durch die Pflanzung seine Niederlegungsseite erhalten hat. Durch kreuzweise übereinandergesteckte Stäbe aus Holz, nicht aus Eisen, wird der Stamm niedergehalten. Dann versucht man durch Einbringen von trockenem Laub, besser ist Heidekraut, die Hohlräume auszufüllen. Etliche Giftweizenkörner dazwischen sind für die richtige Ernährung der Mäuse wichtig. Dann läßt man alles liegen, bis Frost einsetzt.

Man kann auch Erde nehmen, um die Hohlräume auszufüllen. Erde ist das beste und sicherste Material, soll aber keine faulenden Düngerreste oder Torfmull enthalten. Diese saugen sich voll Wasser und schädigen dadurch. Torfmull kann sehr gut genommen werden, dann muß man aber durch eine wasserdichte Überdachung dafür sorgen, daß es kein Eisklumpen wird. Solche Überdachung kann am besten und billigsten aus Teerpappe gemacht werden. Sie hat nur den einen Fehler, sich bei Sonnenschein sehr stark zu erwärmen, was leicht zu Wachstumsanregung und später zu Frostschaden führen kann. Erdeschutz muß aber nicht von der Umgebung der Stammwurzeln genommen werden, sonst kommen diese in Gefahr des Erfrierens, besonders in Gegenden, wo der Schneeschutz ein unsicherer Kantonist ist. Über die mit Heidekraut oder Buchenlaub ausgestopfte Krone genügt nachher ein Reisigschutz von Nadelholzzweigen. Dieser soll Sonneneinwirkung verhindern und das vom-Wind-verwehen der Frostsicherung unmöglich machen. Die Krone

Abb. 78:
Winterschutz durch Fichtenzweige. Nach dem Anhäufeln und dem ersten Frost: Die leichte Decke mit Fichtenzweigen. An gefährdeten Plätzen und in Höhenlagen natürlich dichter. Zweck: Verhinderung des Auftauens bei Sonnenschein und des Austrocknens bei starken Winden.

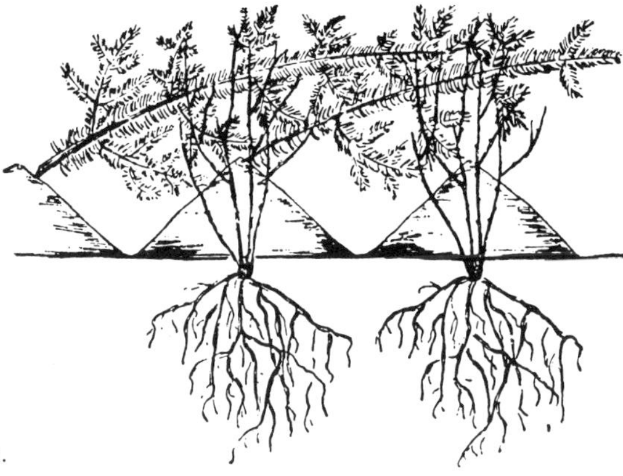

muß bei all diesen Einpackungen „über der ungebrochenen Erde liegen" – nicht in eine Grube stopfen. Diese Art und Weise der Wintereinpackung hat sich hier bei uns durch viele Jahre bewährt, sie ist locker, luftig, verhindert vorzeitige Erwärmung und genügt bis –20 Grad Celsius vollständig. Nun aber noch eines: Den Stamm nicht vergessen. Der Stamm darf nicht schutzlos der Einwirkung der Wintersonne ausgesetzt werden. Also eine leichte Schutzdecke auch für ihn. Gar nicht bewährt haben sich die aus wasserundurchlässigem Papier oder Plastik hergestellten Rosenhauben. Sie erwärmen sich zu sehr, die lebenden und atmenden Rosentriebe sind darin eingeschlossen wie in einem Brutkasten ohne Luft und ersticken meistens. Bewährt haben sich auch Jutesäcke – nicht die dicken, sondern die gewöhnlichen. Man wickelt die Säcke nach dem Auftrennen um die zu schützende Krone, einmal genügt vollständig. Licht, Luft können an die Zweige und eine Erwärmung im Winter-

Abb. 79:
Rosenhochstämme im Winterquartier.
Links falsch, da Krone in einer Vertiefung liegt, die sich oft im Laufe des Winters in ein Wasserloch verwandelt.
Rechts richtig, auf dem Boden.
Nicht mitgezeichnet ist die Fichtenschutzdecke für den Stamm.

sonnenschein wird dadurch verhindert. Diese leichte, luftige Schutzhülle ist auch für Trauerrosen und Wandspalierrosen durchaus genügend, selbstverständlich auch für Laubengänge und freistehende Kletterrosenpyramiden. Trauerrosen werden auch so niedergelegt, und da sie teilweise wenigstens nicht ganz so frostempfindlich sind wie die Teehybriden, genügt vielfach eine Reisigdecke über die Zweige. Man legt Trauerrosen auch erst nieder, wenn die Frostzeit herankommt. Ein Entblättern ist oftmals sehr umständlich, aber auch nicht nötig, wenn ein luftiger Sonnenschutz gegeben wird. Die neuen, von mir aus Rosa kordesii gezüchteten bis – 20° C unbedingt winterfesten Kletterrosen brauchen nur in solchen Gegenden niedergelegt zu werden, wo sie tieferen Kältegraden ausgesetzt sind. Eine leichte Fichtenreisigdecke gegen die auftauende Wintersonne ist genügend, die Blüte entwickelt sich nur reichlich, wenn die Langtriebe Frost ausgesetzt gewesen sind. An Wänden bringt man eine Sonnen- und Windschutzdecke aus Fichtenzweigen an. Sehr praktisch sind auch Rohrdecken, deren einzelne Schilfrohrstengel einzeln gebunden sind, die also luftdurchlässig sind. Solche Rohrdecken kann man in Baumaterialienhandlungen kaufen. Sie werden im Hausbau bei der Herstellung von Gipsdecken verwandt. Sie sind dicht genug für den Sonnen- und Windschutz und lassen sich mehrere Jahre verwenden. Sie müssen natürlich gut befestigt werden, damit der Wind sie nicht zerpflückt und im Sommer gut trocken aufbewahrt werden, weil sonst das Rohr verfault.

Kommt es im Winter zu langen Frostzeiten, die ein tiefes Eindringen des Frostes in den Boden vermuten lassen, kann man viel Schaden verhindern, wenn noch eine leichte Verstärkung der Sonnenschutzdecke angebracht werden kann. Wenn aber alles richtig gemacht wurde, ist nicht zu befürchten, daß die Wurzeln erfrieren und unsere modernen Gartenrosen können auch in bezug auf Frost viel vertragen, wie die Rosen in meinem Garten in den vielen Wintern gezeigt haben.

Wer noch ein übriges tun will, soll im Herbst noch einmal gründlich spritzen mit den schon genannten insektentötenden Mitteln und einem Kupferpräparat. Man kann jetzt zwar keine unmittelbaren Bekämpfungserfolge erkennen, doch wird hiermit ein vorbeugender Schutz für Überwinterung und Frühjahrsaustrieb gegeben.

Die Strauchrosen werden bei mir in jedem Winter mit den Obstbäumen zusammen gespritzt, und zwar nehme ich eine Mischung von Gelbspritzmitteln (Dinitrokresol) und Obstbaumkarbolineum in etwas verringerter Konzentration als bei Apfelbäumen. Es gibt dann bedeutend weniger tierische Parasiten im Rosengarten. Auch die Einfriedigungshecken aus laubabwerfenden Gehölzen werden dann mit voller Stärke gründlich mitgespritzt. Desgleichen der Erdboden, wo er frei ist. Es nützt ja nichts, wenn man die Rosen behandelt und das Ungeziefer sitzt fest und sicher in der Buchenhecke. Mit der Winterspritzung, die ich fast immer bei offenem Wetter Ende März – Anfang April ausführe, schließt sich der Reigen, und wenn wir die Götter nicht sonstwie erzürnt haben, steht nach der Frühjahrsarbeit wieder das große Fest der Königin unserer Blumen und Herzen nahe bevor.

Abb. 80:
‚Freude'. W. Kordes' Söhne, 1975.
Farbe: Lachs und gelb. Duftend. Sehr große Blüten. Pflanze starkwüchsig, aufrecht, strauchartig, mit reichlicher, glänzender Belaubung. *Teehybride* (Edelrose).

Abb. 81:
,Evening Star'. Jackson & Perkins, 1974.
Farbe: Leuchtendweiß. Gutduftend. Üppigblühend. Pflanze aufrecht, sehr buschig. *Teehybride* (Edelrose).

Abb. 82:
,King's Ransom'. Jackson & Perkins, 1962.
Farbe: Goldgelb. Starkduftend. Nicht ausbleichend. Reichblühend. Pflanze kräftig. Benötigt Schutz. *Teehybride* (Edelrose).

Hilfsmittel des Rosenfreundes

Für die Rosen im Garten braucht man Messer, Scheren, Hacken, Spaten, Harken und Pfähle; Holz- und Bambusstäbe für Spaliere zum Anbinden der Klettertriebe; Holz- und Steingebau, um Lauben und Laubengänge zu bilden. Von all solchen Dingen, die der Technik der Rosenkultur dienen, soll hier kurz die Rede sein. Ausführlich schon darum nicht, weil viele dieser Dinge dem Gartenliebhaber selbstverständlich sind.

Die Werkzeuge, Messer und Scheren, sollen handlich sein. Die besten Messer für unseren Zweck sind die kleinen Hippen mit etwas geschwungenem Schneidestahl. Für uns Rosenfreunde genügt eine kleine, einschneidige Schere; wer es besonders gut meint, kann eine zweischneidige kaufen; die letzteren sind aber besonders empfindlich gegen Steine oder oft schon knochenhartes, trockenes Holz. Dann soll sich der Liebhaber, oder besonders die Liebhaberin, eine Blumenschere zulegen, die durch zwei aufgesetzte Eisenbacken die abgeschnittene Blüte festklemmt, so daß man Blüten oder Zweige schneiden kann, ohne daß man sie mit der zweiten Hand festhalten muß. Diese Scheren sind praktisch zum Blumenschneiden, zum Entfernen der abgeblühten Blumen (Hagebutten) und auch zum Entblättern der Hochstämme im Herbst. Man kann sich durch diese Hilfsmittel gut vor manchem sonst unvermeidlichen Stachelstich schützen. Beim Arbeiten zwischen den Rosen gibt es sehr dauerhafte Handschuhe in Schweinsleder, Wildleder und Gummi. Wer empfindliche Finger hat, soll sich solche anziehen, denn die abgebrochenen Stachelspitzen können sehr unerfreulich und schmerzend sein. Das einfachste Mittel, sie zu entfernen, ist ein flachgelegtes, sehr scharfes Messer, das dann unter den Stachel faßt und ihn im Gleiten auf der Haut mit herauszieht. Mit etwas Übung gelingt es so auf Rosengärtnerart viel besser als sonst, die Attribute der Blumenkönigin dort wegzubringen, wo wir sie nicht haben wollen. Hacken gibt es in hundertfach verschiedener Ausführung. Zum Anhäufeln ist eine einfache Blatthacke praktisch, aber für die Bodenbearbeitung sind die moderneren Zinkenhacken, wie sie von Wolff mit Weltruf geliefert werden, viel besser. Mit den Zinken dieser Hacken kann man tiefer in den Boden, ohne daß die Wurzeln abgerissen werden. Die Durchmischung von Boden und Nährsalzdüngung ist viel besser, dabei ist die Arbeit um vieles leichter. Man kann auch schnell mit diesen Drei- oder Fünfzinkengeräten nach einem durchdringenden Wässern oder Regen die nötige feinkrümelige Bodenoberfläche schaffen, die verhindert, daß das Wasser ebenso schnell verdunstet wie es gegeben wurde. Wenn man mit solchen Zinkenhacken den Boden etwa 7 cm tief dauernd locker hält, wird es kaum auf gewöhnlichem Gartenland vorkommen, daß die Rosen gewässert werden müssen; die Rosenwurzeln gehen ja sehr tief in den Boden.

Für die einfachen Saatunkräuter ist der sogenannte Stieger, eine einfache Eisenschneide, die durch einen Bügel an jeder Seite begrenzt wird, ein besonders empfehlenswertes Gerät. Die Arbeitsweise ist schiebend. Man schneidet damit das Unkraut eben unter der Erdoberfläche ab. Mit dem Stieger kann man dreimal soviel leisten als mit der Hacke. Auf schweren und hartgetretenen Böden versagt dies Instrument. Da muß man die alte Hacke nehmen.

Der Spaten, obwohl eine uralte Erfindung des Menschen, ist immer das gleiche Gebilde geblieben. Man sorge für einen leichten Gußstahlspaten, da die schweren Schmiedespaten der Gärtner für die Arbeit im Garten viel zu klobig sind; auch beim Graben muß man mit den Kalorien haushalten. D- oder T-Griff sind Gewohnheitssache, für schwere Arbeit muß es D-Griff sein, da kann die Hand besser fassen. Harken sind nur für die Wege da, zwischen Rosen soll man nicht mit diesen Dingern herumkratzen, höchstens im Herbst das gefallene Laub entfernen, sonst genügt die Gußstahlharke für die Wege. Sie ist leicht, dauerhaft und billig. Rosenpfähle: Wenn man Hochstämme im Garten haben will, müssen solche auch ordentlich gepfählt sein. Ein Pfahl von 4 cm ∅ ist durchaus als stark zu bezeichnen, bei Halbstämmen genügt auch ein Zopfdurchmesser von 3 cm, Rundstäbe, sauber entrindet (geschält), genügen. Trauerrosen müssen wegen der schweren Kronen Pfähle bis zu 8 cm Zopfstärke haben und mindestens 60 cm tief ins Erdreich gebracht werden, sonst gibt es Windbruch. Man läßt sie vorteilhafterweise ein Jahr trocknen nach dem Entrinden und stellt die unteren 50 cm in Holzteer für etwa 4 bis 6 Wochen. Der obere Teil bleibt naturbraun oder wird weiß oder hellgrün gestrichen. Solche Pfähle können viele Jahre halten, es genügt Fichte. Wenn man es haben kann, ist Lärche oder Douglastanne besser, es braucht nicht teures, trockenes Eichenstammholz zu sein. Die Länge ist wichtig. Der Pfahl soll etwa 40 cm tief in den Boden, bei großen schweren Kronen (Trauerrosen) auch 60 cm, dann muß er noch länger sein als der Stamm, etwa 30 bis 40 cm, damit die Krone mehrfach gut angebunden werden kann. Die Holzteile, die in den Boden kommen und 10 cm mehr müssen mit Holzteer getränkt sein. Keinen Steinkohlenteer nehmen; dieser und Karbolineum können der Wurzel schädlich werden. Pfähle sollten im Winter aufgezogen und ganz trocken aufbewahrt werden.

Eisenpfähle oder Rohr für diese Zwecke sind wenig praktisch. Sie haben vor allen Dingen den großen Fehler, daß sie sich an den von der Sonne getroffenen Stellen stark erhitzen und Verbrennungsschäden verursachen können. Man soll Pfähle und Stäbe immer auf die Seite stellen, von welcher die häufigsten Winde wehen, sonst ist es am schönsten wohl so, daß der Stamm, also das Natürliche, dem Beschauer zugewandt ist und die Stütze im Hintergrund verdeckt wird.

Wände sind für den richtigen Rosenliebhaber eine erfreuliche Angelegenheit. Einige Spalierhaken werden eingeschlagen, durch die Löcher wird gutverzinkter Draht, etwa 1,5 mm stark, und auch ein paarmal Querdrähte gezogen. So entsteht eine ideale Befestigung für eine Reihe von herrlichen Kletterrosen. Besser, aber auch viel teurer, sind ja Holzzimmerung aus schmalen Eichenlatten. Wer viel Geld hat, mag solche anbringen, Drähte tun es auch. Zum Anbinden Weiden, aber wer von den Liebhabern kann mit diesen bösen Dingern schon umgehen. Also nehmt guten Hanfbindfaden. Aber, wenn die Zweige dicker werden sollen, muß die Befestigung von Zeit zu Zeit gelöst und neu gebunden werden, sonst würgt man den Trieb ab. Nie Draht nehmen, das gibt unweigerlich Wunden und später Bruch und Ärger. Manch eine Einfriedigung, gegen die Straße oder den lieben Nachbarn, kann man als Drahtspalier bauen und mit Kletterrosen bepflanzen. Man nehme dann möglichst Sorten, die wenig Stacheln haben, auch ein galliger Nachbar dürfte wegen der Blütenpracht nicht böse sein. Und wenn die lieben Mitmenschen sich ein paar Blüten abreißen – nun, nehmen wir an, sie hätten es getan, um Freude nach Hause zu bringen.

Rosenlauben kann man aus dickem Drahtgeflecht sehr schön mit Hilfe etlicher starker Pfähle aufbauen. Besonders empfehlenswert sind die mit Plastikstoff überzogenen Maschengeflechte. Sie halten viele Jahre

Abb. 83:
‚Späth's Jubiläum'. W. Kordes' Söhne, 1970.
Große Einzelblüte, meist in Dolden. Pflanze kräftig, kompakt. Reichliche Belaubung. *Floribundarose.*

Abb. 84:
‚*Gruss an Bayern*‘. W. Kordes' Söhne, 1971
Blüten mittelgroß. Sehr reichblühend. Aufrechtwachsend, doch gutverzweigt. Sehr regenfest. *Polyantha-Hybride.*

Abb. 85:
,*Bengali*'. W. Kordes' Söhne, 1966.
Reichblühend, auffällige Farbe. Pflanze buschig, gutverzweigt. *Floribundarose*.

Abb. 86:
,Meteor'. W. Kordes' Söhne, 1959.
Reichblühend. Aufrecht- doch kompaktwachsend. Reichliche Belaubung.
Floribundarose.

aus. Praktisch ist, solche Pfähle auf Betonfüße zu setzen, dann hält das Ganze ein Menschenleben aus. Statt Draht kann man, wenn es die Kasse erlaubt, Bambusstäbe oder schmale Eichen- oder Lärchenlatten nehmen. Das Holz, gut gestrichen, muß natürlich mit Messingschrauben verschraubt sein, damit es nicht eines Tages dort, wo die abgerosteten Nägel sich trennen, auseinanderfällt. An solche Spaliere richtig winterfeste Rosen gepflanzt, dann braucht man nur alle paar Jahre auslichten, altes, erschöpftes Holz entfernen und alles neu verteilen, wenn einmal durch solchen Ausfall Lücken entstehen. Die Hauptstützen können aus Eisen sein, aber man muß immer die daran befestigten Hauptstreben mit guten Schrauben befestigen, weil sonst eines Tages die ganze Herrlichkeit auf und davonfliegt oder einfach unter der Blütenlast zusammenbricht. Mit ihren Blüten und Blättern haben die Rosen ein großes Gewicht, wenn sie von Tau oder Regen naß sind. Kommt dann ein heftiger Windstoß, bricht manches zusammen, was scheinbar für alle Zeit gefügt war.

Laubengänge, mit Rosen bepflanzt, sind oftmals ein kleiner Kummer, denn wenn solche Laubengänge aus großen Steinpfeilern gebaut sind, womöglich 4 m hoch, soll man erst einmal Rosen finden, die solche gewaltigen Mauerleistungen bewältigen. Glücklicherweise sind in unseren gewöhnlichen Gärten die Ansprüche nicht gar so gewaltig. 3 m soll aber solch Laubengang hoch sein, damit nicht die herabhängende Blütenpracht und besonders die bestachelten Zweige den Besuchern die Nasen zerkratzen. Man kann auch auf das Mauerwerk gut verzichten und das Ganze aus Holz erbauen. Mit einer niederen Trockenmauer verbirgt man die unschönen Betonfüße, an denen die Ständerbalken mit Eisenschienen befestigt werden. Leicht, bis auf die Träger, muß es luftig und den feinzweigigen Rosen in seinen Ausmaßen angepaßt sein. Ich habe seit 25 Jahren Lauben und Tempel im Garten, deren Standpfosten nicht stärker als 5x5 cm sind. Darüber sind Latten (1x3 cm) kreuzweise angeordnet. Alles in gehobelter Eiche, und, soweit mit Schutzanstrich versehen, noch immer in guter Verfassung. Dabei haben Rosenmassen darauf gelegen, die mit Tau, Regen und Windfang zentnerschwer gewesen sein müssen. Auf solchen Laubengängen und Tempeln wachsen bei richtig winterharten Rosen die Zweige so durch- und ineinander, daß es unpraktisch ist, sie jährlich auslichten und beschneiden zu wollen. Ich habe zuletzt nur noch die allzu üppigen Triebe in den Haufen hineingezogen oder entfernt, so daß das Ganze einen frischen, ungezwungenen, freiwachsenden Eindruck machte.

Kann man wählen beim Holz, soll man Lärche oder Douglastanne nehmen. Eiche ist das nächstbeste. Fichte hat etwa eine halb so lange Lebensdauer, ebenso gute Kiefer. Im Boden fault Kiefer am schnellsten.

Ich sprach eben von Mauern, also mögen die Gedanken dabei bleiben. Oft ist es praktisch, im Garten Höhenunterschiede durch Mauern oder Trockenmauern zu betonen, zu befestigen oder anzudeuten. Solch Mauerwerk kann fein mit kriechenden Kletterrosen belebt werden, oder mit niederen Strauchrosen, wie die liebliche Rosa sicula Tratt. oder Rosa serafinii Viv. Auch die Rosen mit mäßig überhängenden Trieben sind hier angebracht oder gar starkwachsende, große Büsche oder herabhängende und zur Blütezeit wasserfallähnliche Blütenmassen bildende, kriechende Rosenarten. Für solche Zwecke muß man beim Erstellen der Mauern vorsorgen. Pflanzlöcher müssen unbedingt nach unten in den gewachsenen Boden unterbrechungslos hinunterführen, etwa 20x20 cm für die kleinen Rosen, 40x40 cm für die großen. Man kann ja nach der Pflanzung das Pflanzloch mit Steinen bedecken, ganz oder doch teilweise. Das kann unter Umständen sogar vorteilhaft sein. Eines ist aber zu bedenken, man muß solche Anpflanzungen gut mit Boden oder einer dicken Schicht Steinen (Trockenmauern) auf der der Luft zugekehrten Seite umgeben, weil sonst Winterverluste eintreten durch Erfrieren der Wurzeln. Bei Mauerwerk natürlich daran denken, daß die meisten roten Rosen gegen rotes Mauerwerk nicht gut wirken, daß gegen die meist hellen Steine der Trockenmauern aber alle Rosenfarben ohne häßliche Farbenmißklänge gut zur Geltung kommen. Beim Rosenpflanzen in einer Trockenmauer soll man dafür sorgen, daß die Rose mit möglichst langen Wurzeln gesetzt, damit der Weg zum Bodenwasser abgekürzt wird. In den meisten Fällen wird es möglich sein, unmittelbar hinter der Mauer zu pflanzen. Dann soll man aber ebenfalls mit langen Wurzeln pflanzen, denn in der Erde, bis zur Höhe der Mauer, wird es bestimmt sehr trocken sein, besonders, wenn die Mauer der Sonneneinwirkung ausgesetzt ist. In trockenen Zeiten natürlich durchdringend wässern.

Womit ein neues Wort in den Gesichtskreis rückt – das Wässern. Ich schreibe mit Absicht nicht Begießen, denn das, was sich so die lieben, unschuldigen Mitmenschen schon unter Begießen vorstellen, ist ungeheuerlich. Wenn die Sonne recht heiß brennt, wird der Schlauch angedreht und man verpaßt seinen Lieblingen eine kalte Dusche. Kaum, daß der Boden an der Oberfläche feucht wird, aber die Blätter, die werden gründlich naßgemacht mit eisigem Wasser. Dabei ist der Begießer selbst wasserscheu, würde um des Lebens willen nicht in das kalte Leitungswasser springen. Aber seinen, von der Sonne durchwärmten Rosen, mutet er so was zu. Dafür sollte es am jüngsten Tag Fegefeuer noch und noch und Höllenfahrt geben. Man soll die Rosen nie im Sonnenschein bespritzen, das ist das sicherste Mittel zu Mehltau, Sternrußtau usw. Ich schreibe immer Wässern und darunter verstehe ich ein durchdringendes Anfeuchten des Erdbodens bis zu mindestens 25 cm Tiefe. Solches Bewässern ist selten nötig, auf den meisten Böden können die Rosen bis auf solche Tiefe gehen, daß sie auch in Dürrezeiten aus dem Boden genügend Wasser holen. Reicht es einmal nicht, soll man aber soviel Wasser geben, daß die Wurzeln auch wirklich Wasser bekommen. Am besten geht dies mit den neuen porösen Schläuchen, die kleine Löcher haben, aus denen das Wasser in dünnen Strahlen austritt. Man muß die Schläuche natürlich so legen, daß das Wasser direkt in den Boden geht, nicht erst die Blätter naß macht. Der Schlauch bleibt unter Druck stundenlang liegen und läßt soviel Wasser austreten, daß es ohne zu spülen gerade versickern kann. Stellt man beim Nachbuddeln fest, daß der Boden bis 30 cm Tiefe gut angefeuchtet ist, legt man den Schlauch um. Zu beachten ist bei diesem Wässern, daß das Wasser sehr wenig seitlich in den Boden geht, also die Wirkung der Bewässerung nur eine engbegrenzte Senkrechte ist. Die Bodenoberfläche wird nach jedem durchdringenden Wässern mit Zinkenhacken aufgerissen, um ein Verdunsten des Wassers zu verhindern. Dies ist natürlich bei Bodenabdeckung nicht nötig.

Die beste Methode für die Bewässerung unserer Rosenbeete ist aber ein System von Dränröhren in etwa 40 cm Tiefe oder, bei flacheren Böden, in 30 cm Tiefe verlegt. Röhren mit 5 cm lichter Weite werden in Reihen von 1 m auseinandergelegt, dann haben wir ein herrlich funktionierendes Wasserverteilungssystem in unseren Beeten. Die Rohrleitungen werden an den Enden der Beete entsprechend zusammengeleitet und auf die Zusammenleitungsstränge setzt man ein glasiertes Tonrohr mit der Muffe nach außen. Wird das Wässern nötig, hängt man den Schlauch in das Tonrohr und läßt laufen. Sobald das Rohrsystem voll Wasser ist, läßt man noch eine oder zwei Stunden so langsam nachlaufen, wie das Wasser aus den Rohrleitungen im Boden versickert. Für etwa fünf Jahre hält dieses System gut rein und arbeitet vorzüglich, dann werden schließlich die eingedrungenen Wurzeln zu zahlreich und es tritt Verstopfung ein. Hat man dann seine Röhren an die Seite eines etwa ein Meter breiten Beetes gelegt, kann man durch Ausbuddeln und Neulegen die Anlage erneuern, sonst kann es nötig sein, die Rosenpflanzung aufzunehmen und neu zu pflanzen. Wie aber schon gesagt, auf unseren meisten Böden ist jede Bewässerung unnötig, und wenn man schon Rosen an ungünstigen Orten haben will, muß man auch ein wenig Arbeit daranwenden. Die Rose ist eben doch eine Königin – und wer zu ihrem Hofgefolge gehören will, muß schon etwas dazu tun.

Bei Rosen an Wänden tritt häufig und zuweilen recht stark die Rote Spinne auf. Durch die trockene Wärme an solchen Stellen, die noch manchmal durch einen Dachüberstand besonders trocken gehalten werden, ist ja ein idealer Lebens- und Brutplatz für diese Allerweltsparasiten geschaffen. Hier hilft oftmals eine gründliche Abspritzung mit Wasser am Abend oder frühen Morgen, so daß die Blätter an der Unterseite gründlich abgewaschen werden. Dies muß mit Hochdruck geschehen, sonst dringt das Wasser in das feine Gewebe der Spinnen nicht ein. Einmal in der Woche und die Pest ist ohne Spritzmittel einzudämmen; zu beseitigen ist sie nur durch Einsatz der genannten Spezialpräparate.

Gründliches Wässern mag nötig werden, um eine Salznachdüngung schnell in den Boden und damit an die Wurzeln zu bringen, aber gerade solches Wässern soll wirklich durchgehend geschehen, damit die Pflanze schnell die Nährsalze erreichen kann. Bei Beeten, die mit einer Bodendecke versehen sind, braucht man natürlich nicht auflockern, denn die Bedeckung verhindert ja auch ein Zusammenschlämmen des Bodens.

Die Bodendecke, ein neues Stichwort, soll kurz sein, das heißt nicht aus unverrotteten, langstrohigen Teilen bestehen. Gut ist Dünger, der einen Sommer im Haufen gelegen hat und mit etwas Erde durchgelegt wurde, auch Buchenlaub ist sehr gut dazu, der dann im Herbst vor dem Anhäufeln geworfen wird. Im Frühjahr zerfällt alles zu einer mulmigen Schicht, die, mit den Zinken durchgelockert, soviel Humus enthält, daß eine immer lockerbleibende Oberflächenbedeckung bleibt. Hat man nichts anderes, kann es auch Torfstreu sein, das grobe Zeug, das man, in Ballen gepreßt, als Einstreu für Pferde kaufen kann. Dies ist schwer und grob genug, um auch trocken nicht vom Winde verweht zu werden, deshalb keinen Torfmull nehmen. Eine Decke aus Buchen- und Eichenlaub gemischt tut es auch, soll dann aber erst im Frühjahr eingebracht werden, weil sonst der Wind alles mitnimmt und beim Ausgleichen der Häufelfurchen zuviel Blätter mit dem Boden vermischt werden. Solche Laubdecke hat den Nachteil, daß der Wind gerne damit spielt, bis die Rosen durch eine entsprechende Laubmasse den alten Spieler abhalten können. Diese Bodendecken verhindern viel Unkrautwuchs, besonders wichtig aber sind sie in der Verhinderung der Austrocknung der Beete. Selbst in heißen und trockenen Zeiten bleibt der Boden unter den Decken kühl und verhältnismäßig feucht. Dabei wird durch die Verhinderung einer Krustenbildung an der Bodenoberfläche eine fortdauernde und gleichmäßige Durchlüftung des Bodens gesichert, was wiederum eine tätige Bakterienflora zur Folge hat. Dann ergibt sich aus eben dieser guten Durchlüftung und der langsamen Verwesung der Humusmassen der Bodendecke ein fortwährend fließender Strom von Kohlensäure, die für den Holzaufbau und die Reservestoffschaffung der Rosen dringend nötig ist. Ich habe seit Jahren mit solchen Decken die besten Erfahrungen gemacht und finde, daß Arbeit und Kosten in günstigem Verhältnis zum Gewinn an Rosenfreude und Herrlichkeit stehen.

Wir Rosenliebhaber hatten noch nie so günstige Bedingungen wie heute. Läuse, Käfer, Raupen, Rote Spinne, alles, was uns früher den Schlaf raubte, die Blüten unserer Lieblinge zerstörte, ist zum schnellen Sterben verurteilt, wenn wir einmal richtig spritzen oder stäuben. Dazu brauchen wir aber ein entsprechendes Gerät. Dieses gibt es zum Spritzen, Sprühen oder Stäuben in den verschiedenen Größen und Preislagen. Die kleinen, handlichen Drucksprühgeräte, die wir früher auch brauchten, um die Blüten in den Zimmern anzunebeln, sind praktisch und für wenige Pflanzen sehr brauchbar. Für größere Beete soll man aber eine kleine Druckspritze haben, die etwa 2 Liter Spritzbrühe faßt und staubfein, feinsttropfig versprüht. Diese Spritzen werden auf den jeweils vorgeschriebenen Druck gepumpt und haben auf einem Rohr einen Spritzkopf, der sehr gut versprüht. Mit den vielfältigen, neuen Insektiziden kann man die verschiedensten Störenfriede vernichten. Wer heute noch seine Rosen den Blattläusen, den Raupen oder was sonst noch an Ungeziefer sich an ihnen mästet, opfert, ist nicht wert, Rosen im Garten zu haben. Für Rosenfelder müssen natürlich große, fahrbare Spritzen eingesetzt werden. Sehr praktisch sind auch Sprühdosen, die unter Druck ein insektentötendes Mittel in feinsten Tröpfchen ausbringen. Sie sind wohl teurer, aber für kleine Anlagen durchaus zu empfehlen. Immer handlich, einfach in der Anwendung und in den meisten Blumenläden zu erwerben. In manchen Fällen kann auch mit bestimmten Stäubepräparaten ein gutes Ergebnis erzielt werden. Zur zweckgerechten Staubverteilung gehört kein besonderes Geschick, sondern lediglich Verständnis und Auge für die gleichmäßige Dosierung.

Bei nichtsystemischen Mitteln ist natürlich die Erfassung der Blattunterseiten sehr schwierig. Wer es aber ganz gut machen will, kaufe einen kleinen Handzerstäuber, der wird die notwendige praktische Feinverteilung dann schon leisten. Solche Zerstäuber sind auch billiger als Spritzen. Ein Nachteil des Stäubens ist der leichtgraue, angestaubt wirkende Überzug der Blätter. Er wird natürlich beim nächsten gründlichen Regen abgewaschen. Die Spritzmittel sind weniger auffallend, aber auch sie hinterlassen häufig Spuren auf den Blättern.

Kommt man mit diesen Hilfsmitteln den Frühling und den Sommer lang, ergibt sich im Spätherbst die Frage, die schon viel Ärger bereitet hat – der Winterschutz. Bei niedrigen Rosen genügt es, die Erde etwas anzuhäufeln, dort, wo die Zweige aus dem Boden kommen. Dann, nach Einsetzen des Frostes, eine leichte Decke aus Nadelholzzweigen geben. Die hat Mutter Natur wachsen lassen, und bei aller technischen Vervollkommnung unseres kümmerlichen Daseins, können wir weder etwas daran ändern, noch haben wir bislang etwas Besseres gefunden. Bei den Hochstämmen aber wurde viel Geschrei und viel Unglück durch die sogenannten Rosenhauben angerichtet. Sie sind vom Standpunkt des Ästheten wohl etwas Nettes, sauber, einfach in der Anwendung, aber ich rate niemandem dazu. Die Dinger sind zu luftdicht, die Rosenkronen werden darin bei Sonnenschein kräftig erwärmt, beginnen zu treiben, und die nächste Kältewelle holt sie heim ins Rosenhimmelreich. Der ästhetische Liebhaber ist im Frühjahr geknickt, so wie das Leben seiner schönen Rosenstämme. Muß man die Stämme aufrecht einwintern, dann soll man trockenes Stroh oder Holzwolle zum leichten Ausstopfen der Kronen und von außen Tannenreisig nehmen und dann die Krone zusammenbinden. Dann muß das Reisig den Sonnen- und Windschutz übernehmen. Wenn nicht gerade arktische Winter eintreten, sind viele Sorten in solcher Kronenpackung gut zu durchwintern, sonst ist immer sicherer, auf dem Boden, siehe Kapitel Herbstarbeit, einzuwintern. Kletterrosenpyramiden kann man nun ja nicht so ausstopfen, auch ist es oftmals eine Mordsarbeit, das herbstliche Abmontieren der Zweige und die gleiche Auftütelei im Frühling. Da gibt es ein praktisches Mittel. Man nehme Rohrmatten, wickele sie um die Pyramiden und binde sie sturmsicher fest. Die gebräuchlichen Rohrmatten sind sehr gut für den Zweck. Will man ein übriges tun, kann man sie in der Fabrik nach Maß bestellen.

Man hat dann nicht soviel doppelten Schutz am oberen Ende der Pyramide. In Uetersen haben wir extra Matten aus Schilfrohr dafür angefertigt, die bei 3 m hohen Pyramiden oben 1 1/2 m lang waren und unten 5 m. Durch entsprechendes Legen des Schilfes kann man sehr praktische Decken in einem Stück erreichen. Man muß sie aber sorgfältig behandeln, da sie sonst in der Mitte beim Tragen usw. leicht brechen. Den Boden unter der Pyramide und den Rand der Decke nach außen, hatten wir mit trockenem Heidekraut bedeckt. Selbst in harten Wintern sind die Kletterrosen ohne vorheriges Abblättern gut durchgekommen. Mit solchen Decken kann man natürlich Pfeiler und Lauben auch eindecken. Alles fertighaben, den Boden abdecken, und wenn der Frost richtig einsetzt, schnell die Decken umlegen, und alles ist erledigt. Auch aufgetrennte Jutesäcke sind brauchbar, sie sind sauber, luftig, einfach in der Befestigung und wenn sie im Sommer gut trocken aufbewahrt werden, einige Jahre brauchbar. Gegenüber den Papier- oder Plastiktüten haben sie den Vorteil, daß die eingebundenen Pflanzenteile nicht in einem luftdichten, sich stark bei Sonnenschein erwärmenden Raum stehen, sondern luftig und kühl bleiben. Strohdecken sind nicht so gut, weil sie sich stark voll Wasser saugen und dann die Rosen in einem nässegeschwängerten Luftraum stehen, der bei Sonnenschein wie ein Treibhaus wirken kann. Wichtig ist das verdeckte Auslegen von Tonröhren oder Hohlziegeln mit Giftweizen, die Heidekraut- oder Düngerbedeckung in den eingerollten Kletterrosenpyramiden ist ein idealer Überwinterungsort für Mäuse.
Das Heidekraut ist auch so ein Hilfsmittel, man kann es viele Jahre benutzen, wenn man sich die Mühe macht, es im Sommer kühl und trocken zu lagern. Einen Ersatz dafür habe ich noch nicht gefunden. Holzwolle saugt sich voll Wasser und ist auch sehr unsauber. Am günstigsten ist noch Buchenlaub. Der frische Rinderdünger kann auch unter die Pflanzen im Herbst ausgebracht werden. Er ist dann gleichzeitig Bodendecke, füllt die Häufelfurchen gegen Tiefenwirkung des Frostes und ist im Frühjahr zerfroren und mürbe, zum Einbringen in den Boden gerade richtig.
Es ist vorstehend oft von Fichtenzweigen als Frost-, Wind- und Sonnenschutz geschrieben. Fichtenzweige kann man heutzutage in Großstädten in Bunden und nach Gewicht kaufen. Aber es gibt eine Naturquelle für die Versorgung unserer Rosenliebhaber: die Weihnachtsbäume. Meistens schon am dritten Tag nach Weihnachtsabend liegen sie auf der Straße, werden dort vom Wind oder eifrigen Fußballspielern herumge-

wirbelt. Diese kostenlose Quelle sollten unsere Rosenliebhaber ausschöpfen, ohne Kosten und gerade zur richtigen Zeit, wenn Frost und bittere Winde anfangen. Ich habe solche Bäume besonders an die Stellen gelegt und festgesteckt, an denen der Wind um die Hausecken heult – und üblen Schaden an den Rosen verursacht. Kleine Bäumchen, lose in die Rosen gelegt, brechen Wind und Sonnenschein. Abgeschnittene Zweige kann man aufrecht in die Erde stecken, sie sind dann Schutz genug. An der Wand muß man natürlich die Zweige festbinden.

Abb. 87:
‚Gloria Dei‘. Meilland, 1945.
Farbe: Gelb-rosig. Sehr großblumig. Blume wie eine Paeonie. Pflanze kräftig- und breitwachsend. Sehr üppig. Bekannteste *Teehybride* (Edelrose).

Abb. 88: *‚Sutter's Gold‘*. Swim Armstrong, 1950.
Farbe: Goldgelb. Starkduftend. Edle Form. Früh- und reichblühend. Robust. *Teehybride* (Edelrose).

Abb. 89: ‚*Orange Triumph*'. W. Kordes' Söhne, 1937.
Farbe: Orange-scharlachrot. Kleinblumig, sehr reichblühend. Breit- und dichtbuschig. Robust und winterfest. *Polyantha-Hybride*.

Abb. 90: ‚*Messestadt Hannover*'. W. Kordes' Söhne, 1962.
Farbe: Ziegelrot. Reichblühend, in großen Dolden. Farbe nicht ausbleichend. Pflanze robust. *Polyantha-Hybride*.

Abb. 91: *‚Montana‘*. M. Tantau, 1974.
Farbe: Blutorange. Reichblühend. Farbbeständig. Pflanze robust, kräftigwachsend.
Dichte Belaubung. *Floribundarose.*

Abb. 92: ‚*Maiwunder*'. W. Kordes' Söhne, 1966.
Farbe: Tief-goldgelb, nicht verbleichend. Leichter Duft. Großer Strauch. Im Herbst nachblühend. *Spinosissima-Hybride.*

Abb. 93: ‚*Souvenir de la Malmaison*'. Béluze, 1843.
Farbe: Rosigweiß. Duftend. Sehr hart, reichblühend. *Bourbonrose.*

Wie verwende ich die Rosen im Garten?

Die Rose ist durch ihre Vielförmigkeit, ihre verschiedenzeitige Blüte, ihre vielen unterschiedlichen Farben, die noch dazu in der gleichen Blüte vom ersten Erblühen bis zum Abfallen der Blütenkronblätter so stark veränderlich sind, durch ihre in Farbe und Ausformung verschiedenen Blätter eine für viele Zwecke geeignete Zierpflanze im Garten. Aber dies ist noch nicht alles. Im Herbst, wenn andere Gartenpflanzen ihre Sommer- oder Herbstpracht vergeben haben, leuchten viele Rosen noch einmal auf in glühenden Farben mit den orangenen und roten Hagebutten. Wer kennt nicht das Lied vom „Männlein im Walde auf einem Bein"? Und diese Pracht können wir, um viele, viele Formen und Farben bereichert, in unsere Gärten bringen. Wer den Genüssen der Seele noch die Genüsse des Gaumens zufügen will, kann diese Herrlichkeit in der Küche nach seinem Geschmack zubereiten lassen.

In den folgenden Listen der Sorten, die ich glaube, als die besten der Zeit empfehlen zu können, habe ich für die nachfolgenden Verwendungsmöglichkeiten geeignete Formen zusammengestellt. In der ersten Auflage dieses Buches waren es besonders diese Listen, die großen Anklang und sehr viel Zustimmung meiner lieben Leser und Leserinnen gefunden haben. Um nun dem Sinn dieses Kapitels gerecht zu werden, muß ich ein wenig von den Rosen erzählen, die sonst wenig oder gar nicht in Büchern, wie dieses, erwähnt werden. Ich will keine Abhandlung bringen über die botanische Einteilung der Rosen, sondern ganz kurz eine gemeinverständliche Aufteilung derselben nach ihrem Pflanzenaufbau.

1. Gruppe. Sträucher bis 5 m hoch, aufrechtwachsend. Meist mit überhängenden Zweigen, einmalblühend. Vielfach im Herbst mit Hagebutten bedeckt. Alle Farben von tiefgelb über weiß und rosa bis dunkelrot. Einige dieser Rosen machen Wurzelausläufer.

Verwendung: Einzelstrauch, Gruppen, Hecken. Vorpflanzung vor Bäume oder großen Sträuchern. Schutzpflanzungen für Vögel, gegen Sandverwehungen. Auch besonders zur Hagebuttengewinnung.

2. Gruppe. Kriechende, am Boden liegende Formen. Einmalblühend, weiß.

Verwendung: Zur Bekleidung von Hängen, Trockenmauern, auch als Kletterrosen.

3. Gruppe. Niedrige Sträucher, teils mäßigkletternd, also bogige Langtriebe bringend. Farben: Rosa, hellgelb und rot. Aus diesen Wildrosenformen sind unsere öfterblühenden Strauchrosen gezüchtet. Verwendung als Einzelpflanze, zu Gruppen und besonders auch Hecken. Alle öfterblühend.

4. Gruppe. Einmalblühende, gefüllte, zu R. gallica L., R. centifolia L., R. alba L. oder R. damascena Mill. gehörend. Aufrechtwachsend, 0,80 bis 2 m hoch. Sehr hart und anspruchslos. Teilweise starkduftend. Farben: Rosa, weiß bis violett.

Aus den vorstehenden morphologischen Gruppen sind unsere Gartenrosen entstanden. Den Anfang hat die Natur selber gemacht. Mit den ersten, gefülltblühenden Formen der Rosa gallica L. und ihrer Hybriden, R. centifolia L., R. alba L. und R. Damascena Mill., hat sie die blumenliebenden Menschen der Antike veranlaßt, Rosen in die Gärten und Lieder aufzunehmen. Einen ähnlichen Weg ging die subtropische Teerose in den Südprovinzen von China und Nordburma. Hier wurden mäßigwachsende, halbgefülltblühende Formen der Rosa odorata sweet, die eine sehr starkwachsende Kletterrose der Südhänge des Himalaja ist, in die Gärten geholt. Desgleichen aus Höhenlagen die niedrigbleibenden rosa und dunkelrotblühenden Formen der Rosa chinensis Jacqu., der Bengalrose. Französische Gärtner waren die ersten, die die Synthese dieser beiden Rosengruppen schufen. Später haben Engländer, Deutsche, Amerikaner und Australier ihr Teil beigetragen, um die Rose den Anforderungen der verschiedenen klimatischen Verhältnisse auf der Erde anzupassen. Pflanzensucher haben, besonders aus Zentralasien, eine große Zahl von Wildrosen geholt. Aus all diesen Bemühungen entstand das Heer der heute in Kultur befindlichen Rosen. Aus all diesen Arbeiten entstand aber auch die Vielfalt der Rosen, die für alle möglichen Verwendungszwecke für die Laubgehölze im Garten eingesetzt werden können. Durch all diese, jetzt, seit der ersten Züchtungsarbeit der französischen Züchter etwa 170 Jahre anhaltenden Rosenzüchterei, ist aber auch eine solch große Zahl von Sorten entstanden, daß es nur einem Rosenfachmann möglich ist, einigermaßen hindurchzufinden.

Als Einzelsträucher kann man, je nach den Raumverhältnissen, kleinere oder größere Formen pflanzen. In Gemeinschaft mit Flieder und Schneeball machen sich besonders die sehr frühblühenden Formen der Bibernellrosen sehr gut. Sie eröffnen den Blütenreigen und verdecken mit ihren runden, gutverzweigten Büschen die kahlen unteren Drittel der später blühenden und andersfarbigen, hohen Gehölze. In die großen Flieder- oder Zierkirschenbüsche einige multiflora-Kletterrosen gesetzt, die sich in den Jahren in die Zweige der größeren Gehölze hängen und zu einer Zeit, wenn diese nur im Laubschmuck stehen, einen prächtigen Flor rot-, rosa- oder gelbgefärbter Blüten bringen. In eine Blutpflaume und weiter in eine hohe Lärche hatte sich hier eine gewöhnliche Rosa multiflora Thunb. gehängt. In wenigen Jahren war sie 7 m hoch geworden und hatte einen 10 cm dicken Stamm. Zur Blütezeit waren Pflaume und Lärche ein Meer von weiß, um im Herbst nochmals mit tausenden kleiner, roter Korallenhagebutten geziert zu sein. In Nadelhölzer Kletterrosen gezogen, bringen eine leuchtende Unterbrechung des ewigen Grün der Scheinzypressen, Lebensbäume, Fichten und Tannen. Zwischen hoch werdenden Wildrosensträuchern die blauen Rittersporne in Gruppen gesetzt, geben eine plötzliche Verwandlung im Garten, wenn dann der Blütenrausch der blauen Kerzen vergangen ist und die Rosenbüsche mit ihren roten Hagebutten wieder zum Blickfang im Garten werden. Welche Fortsetzung eines Blütentraumes, wenn Irisgruppen in der Blütenfolge abgelöst werden durch die öfterblühende Polyanthahybriden mit großen Blüten, die als Einzelstrauch gesetzt und nicht zu Tode gesäbelt, meterhohe, mit Blüten bedeckte Büsche sein können. Als Ablösung der Rosenfreude des Sommers leuchtende Flammenblumen in großen Blütenständen, denen wiederum die späten Rosen folgen. Eine hübsche Überraschung, wenn die lustigen, bizarren Akelei von ganz anders gefärbten Rosen abgelöst werden.

Man kann noch in Staudenrabatten solche Einzelrosen einsetzen, die sich zu feinen, kleinen Büschen entwickeln und den Platz mit Farbe und Freude füllen, während die Stauden erst wachsen oder schon vergehen.

In Gruppen und zu regelmäßiger Beetbepflanzung werden die niedrigen, öfterblühenden Gartenrosen genommen. Allein oder in Unterpflanzung mit Tulpen, die dem Platz im Garten Farbe und Leben geben, während die Rosen sich erst entwickeln. Ich hatte Himmelsschlüssel in allen Farben bunt durcheinander als Umrandung der Rosenbeete. Die Buntheit war stellenweise so toll, daß es nach einem Sturm im Wasserglase aussah. Aber ich hatte prunkendes Leben zu einer Zeit, da die Rosen noch nicht da waren, bis ein böser Spätfrost der Herrlichkeit das Leben nahm. Jetzt blüht himmelblauer Enzian, Hybriden in dicken Sträußen. Der Übergang vom dunklen Blau zu den Rosenfarben bringt wieder Leben, und Leben brauchen wir im Garten, Leben und Freude, damit wir die Atomgewalten vergessen. Man kann auch gleiche Farben aufeinander folgen lassen. Die frühen Goldglöckchen, Forsythien, mit gelben Kletterrosen zusammengesetzt, geben einen leuchtendgelben Fleck im Garten, der im April beginnt und im Juni einen zweiten Höhepunkt erlebt. Ich habe es hier wiederholt erlebt, daß Kletterrosen, in andere Sträucher gesetzt, ohne Winterschutz sehr schön durchhielten, während die gleichen Sorten, alleinstehend, bis zum Boden herunterfroren.

Die Kletterrosen sind überhaupt ein besonderes Kapitel. Einmal kann man früh- oder spätblühende zusammensetzen. Wenn man noch eine Rosenlaube oder einen Rosenbogen aufstellen kann, zeigen solche Zusammensetzungen in gleichzeitiger Wirkung zu anderen Blütenpflanzen eine prächtige Abwechslung. Und wenn wir nun erst genügend von den öfterblühenden, winterharten Sorten pflanzen, wird im Herbst nochmals die Farbenpracht der zweiten Blüte uns wieder in den Garten ziehen. Laßt die Kritiker nur sagen, es wäre zu unruhig, zu aufreizend, dieser andauernde Wechsel der Stauden, Sträucher und Rosen: Wir wollen keine Langeweile im Garten, wir wollen, solange die Sonne es zuläßt, einen Freudenbecher nach dem andern. Mauern, die zuweilen Höhenunterschiede ausgleichen müssen, an der Oberkante mit kriechenden Sorten Kletterrosen bepflanzt, geben eine Farbenfreude, die wir mit anderen Pflanzen überhaupt nicht erreichen können. Sie müssen ja nicht immer am Spalier gezogen und gebunden sein, die Rosen, sie können auch einmal als freie Kaskade aus dem blauen Himmel auf uns herniederstürzen.

Nur keine Bange vor den Folgen des Zusammenstellens, nur wenige Farben beißen sich und nur Dahlien soll man nicht mit Rosen zusammenstellen. Man muß nicht den Frühling mit dem Herbst vermählen wollen.

Abb. 94:
‚Rosenfee‘. Boerner-Jackson & Perkins, 1967.
Großblumig, edelrosengleich, reichblühend. Pflanze kräftig- und aufrechtwachsend und starke Büsche bildend. *Floribundarose.*

Abb. 95:
‚Anabell‘. W. Kordes' Söhne, 1972.
Gutduftend. Reicher Blütenflor. Dichte, kräftige Büsche bildend. *Floribundarose.*

Abb. 96:
‚City of Belfast‘. Sam. McGredy, 1968.
Farbbeständig. Reichblühend. Pflanze buschig, breitwachsend, üppig. *Floribundarose.*

Abb. 97:
‚Insel Mainau‘.
W. Kordes' Söhne,
1959.
Starkgefüllte Blüten.
Reichblühend.
Pflanze kompakt,
niedrig. *Floribunda-rose.*

Abb. 98:
‚Heinz Erhardt‘.
W. Kordes' Söhne,
1962.
Sehr dunkel in
der Farbe. Reichblühend. Pflanze frohwüchsig. *Floribundarose.*

Dann die Hecken. Es gibt viele Pflanzen, die zu Hecken gepflanzt werden können, und so selten sieht man Rosen darunter. Dabei haben wir unter den Wildrosen wie auch unter den öfterblühenden Strauchrosen Arten und Sorten, die für die verschiedensten Heckengrößen geeignet sind. Das gewaltigste, was ich je sah in dieser Art der Rosenpflanzung, war eine 100 m lange Hecke auf einem Wall, mit der Sorte Paul's Scarlet Climber gepflanzt. Das war zu ihrer Zeit eine Orgie in scharlach. Das Gegenstück, eine 20 cm hohe Hecke aus Rosa Rouletii, der Zwergbengalrose, von Mai bis November mit Blüten besät. Die höchste Rose in meinem Garten ist eine Rosa macrophylla Crasseaculeata, über 5 m mißt sie. Der dickste Strauch ist eine Rosa roxburghii Tratt. mit fast 4 m Höhe und Breite. Aus solchen und ähnlichen Rosen einen Hekkengürtel als Abschluß des Gartens gepflanzt, und die Vögel werden katzensicher untergebracht sein. Wer aber möchte nicht Vogelgesang und Rosenlust, es muß ja nicht immer gleich Bül-Bül, die persische Nachtigall sein, unsere gefiederten Sänger können auch was. So können auch unsere Rosen mit denen ferner Länder in Farbenpracht und Duft wetteifern, ohne Gefahr, zu unterliegen. Die duftendste Rose der Welt, wohl von allen dunkelglühendsten die am häufigsten gepflanzte, ist meine Crimson Glory. Seit 30 Jahren allen andern weit überlegen in der Beurteilung der duftheischenden Rosenfreunde, die nun seit einigen Jahren in ihrem Enkelkinde Duftwolke und anderen eine erfreuliche Nachkommenschaft erhielt. Wir brauchen nicht Gewalt zu tun: Gab es je eine edlere weiße als Kaiserin Auguste Viktoria oder prächtigere Gartenrosen als die deutschen Polyanthahybriden und Floribundarosen?

Doch die Rose ist allen frohen Menschen eigen, nicht an Grenzen und Staatsverträge gebunden – die einzige Königin, die alle Rosenfreunde der Erde unter ihr Gesetz gezwungen hat.

Abb. 99:
‚Holstein‘. W. Kordes' Söhne, 1938.
Farbe: Dunkelrot. Breitwachsende, robuste Sorte. Wetterunempfindlich. *Polyantha-Hybride.*

Abb. 100:
‚Minna Kordes‘. W. Kordes' Söhne, 1938.
Farbe: Tiefsamtigdunkelrot. Üppig- und reichblühend. *Floribundarose.*

Abb. 101: *,Mrs. John Laing'*. Bennett, 1887.
Farbe: Silberrosa. Große, gefüllte Blüten. Duftend. *Remontantrose.*

Abb. 102: *,Golden Showers'*. Germain's Seed Co., 1958.
Farbe: Gelb. Reichblühend. Üppige Pflanze. Als Hecken- und Gruppenrose.
Bis 1,50 m hoch.
Öfterblühende Kletterrose.

Rosenmüdigkeit

Auf älteren Rosenbeeten, die seit Jahren mit Rosen bepflanzt waren, tritt langsam eine Erscheinung ein, die bisher noch nicht restlos geklärt werden konnte. Es gehen nach und nach einzelne Pflanzen ein. Versucht man, diese durch Nachpflanzen zu ersetzen, so gibt es bald nur noch Mißerfolg bei diesem Versuch. Die Ursache wird dann zunächst darin gesucht, daß der Boden wohl zu nährstoffarm geworden sei, so daß eben Rosen als Nachpflanzung nicht mehr gedeihen können. Diese Erklärung führt dann gewöhnlich erst einmal dazu, an den Lückenstellen den alten Boden zu entfernen und neuen einzubringen, der noch keine Rosen getragen hat. Trotzdem bleibt der Erfolg schlecht oder ganz aus. Man versucht schließlich, durch Neuanlage der Bepflanzung den unerfreulichen Zustand zu beseitigen. Die noch vorhandenen Rosen werden aufgenommen, der Boden tief umgearbeitet, mit Dünger, Kalk, Thomasmehl als Vorratsdüngung reichlich versehen. Trotzdem kann es angehen, daß die Rosenneupflanzung nicht die Leistung der vorigen erreicht und nach wenigen Jahren ebenfalls versagt.

Wie schon oben angedeutet, sind die Ursachen noch nicht restlos bekannt. Eine Theorie vermutet, daß durch die Ausscheidungen der Wurzelhaare und ihrer Rückstände im Boden eine Giftwirkung entsteht, die für die nächsten Wurzeln in dieser Region tödlich wirkt. Nach einer anderen Theorie vermutet man, daß die Spurenelemente erschöpft worden sind, was aber selten durch entsprechende Düngung bewiesen werden kann. Vor einigen Jahren hat die Forschung nach diesen Dingen uns die Erkenntnis beschert, daß freilebende Nematoden und Wurzelgallennematoden die Hauptübeltäter sind. Dadurch, daß sie die Wurzelhaare abfressen, etwa wie eine Kuh das Gras der Wiese frißt, oder dadurch, daß sie sich in das Wurzelrindengewebe einbohren und nun von den von der Pflanze bereits aufgebauten Nährstoffen leben, werden die Pflanzen sehr geschwächt. Evtl. so sehr, daß sie dem ersten, folgenden Winter zum Opfer fallen. Heute hat man etliche Mittel dagegen; das Kapitel: Die Bekämpfung von Krankheiten und Schädlingen enthält ausführliche Angaben.

Das auffälligste Erkennungszeichen für Nematoden an Rosenpflanzen ist das mitten im Sommer Tiefgelbwerden einzelner Sprosse. Die Blätter zeigen eine ganz einfarbige, leuchtendgelbe Farbe, hängen oft etwas schlapp an den Zweigen, aber es dauert eine Reihe von Tagen bis die Blätter und auch die Zweige sich bräunlich verfärben und absterben. Kann man dann die Pflanze durch leichtes Hochziehen ohne Wurzeln aus dem Boden heben, sind Engerlinge, Werren oder gar Mäuse die Übeltäter. Sitzt die Pflanze aber fest im Boden, sind es die Nematoden, die den Kummer verursachen.

Ist es nur eine Pflanze auf einem Beet, kann es genügen, wenn sie sorgfältig ausgegraben wird, wobei die Erde, in der ihre Wurzeln waren, nicht über die Umgebung verstreut werden darf. In diesem Erdreich sind dann meistens viele von den Biestern vorhanden und an jedem Ort, wo diese Erde hinkommt, beginnen sie sich zu vermehren und bilden dann für Rosen und viele andere Pflanzen einen neuen Befallsherd. Die Erde sorgfältig ausgraben und in Eimer oder Plastiktüten irgendwohin bringen, wo sie nicht als Nematodenverbreiter wirksam werden kann. Es muß der Befallsort bis zu 50 cm ausgehoben werden. Mit den im Krankheiten- und Schädlingskapitel genannten Mitteln kann man die Befallstelle entseuchen. Es muß natürlich Rücksicht genommen werden auf die in der unmittelbaren Nachbarschaft stehenden Rosen oder andere Pflanzen. Ist der Befall auf eine größere Zahl Rosenpflanzen ausgedehnt, muß unter Umständen das ganze Beet geräumt werden. Dann kann man es mit Erfolg so machen: Warten bis Oktober. Aufnehmen aller Rosenpflanzen, sorgfältig, ohne den Boden zu verstreuen. Die Rosen werden scharf zurückgeschnitten, Busch auf 20 cm, Wurzeln auf 15 cm. Die Wurzeln werden gründlich gewaschen mit einer Bürste, um anhaftende Erde mit Nematoden zu entfernen. Dann einschlagen bis zum Frühjahr. Das Beet nach Vorschrift behandeln, wie es im angegebenen Kapitel beschrieben wird. Dann kann man im Frühjahr auf dem entseuchten Beet die alten Rosen wieder pflanzen. Die Erde muß vorher gründlich umgearbeitet werden, wie im Kapitel über Pflanzung angegeben.

Die Entseuchungsmittel zersetzen sich im Boden unter Gasentwicklung. Dauer und Intensität dieses Vorgangs sind natürlich von Art und Zustand des Bodens sowie der Temperatur abhängig. Das Pflanzen darf deshalb erst beginnen, wenn jegliche Gasentwicklung aufgehört hat. In den meisten Fällen ist eine 4-Monatsspanne von Oktober bis Februar oder März notwendig.

Nun kann aber das Nachlassen im Gedeihen der Rosen noch einen anderen Grund haben. Viele unserer Böden haben das natürliche Bestreben, sich nach der Auflockerung durch den Spaten oder Pflug wieder zu setzen. Besonders bei Humus- und Kalkmangel ist diese Neigung sehr ausgeprägt. Kommt noch hinzu, daß schwere Regen oder Schneeschmelzen Wassermengen in den Boden bringen, die längere Zeit stehenbleiben, gibt es unweigerlich eine Bodenverdichtung, die verhängnisvoll werden kann. Die für das Gedeihen unserer Rosen wichtigen Bakterien sind auf genügende Zufuhr von Luftsauerstoff angewiesen. Bleibt dieser durch die Verdichtung des Bodens aus, gibt es ein großes Sterben unter diesen Hilfsvölkern aller höheren Pflanzen und deren Gedeihen läßt nach. Eine gute Erhaltung des für Rosen nötigen Kalkzustandes, eine Erhaltung der pH-Konzentration auf 5–6 ist wesentliches Hilfsmittel zur Verhinderung solcher Bodenverdichtungen. Vorbeugend, also bei der Anlage der Beete, kann man durch Humuszufuhr in Form von Kompost oder Torfmull sehr viel machen. In dieser Richtung wirkt auch die Untergrundkalkung und das Einstreuen von Thomasmehl in 25 cm Bodentiefe. Man muß sich selbstverständlich weitgehend nach seinem Boden und nach der geplanten Dauer der Bepflanzung richten. Eine Bepflanzung, die nur ein oder zwei Jahre aushalten soll, benötigt nicht die gründliche Bodenbearbeitung wie sie für eine Dauerbepflanzung erforderlich ist.

Die äußeren Anzeichen, die an den Rosen sichtbar werden, sind bei beiden Ursachen die gleichen. Nachlassen einzelner Pflanzen, Absterben derselben und Mißerfolge beim Nachpflanzen. Nur kann man natürlich beim Nachpflanzen durch Tiefaufgraben in den Lücken feststellen, ob nur die eingetretene Bodenverdichtung Ursache der Minderleistung der Rosen ist.
Man kann natürlich auch mittels Wasserdampf eine weitgehende Entseuchung erreichen. Es gibt Dämpfapparate, die arbeiten mit einigen Atü Druck und pressen eine Zeitlang Wasserdampf mittels Schläuche und Einspritzlanzen in den Boden. Die Erhitzung des Bodens auf 80 ° bis 90 ° Celsius bringt eine radikale Abtötung der Bodenbakterien, Pilze, Nematoden und aller Entwicklungsstadien der Insekten, so daß der Boden dann wieder rein ist. Nach dem Dämpfen kann man schon in wenigen Tagen pflanzen. Dieses Verfahren hat auch den Vorteil, daß man

von der Bodenwärme unabhängig ist. Natürlich darf man nicht wassergesättigten Boden dämpfen wollen; der Boden soll möglichst trocken sein.

Das oben beschriebene Gelbverfärben der Blätter darf man nun nicht mit der sogenannten Chlorosis verwechseln. Bei dieser „Krankheit“ handelt es sich um etwas ganz anderes. Ich habe schon vorher angeführt, daß die Rosen optimal bei einer pH-Zahl von 6,0 gedeihen. Kommt der Wert über 7,5 pH, so ergibt sich eine mehr oder weniger starke Hellerfärbung der Belaubung, ohne daß die Triebe absterben. Die Blätter sind etwas kleiner und zeigen eine krankhafte, gelbgrüne Farbe; es wird nie das leuchtende Gelb der von Nematoden geschädigten Pflanzen. Hier hilft eine Gabe gemahlenen Schwefels, vielleicht 100 Gramm je Quadratmeter oder 50 Gramm pulverisiertes Eisenvitriol. Dazu eine Mischung aus schwefelsaurem Ammoniak und schwefelsaurem Kali, etwa halb und halb, und nach durchdringendem Regen oder Wässern wird die Farbe der Blätter schnell tiefgrün. Auch die älteren Blätter werden wieder tiefgrün. Die Ursache ist zuviel Kalk im Boden. Die sich bildende oder aus den sauren Düngesalzen freiwerdende Schwefelsäure bindet den Kalk zu Gips und damit ist der Rosenpflanze geholfen. Bei Chlorosis darf man gerne die salzsauren Kalidüngesalze, also Kainit oder 40prozentiges Kalisalz anwenden. Die Chlormengen in diesen Salzen binden den Kalk zu Chlorkalzium und dieser ist wasserlöslich, geht also mit den Regen- oder Schneewassern in die tiefen Bodenschichten. Chlorhaltige Kalidüngesalze aber nur im Spätherbst streuen, im Sommer ist Chlor und Salzsäure in jeder Form Gift für die Rosen.

Zuweilen ist es dringend zu empfehlen, bei Neupflanzung darauf zu achten, daß auf eine Anpflanzung, die auf Rosa canina L. veredelt war, eine folgt, deren Rosen auf Rosa multiflora Thunb. veredelt sind.

Hagebutten als Vitamin-C-Lieferanten

Von den Früchten der Wildpflanzen haben die Hagebutten unserer Hundsrosen zum Teil sehr viel Ascorbinsäure. Diese Ascorbinsäure ist das Naturprodukt, welches der tierische Körper direkt oder indirekt zum gesunden Ablauf seines Stoffwechsels benötigt. Die Ascorbinsäure ist in den noch festen, aber volle Reifefärbung zeigenden Hagebutten vorhanden. Sie ist leider nicht unbegrenzt haltbar. Mit dem Weichwerden der Hagebutten, also dem überreifen Zustand, verändert sich die Ascorbinsäure und wird durch Sauerstoffaufnahme in für unseren Stoffwechsel wirkungslose Verbindungen umgewandelt. Also die Ernte muß erfolgen bei Vollausfärbung, aber vor dem Weichwerden des Hagebuttenfleisches.

Nun sind bei weitem nicht alle Wildrosen in der Bildung von Ascorbinsäure gleich leistungsfähig. Während des Krieges sind ziemlich viele Untersuchungen von vielen wilden Hundsrosensträuchern gemacht worden. Die Hagebutten wurden eingeschickt und durch verschiedene Untersuchungsmethoden auf ihren Gehalt an Ascorbinsäure untersucht. Die Pflanzen wurden numeriert, ebenso die Hagebuttenproben, so daß es später möglich war, die wertvollen Formen wiederzufinden. Leider ist alles Geleistete wieder umsonst gewesen, da es nicht möglich war, die Arbeit von Sangerhausen aus weiterzuführen.

Bei einem Versuch, den ich hier durchgeführt habe, zeigte sich weiter, daß Zufuhr von Nährstoffen in Form von Handelsdüngersalzen sehr großen Einfluß auf die Bildung der Ascorbinsäure hatte. Leider habe ich die Untersuchungsergebnisse nicht zahlenmäßig erhalten, ich kann also nur sagen, daß die Ergebnisse sehr stark durch die Düngergaben beeinflußt wurden. Von den untersuchten vielen Wildrosen hatten alle Arten der Sektion Synstilae, das sind unsere Kletterrosen, sehr niedrige Werte. Rosa gallica L. war viel besser. Die vielen Hundsrosen, Rosa canina L., waren unterschiedlich. Ursachen konnten aber nicht festgestellt werden, insbesondere, ob durch Düngung bei schlechten Leistungspflanzen eine Steigerung zu erzielen war. Die weitaus höchsten Mengen an Ascorbinsäure wurden in den Arten der Sektion Cinnamomeae festgestellt. Hierzu gehören ja die gewöhnliche Zimtrose, R. cinnamomea L., dann besonders die Alpenrose, Rosa pendulina L., die einen schönen Zierstrauch gibt, allerdings, wie fast alle Zimtrosenarten, ungeheuerlich Ausläufer treibt. Dann die nordischen Formen der Zimtrose, Rosa acicularis L., und ganz besonders die aus dem Ural stammende Rosa haematodes Boiss. Diese Rose, die im Ural die Stelle unserer Rosa pendulina L. einnimmt, ist der hochwertigste Erzeuger von Vitamin C unter den Rosen. Die Hagebutten sind schon im September reif. Man muß aber aufpassen, sie werden schnell weich. Eine wichtige Sache ist nun die Erhaltung der Ascorbinsäure. Durch Lagerung der Hagebutten geht bald ein Großteil durch Sauerstoffaufnahme verloren. Bei der Verarbeitung zu Kompott, Marmelade usw. ist aber auch Vorsicht geboten. Die Ascorbinsäure wird durch Kochen zerstört. Würde man also das Hagebuttenfleisch längere Zeit kochen, um es dadurch zu zerkleinern, dann wäre die Marmelade nachher ebenso Vitamin-C-arm, wie irgendeine andere langgekochte Marmelade. Man muß also versuchen, durch mechanische Zerkleinerung der Hagebutten nach der Entkernung die Kochzeit weitmöglichst abzukürzen, dann durch Zugabe von Pektinen etc. oder ähnlichen Präparaten eine schnelle Gelierung zu erreichen, nachdem durch das Kochen nur die Bakterien abgetötet wurden. Das Ergebnis sachgemäßer Bereitung von Hagebuttenmarmeladen oder Gelees, besonders von den hochwertigen Arten, ist immer ein wertvolles Nahrungsmittel für die späten Wintermonate, wenn frische Früchte und Gemüse fehlen. Am meisten gepflanzt werden heute Rosa rugosa Thunb. und Rosa villosa Smith. Beide bringen viele Hagebutten, haben aber bei weitem nicht die Menge Ascorbinsäure wie Rosa haematodes Boiss.

Abb. 103: ‚*Rosenmärchen*'. W. Kordes' Söhne, 1940.
Farbe: Lachsrosa mit gelb. Duftend. Aufrechtwachsend, doch gutverzweigt. Sehr reichblühend. Heißt in englisch-sprachigen Ländern Pinocchio. *Floribundarose.*

Abb. 104: ‚*Insel Mainau*'. s. Abb. 97.

Abb. 105: ‚*Edelweiss*'. D. T. Poulsen, 1969.
Farbe: Cremeweiss. Gutduftend. Reichblühend. Pflanze breit- und gedrungenwachsend.
Floribundarose.

Abb. 106: *‚Goldener Dorn‘.*
Besondere Auszeichnung aus dem Wettbewerb Belfast 1965–1966 für die Sorte *‚Marlena‘.*

Abb. 107: ‚*Gerbe Rose*'. Barbier & Co., 1904.
Farbe: Leichtrosa. Leichtduftend. 3 m hoch. *Kletterrose.*

Von der Bestellung und dem „Nachher“

Es gibt auch hier etliche wichtige Einzelheiten, die wohl oder übel mit dazugehören. Also beim Bestellen immer sagen „die Sorte“ oder „Ersatz“. Wenn nur auf die gewünschte Sorte Wert gelegt wird, ausdrücklich „Ersatz verbeten“ schreiben, weil sonst die Versandfirma ähnliche oder bessere Sorten gibt, wenn die gewünschte verkauft ist. Grundsätzlich im Sommer vorher bestellen. Die besseren Sorten sind in bester Güte auf Jahre hinaus noch nicht reichlich. Dann die Zahl angeben. Normale Pflanzung benötigt je Quadratmeter 9 Pflanzen. Dies gibt einen Pflanzenabstand von 30 cm in der Reihe und Reihenabstand von 30 cm, also danach kann man jede Bepflanzung leicht berechnen. Nur bei modernen, starkwachsenden Polyanthahybriden und Floribundasorten soll man weiter pflanzen. Bei solchen Sorten genügen 6–7 Pflanzen je Quadratmeter. Sonst stehen die Pflanzen zu eng und treiben sich gegenseitig in die Höhe, was dann oftmals zu Beschwerden Anlaß gibt. Siehe Sortenangaben Seite 260. Ausdrücklich die Qualität angeben, wenn nichts vermerkt ist, liefert die Firma die Qualität, die noch vorhanden ist. Es wird also auch handelsüblich in der Güteklasse Ersatz gegeben. Natürlich nicht vergessen anzugeben, daß man Hochstämme haben will, wenn es solche sein sollen. Normal, ohne Extrabezeichnung, werden Rosen geliefert, die auf den Wurzelhals von Rosa canina L. oder Rosa multiflora Thunb. veredelt sind, also niedrige. Bei Stämmen die gewünschte Stammlänge angeben. Diese wird gemessen von der Erde bis zum Kronenansatz. Trauerrosen sollen als solche auch bestellt werden, auch bei diesen Stämmen die gewünschte Stammlänge angeben. Wenn man die Sortenwahl dem Lieferanten überläßt, bei Trauerrosen ausdrücklich angeben, ob die Zweige herabhängen sollen oder eine buschige Krone bilden dürfen, sonst gibt es nachher Enttäuschungen.

Unsere heutigen Rosenkataloge enthalten Rosensorten mit einer mehr oder weniger phantasievollen Beschreibung. Es genügt oft schon, wenn der Liebhaber sich von der Farbe eine Vorstellung machen kann. Kataloge sind Anpreisungen und meistens von Leuten geschrieben, die in der Rose eine Verbesserung irgendeiner nichtgenannten älteren Rose sehen. Deshalb sind die Beschreibungen dem Laien nicht immer voll verständlich. Um aus diesen Schwierigkeiten herauszukommen, gibt es einen Weg: Man gibt der Firma an: „Die Farbe möchte ich haben. So hoch darf das Beet werden und so teuer dürfen die Pflanzen sein.“ Dann kann die Firma, wenn sie reell ist, aus ihrem Bestand die besten Sorten in der besten, verfügbaren Güte, entsprechend dem Geldbeutel des Bestellers, auswählen. Wer seine Sorten schon kennt, braucht dies nicht zu tun. Aber dem Liebhaber ohne weitere Kenntnisse ist dies ein Weg, um leicht und sicher zu all der Rosenherrlichkeit zu kommen, die der Geldbeutel bezahlen kann. Dabei kommen wir zu den Preisen. Heute sind in allen Katalogen, die nicht Einzelpreisauszeichnung bei jeder Sorte haben, die Rosen in Preisgruppen eingeteilt. Diese Gruppen sind auf einer Stelle im Katalog angegeben und später findet sich bei der Sorte nur die Preisgruppennummer.

Lieferzeit bei Sommer- oder Herbstbestellung, wenn nichts anderes ausdrücklich angegeben ist, ist immer Herbst oder sofort bei frostfreiem Wetter. Wird irgend ein besonderer Termin für die Lieferung gewünscht, muß derselbe angegeben werden. Frühjahrsaufträge soll man auch schon im Herbst vorher bestellen, dann werden die Pflanzen ausgesucht und für den Besteller im Überwinterungsprogramm der Lieferfirma frostgeschützt überwintert. Man gebe auch besondere Eigenheiten an, z. B. Höhenlage, also in diesem Fall frühe Herbstlieferung oder spätere Frühjahrslieferung, sonst kommen die Rosen bei Eis und Schnee. Dann die genaue Adresse des Empfängers, Post- und Bahnort. Wenn eine Sendung an einen Dritten geht, dessen genaue Anschrift angeben. Nicht schreiben: „Die zwei Trauerstämme an den Friedhofsgärtner.“ Das gibt eine Rückfrage und damit unnötige Arbeit und Verzögerung.

Bei unbekannten Bestellern wird von den meisten Versandfirmen der Rechnungsbetrag durch Nachnahme erhoben. Dies ist einfach und billig, es erledigt ein Geschäft sozusagen automatisch. Wenn dies nicht gewünscht wird, muß solches angegeben werden, sonst kann es zu Verzögerungen in der Auslieferung und damit zum Verderb der Pflanzen kommen, die ja, wie in jedem Katalog zu lesen steht, „auf Kosten und Gefahr“ des Bestellers reisen. Es ist für den Besteller wichtig zu wissen, daß jede Sendung, die vom Lieferanten auf den Weg gebracht wird, im

Augenblick der Auslieferung an Post, Eisenbahn oder anderes Transportunternehmen in den Gefahren des Transportes als Besitz des Bestellers gelten. Das besagt die Formulierung: „Reisen auf Kosten und Gefahr des Bestellers–Empfängers". Jeder Lieferung ist bei der Rechnung eine Benachrichtigung beigefügt, daß die Sendung mit dem Rechnungsbetrag bei dem auf dem Zettel angegebenen Versicherungsunternehmen gegen Beschädigung oder Verlust versichert ist. Bei beschädigt ankommenden Paketen soll der Transporteur, Post, Eisenbahn oder sonstiges Transportunternehmen, bestätigen, daß die Sendung in beschädigtem Zustand angekommen ist. Diese Bestätigung muß man dann der Versicherung einsenden, die danach den Schaden bezahlt.

Man soll seine Rosen kaufen, wo man bisher gut bedient worden ist. Sorten, die es nur in einigen Spezialschulen gibt, kann man dort wohl am besten bestellen. Die Rosen werden dann mit der Post oder Bahn bei ihrem endgültigen Empfänger eintreffen. Heute werden fast alle Sendungen, sowohl Post- als auch Bahntransport, in Pappkartons versandt. Diese Umhüllung ist sauber, einfach zu packen, stapelbar beim Transportunternehmen und durch entsprechende Einlagen feuchtigkeitshaltend. Da es viel einfacher ist, einen Pappkarton fertigzupacken, als Strohballen, wird die Verpackung, die immer zu Lasten und Kosten des Bestellers geht, auch nicht teurer. Wir haben seit einigen Jahren den Versand langsam aber fortschreitend ganz auf Pappkarton umgestellt. Im Endeffekt haben wir eine bedeutende Erleichterung im Versand erreicht, und unsere Erfahrung hat uns sogar dazugeführt, Überseesendungen in solchen Kartons zu versenden. Je nach Stärke der Pflanzen kann man in einen 1x1x1 m Karton 300 bis 500 niedrige Rosen packen. Solche vierkantigen Packungen sind besser zu stauen und zu transportieren als die früher gebräuchlichen, langen Strohballen. Auch Hochstammrosen sind in solchen Kartons besser zu versenden, als in maschinengepackten Strohballen. Die Pflanzen werden gebündelt, die Wurzeln mit Moos verpackt und das Bündel dann in einen Plastikbeutel getan, der ein Vertrocknen verhindert. Solche Sendungen können auch bis zu 14 Tage reisen, ehe sie durch Trockenheit Schaden leiden, vorausgesetzt, daß die Pakete nicht in Ofennähe gestapelt werden und die Pflanzen durch Wärmezufuhr von außen vertrocknen.

Beim Auspacken achte man darauf, daß das Paket sorgfältig geöffnet wird. Dann läßt sich der Inhalt ohne große Schwierigkeit leicht auseinandernehmen. Selbstverständlich wird Bündel für Bündel einzeln her-

Abb. 108:
‚Elysium‘. W. Kordes' Söhne, 1961. Starkduftend. Teehybridenform. Pflanze aufrecht, robust. Gute Schnittsorte. *Floribundarose.*

Abb. 109:
‚Red Gold‘. A. Dickson, 1968. Blüten sehr farbbeständig. Pflanze üppig, robust. *Floribundarose.*

Abb. 110: *‚The Queen Elizabeth Rose'*. Germain's Seed Co., 1955. Edle Blütenform. Sehr reichblühend. Pflanze sehr robust, gutverzweigt. Als Schnitt- und Heckenrose bekannt. *Floribunda-Grandiflora.*

Abb. 111: *‚Travemünde'*. W. Kordes' Söhne, 1968. Kräftiger, gutverzweigter Busch. Dunkelgrüne, glänzende Belaubung. *Floribundarose.*

Abb. 112:
‚Tornado'. W. Kordes' Söhne, 1973.
Überreichblühend. Sehr regenbeständig. Pflanze buschig, dichtbelaubt. *Polyantha-Hybride.*

Abb. 113: *'Shrubby Pink'*. Sam. McGredy, 1973. Ein blühender Bodendecker. Pflanze kompakt, vielverzweigt. Reich- und vollblühend. Belaubung dicht, dunkelgrün. *Floribundarose.*

Abb. 114: *'Matangi'*. Sam. McGredy, 1975. Farbenrose. Leichter Wildrosenduft. Pflanze buschig, sauberverblühend. Auffallender Farbkontrast. *Floribundarose.*

ausgenommen, und wenn mehrere Bündel der gleichen Sorte im Ballen sind, diese gleich zusammengelegt. Dies soll man schon tun, um sofort eine Kontrolle über die Richtigkeit des Inhalts zu haben. Auch die Qualität wird beim Auspacken gleich festgestellt, alle Beanstandungen bezüglich Zahlen, Sorten und Gütemängel müssen sofort nach Eingang der Sendung gemacht werden. Ist die Sendung beschädigt angekommen, lasse man sich darüber eine Bescheinigung der Beförderungsgesellschaft (Post, Eisenbahn oder Transportunternehmen) geben. Die meisten Versandfirmen sind heute gegen Transportschäden versichert, darüber erhält der Empfänger mit der Rechnung einen Hinweis und es müssen in diesem Falle die Beanstandungen aus Transportschäden sofort der in dem Begleitzettel genannten Versicherung gemeldet werden. Zu den Transportschäden, die versichert sind, gehört auch Frostschaden.

Nachdem der Inhalt festgestellt ist, sorge man für eine gehörige Anfeuchtung der Rosen. Dann werden sie entweder sofort gepflanzt, was natürlich das Beste ist, oder sie werden gut eingeschlagen. Dazu ist eine etwas windgeschützte Stelle im Garten geeignet. Die Rosen werden naßgemacht und so tief eingeschlagen, daß nur noch die Hälfte der Zweige aus dem Boden ragt. Selbstverständlich wird gut lockere Erde zwischen die Wurzeln getan und dann fest angetreten. Sollen die Rosen hier längere Zeit liegen und ist mit Frost zu rechnen, ist es immer wichtig, das Ganze etwas gegen Wind und Wetter abzudecken. Bei solchem Einschlagen muß mindestens 30 cm Erde die Wurzeln bedecken, damit bei längerer Frosteinwirkung nicht die Wurzeln erfrieren. Die teilweise harten Winter der letzten Jahre haben uns gezeigt, daß die Wurzel bei längerer Einwirkung des Frostes empfindlicher ist als der oberirdische Teil.

Kommt eine Sendung bei Frostwetter an und ist anzunehmen, daß der Inhalt durch und durch gefroren ist, so darf man auf keinen Fall auspakken. Solche Pakete muß man in einen frostfreien Raum mit wenigen Graden über Null bringen und langsam auftauen lassen. Jede Öffnung des Paketes, das zu einem schnellen Auftauen und An-die-Luft-kommen der Wurzeln führt, bringt den Rosenwurzeln den Tod. Ob Wurzeln erfroren sind, kann man bald feststellen. Gesunde Wurzeln haben eine innere Hautfarbe, die fast weiß ist. Sobald eine Störung und Schädigung der Wurzeln eingetreten ist, wird diese Farbe ausgesprochen gelblich, bis sie über braun zu schwarz übergeht. Die gelbliche Wurzel mag sich noch erholen, die braune ist schon tot. Beim Durchschneiden der Wurzeln zeigen frostgeschädigte Wurzeln immer schwarze Markstrahlen und schwarzes oder braunes Mark. Hier ist alle Kunst meistens vergebens.

Also zusammenfassend: Gleich auspacken, Inhalt feststellen, gut anfeuchten und einschlagen oder gleich pflanzen. Jedes unnötige An-der-Luft-liegenlassen der Wurzeln ist zu vermeiden. Bei Frost ankommende Pakete in kühlem Raum langsam auftauen lassen und dann erst auspakken. Schäden jeder Art sofort beanstanden.

Bei Frühjahrslieferung ist es besonders wichtig, die Rosen gründlich naßzumachen und den Wurzeln die Möglichkeit zu geben, sich vor dem Pflanzen mit Wasser vollzusaugen. Man beschneidet gleich nach Ankunft die Wurzeln auf etwa 20 cm Länge, steckt die ganzen Pflanzen in kaltes Wasser und läßt sie so 24 Stunden untergetaucht. Dann pflanzen und darauf achten, daß die Wurzeln naß in die Erde kommen, also möglichst aus dem Eimer direkt in die Erde.

Bei größeren Mengen Rosen soll man durch passende Abwandlung dieser Methode bemüht sein, die Wurzeln für einige Stunden vor dem Pflanzen gut naßzuhalten und auf jeden Fall zu verhüten, daß die Wurzel trocken in die Erde kommt. Diese Behandlung ist sehr notwendig, weil jetzt alle Rosen in Kühlhäusern überwintert werden. Dort liegen sie nicht in der Erde und die Wurzeln an der Luft verlieren einen beträchtlichen Teil ihres Wassers, der vor dem Pflanzen ersetzt werden muß. Mit trockenen Wurzeln gepflanzte Rosen treiben oftmals monatelang nicht aus oder gehen schließlich an Austrocknung zugrunde.

In manchen Fällen, oftmals ortsbedingt, in Höhenlagen oder bei Windeinwirkung, ist es vorteilhaft, im Frühjahr zu pflanzen.

Man soll aber rechtzeitig im Herbst bestellen, dann werden die Pflanzen reserviert und im Kühlhaus frostfrei überwintert. Für diese Überwinterung wird allgemein ein Überwinterungszuschlag von 10 % der Pflanzenrechnung erhoben. Durch diesen Zuschlag sind nicht nur die Kühlhauskosten, sondern auch entstehende Verluste bei den Pflanzen zu Lasten des Verkäufers ausgeglichen.

Sehr wichtig ist es dann, im Frühjahr diese Pflanzen gründlich naßzuhalten vor dem Einpflanzen, insbesondere ihnen die Möglichkeit zu geben, sich vor dem Einpflanzen gründlich voll Wasser zu saugen. Diese Pflanzen sind 4–5 Monate ohne Verbindung mit der Erde gewesen, haben inzwischen wesentliche Teile ihrer Reservestoffe aufgezehrt und sind infolgedessen geschwächt. Schlechte Behandlung beim Käufer kann zu großen Verlusten führen. Deshalb bitte besondere Sorgfalt.

Soweit dies Kapitel. Es ist nötig, es zu lesen und zu beherzigen. Eine Rosenfreude, die mit Ärger und Unzufriedenheit anfängt, ist doch der Wunsch von niemandem.

Neuheitenprüfung

Vor etwa 40 Jahren hatten die drei Vereinigungen der damaligen Zeit, die an Rosen interessiert waren, nämlich der Verein Deutscher Rosenfreunde für die Rosenliebhaber, der Reichsverband des deutschen Gartenbaues und der Bund Deutscher Baumschulenbesitzer, eine Vereinbarung getroffen, daß in Sangerhausen, im Anschluß an das dortige Rosarium des Vereins Deutscher Rosenfreunde, eine Prüfung in- und ausländischer Rosenzüchtungen erfolgen solle. Diese Rosenprüfungen sind dann bis 1944 ununterbrochen fortgesetzt worden und haben viel dazu beigetragen, daß nur gute, erprobte Sorten in Deutschland im Handel erschienen. Der Zusammenbruch hat auch dieses Werk zerstört. Im Auftrage des Bundes Deutscher Baumschulen und des Vereins Deutscher Rosenfreunde habe ich aber versucht, diese Prüfungen wieder in Gang zu bringen. Diese Bemühungen sind von Erfolg begleitet gewesen, und heute haben wir wieder Prüfungsgärten in der Bundesrepublik, in: Ahrensburg, Dortmund, Friesdorf, Kiel, Osnabrück, Sarstedt, Veitshöchheim, Weihenstephan, Zweibrücken, in denen die Rosen zwei Jahre, Kletterrosen drei Jahre, auf ihre Tugenden geprüft werden. Es ist diesmal ein ganz anderes Bewertungsverfahren eingeführt worden. Die Gärtner, die an Ort und Stelle die Rosen immer unter sich haben, müssen fortlaufend Eintragungen machen. Nach zwei Jahren werden dann die Formulare mit den Noten an die Geschäftsstelle des Bundes Deutscher Baumschulen eingeschickt, wo sie durch eine Kommission ausgewertet werden. Auf diese Weise haben wir wieder eine Alldeutsche Rosenprüfung, die für den Verbraucher in allen Gegenden Deutschlands wertvolle Auslesearbeit leistet. Die wertvollsten der Prüflinge, die mindestens 80 der möglichen 100 Punkte erhalten, werden nachher als Sieger der Alldeutschen Rosenprüfung in Katalogen und Anpreisungen besonders gekennzeichnet durch das Zeichen „Sieger in der ADR".

Daneben ist in Baden-Baden eine Internationale Rosenneuheitenprüfung eingerichtet, die sehr viel Beteiligung aus aller Welt hat. Auch in Baden-Baden werden die Rosenneuheiten zwei und

drei Jahre geprüft und durch eine zahlreiche Kommission von Rosenliebhabern und Fachleuten begutachtet. Die Ergebnisse beider Neuheitenprüfungen werden jährlich im Rosenjahrbuch des Vereins Deutscher Rosenfreunde e. V. veröffentlicht.
Außer den 9 Prüfungsgärten in der Bundesrepublik bestehen noch internationale Rosenprüfungsgärten in Baden-Baden, Baden b. Wien, Belfast, Chateau du Roeulx (Belgien), Genf, s'Gravenhage, Kopenhagen, Lyon, Madrid, Monza, Orléans, Paris, Rom und St. Albans. Berichte über die jährlichen Ergebnisse finden Sie im Rosenjahrbuch des Vereins Deutscher Rosenfreunde e. V., 7570 Baden-Baden, Postfach 1011.

Bei den Ergebnissen der ausländischen Rosenneuheitenprüfungen muß man bedenken, daß diese Ergebnisse sehr weitgehend beeinflußt werden durch die örtlichen Klimaverhältnisse. Eine Rose, die in Rom oder Madrid, also unter warmen, trockenen Klimaeinwirkungen gut oder hervorragend ist, kann im atlantischen Klima mit hohen Luftfeuchtigkeiten weniger gut sein, weil die Blüten verkleben und verfaulen. Genauso ist es auch mit den Unterschieden im Verhältnis Hamburg und Dortmund zu Rom und Madrid. Ein wesentlicher Umstand, der das Urteil sehr oft beeinflußt, ist die Tatsache, daß auf allen Prüfungen, außer in Deutschland und England, die Bewertung an nur einem Tage stattfindet.

Topfrosen

Es ist eine alte Liebhaberei, Rosen in Töpfen zu ziehen. Alle möglichen Sorten unserer Gartenrosen kann man in Töpfen halten und bei guter Kultur auch zu vollendetem Blühen bringen. Kaum eine Blumenliebhaberei bringt soviel Abwechslung in Form, Farbe, Blütengröße und Blütezeit wie die Rose. Früher gab es Liebhaber, die hatten in großen Tontöpfen von 25, ja 30 cm oberer Weite Remontantrosen wie Mrs. John Laing, Magna Charta, Mme. Gabriel Luizet, Fisher et Holmes, Frau Karl Druschki oder ähnliche Sorten. Gepflanzt wurden sie in guter, grober, lehmiger Erde, die möglichst zu einem Drittel aus Rasenbrocken, zu einem weiteren Drittel aus altem, abgelagerten Kuhdung und zum letzten Drittel aus gutem Gartenboden bestand. Die Pflanzen wurden nach der Pflanzung in Räumen mit mäßigkalten Temperaturen überwintert. Im Frühjahr, wenn die Spätfröste vorüber waren, mit den Töpfen in Beete eingesetzt, im Laufe des Sommers durch regelmäßiges Gießen und Sauberhalten in üppige Entwicklung gebracht. Gegen Ende August stellte man dann die Wassergaben ein, dadurch die Pflanzen zwingend, den Trieb zu beenden. Anfang Oktober wurden dann die Töpfe in den eben schon erwähnten, mäßigkalten Raum gebracht, wo sie auf die Seite gelegt wurden. Dies Auf-die-Seite-legen wurde schon im Freien gemacht, wenn durch reichlichen Regen die Absicht, die Pflanzen durch Wasserentzug zum Abreifen zu bringen, nicht verwirklicht werden konnte. Im Laufe des Januars, zuweilen auch schon um Weihnachten, wurden die ersten Töpfe warmgestellt, d. h., sie kamen ins Gewächshaus oder wer solches nicht hatte, stellte sie auf geeignete Fensterbänke. Hier begann nun eine sorgfältige Kultur. Durch gleichmäßiges Gießen und durch Halten der Temperaturen auf zunächst + 6–8 Grad C und später auf etwa + 15–18 Grad, wurden die Rosen zum Austreiben und Blühen gebracht. Bei den obengenannten Remontantrosen wurden die starken Triebe auf $1/2$–$2/3$ ihrer Länge eingekürzt, wobei man versuchte, dem verbleibenden Gezweig eine möglichst gleichmäßige Höhe und Verteilung zu geben. Solche Töpfe brachten bei guter Kultur oft 5, ja 10 große, duftende Blüten. Heute nimmt man für diese Topfkultur mit Vorliebe die neuen Polyanthahybriden und Floribundarosen. Man wählt die Töpfe zunächst kleiner, etwa 16–20 cm, je nach Stärke der Pflanze. Diese sollen möglichst auf Rosa multiflora Thunb. veredelt sein. Solche Pflanzen wachsen viel stärker und bringen größere und mehr Blüten. Die kleinblütigen Polyantharosen und auch die Zwergbengalrose, Rosa Rouletii und ihre Abkömmlinge, werden ebenfalls für diesen Zweck eingetopft. Teehybriden nimmt man nur, wenn man langstielige Einzelblüten erzielen will. Sorten habe ich in einer Liste zusammengestellt. Rückschnitt wie oben angegeben.

Man kann auf diese Weise sich den Genuß blühender und wachsender Rosen durch die Wintermonate verschaffen. Die Zwergbengalrose kann man schon im Oktober ins Zimmer stellen und sie wird den ganzen Winter über Blüten bringen.

Von größter Bedeutung für das Gelingen der Weiterkultur der abgeblühten Pflanzen ist nun die Behandlung nach dem Abblühen. Empfehlenswert ist es, die Triebe, die an der Pflanze sich gebildet haben, also auch die tauben, auf etwa die Hälfte der Länge zurückzunehmen. Dann sorgfältig gießen, denn in diesem Zustand sind die Rosen etwas empfindlich gegen zuviel Wasser. Sobald die jungen Triebe wieder erscheinen, muß man deren Ausbildung mit leichten Kunstdüngergaben unterstützen. Kann man solche Pflanzen im Kalthause ziehen, so ist es ein großes Vergnügen, noch im Frühjahr eine zweite Blüte bei den Teehybriden, Polyantharosen, Polyanthahybriden und Floribundarosen zu erzielen, zu einer Zeit, da die Arbeit mit den Rosen im Freien noch im vollen Gange ist. Aber auch im Zimmer ist solche Kultur durchaus möglich, nur muß man mit dem Gießen sich einfühlen. Die Rosen lieben keine nassen Füße, wohl genug Wasser, aber keine Nässe. Da sich dieses bei jeder Erdmischung anders zeigt, kann man keine feste Regel angeben. Natürlich bei Sonnenschein reichlicher gießen, auch wenn stark geheizt werden muß. Die Hauptentwicklung, sobald sich die Knospen zeigen, kann man durch Anwendung fertig käuflicher Düngesalzmischungen, die man in den Blumengeschäften oder von den Gartencentren kaufen kann, sehr gut unterstützen. Diese Packungen haben meistens eine Gebrauchsanweisung für die Menge der zu gebenden Dünger aufgedruckt.

Im späten Frühjahr setzt man die Töpfe im Freien wieder in Beete ein, wo sie dann mit Düngergaben und regelmäßigem Gießen, wenn das der Wettergott nicht besorgen will, wieder zu kräftigem Holzwachstum angeregt werden. Im Sommer kneift man die Knospen aus, im Herbst darf mal eine Blüte an den Pflanzen sich entwickeln. Dies fördert die Holzreifung. Man kann schönblühende Töpfe auch im Herbst ins Zimmer stellen. Sie sind ja zur Freude da und man muß sich beim Genießen der Rosenfreuden nie an Kalender und Zeiten halten. Nur Narren versuchen, auch die Rosenherrlichkeit in Programme und Tabellen zu fassen.

Wer aber gar ein kaltes Gewächshaus sein eigen nennt, der kann Rosenherrlichkeit erleben, wie sie im Freien gar nicht möglich ist. Ich war jahrelang, für die Zwecke der Züchtung, Eigner eines kleinen, einfachen Hauses. Die Rückwand 2,30 m hoch, die Vorderwand einen Meter und dann als Dach gewöhnliche Mistbeetfenster in der Größe 1x2 Meter. Bepflanzt war der kalte Kasten mit Fuß-und Halbstämmchen. Mehr als 50 Sorten hatte ich dort versammelt, und ich habe von diesen Rosen Blüten erlebt wie nie zuvor und nie nachher. Der Boden war humoser Sand. Die Rosen wurden so in den Boden gesetzt und nur mit wenig Naturdünger jährlich abgedeckt. Aber ich hatte solche Riesenblüten mit Farben, wie ich sie draußen nie erlebt habe. Hier stand ein Halbstamm Frau Karl Druschki, der über 100 Blüten trug. In Vaters kalten Kästen war eine Wand mit der alten Maréchal Niel bepflanzt; Einzelpflanzen bedeckten fast zehn Quadratmeter Fläche und brachten eine Riesenzahl der nikkenden, goldenen Blüten, deren Duft mich noch heute verfolgt. Wie oft habe ich schon Sämlinge mehrere Jahre behalten, die sonst ganz wertlos waren, aber deren Duft immer wieder eine Geisterarmee von vergangenen Schönen heraufbeschwor. Hier im Kalthaus ist der Ort, solche Seltenheiten zu hegen und sich an deren Blütenpracht zu ergötzen. Auch die kaum in Deutschland noch vorhandenen Banksrosen kann man hier anpflanzen, nicht zu vergessen die sagenhafte „Fortune's Double Yellow", die aus einem Mandarinengarten des südlichen Ostchina von einem Engländer nach Europa mitgenommen wurde. Im Ausgang Mai oder Anfang Juni, wenn die zweite Blütenpracht verblüht war, wurden die Fenster abgenommen und die Blüten, die sich dann noch im Herbst entwickelten, wurden abgeschnitten und füllten das Zimmer mit Farbe und Duft. Kulturmaßnahmen waren wenig nötig, im Winter Erneuern der Bodendecke aus altem, verrotteten Rinderdünger, fortwährendes Unkrautfreihalten und wenn es einmal nötig wurde, nach sehr trockenem Winter, durchdringend bewässern. Die Pflanzweite war einen Meter auseinander und auf Verband, d. h. auf Lücke, gepflanzt. Kronen von fast einem Meter Durchmesser mit oft einem Dutzend langstieliger Prachtblüten waren die Regel. In solchem Kalthause kann man sehr schöne Rosenkreuzungen machen, sicherer als im Freien. Die Sämlinge werden dem richtigen Rosenliebhaber nachher noch mehr Freude machen als die Handelssorten. Ist man einer Sorte überdrüssig geworden, so genügt es, in die dicke Rinde der Stämme zwei Reiser einzusetzen, was gewöhnlich nur durch Anplatten möglich ist. Man nehme recht starke Reiser und setze die Augen ein, wenn sich ein kräftiger Neutrieb zeigt. Dann wachsen sie leicht und willig an. Im darauffolgenden Frühjahr nimmt man dann den Kopf der alten Sorte mit einem glatten Schnitt oder mit der Säge fort und sorgt dafür, daß die austreibenden Augen angeheftet werden. Man entfernt die erste Blüte und hat dann bald einen großen, schönen Kopf wieder, der im darauffolgenden Frühjahr schon in Blütenfülle mit den älteren Kronen durchaus wetteifern kann.

Was hier oben von „Kalthäusern" gesagt worden ist, gilt natürlich auch für die sogenannten Wintergärten. In solchen, mit Glas bedeckten Anbauten an die Wohnhäuser hat man früher viele, nicht winterfeste Pflanzen kultiviert. Zitronen, Apfelsinen, Bananen und allerhand subtropische Schling- und Kletterpflanzen. Daneben Farne, Selaginellen und auch viele Topfpflanzen, wie Fuchsien, Verbenen, Heliotrop und vieles mehr. In solchen Wintergärten fand man dann auch wohl Banksrosen, die herrliche Fortune's Double Yellow, die duftschwere Maréchal Niel und vor allen Dingen auch Topfrosen. Sowohl Remontantrosen, wie vorstehend genannt, als auch Teehybriden, wurden in Töpfen oder im Grunde ausgepflanzt, hier gehegt und gepflegt, und es war immer ein Erlebnis, die zur Blüte gebrachten Rosen im April–Mai zu genießen. Zu der Zeit, als die „Herrschaftsgärtnerei" noch groß geschrieben wurde, gab es so manche Herrlichkeit in solchen Wintergärten, und wenn ich sie hier wieder anführe, dann in der leisen Hoffnung, daß es einmal wieder so sein möge wie vor vielen, vielen Jahren. An Topfrosen und auch den Rosen in solchen Kalthäusern stellen sich naturgemäß alle Schädlinge ein, die man im Freien auch zu erwarten hat. Die Bekämpfung ist aber viel leichter als im Freien, weil man im geschlossenen Raum mit einer besseren Wirkung der Bekämpfungsmittel zu rechnen hat. Mehltau ist oft ein Zeichen von Trockenheit, und dann muß gründliches Wässern neben der Schwefelbehandlung mithelfen. Natürlich gilt all dies eben Gesagte nicht nur für Stämmchen, sondern auch für niedrige Rosen, die man auch so im Grunde auspflanzen kann. Unsere meisten Treibereien arbeiten ja auch mit im Grunde ausgepflanzten Rosen. Seltener findet man die Auspflanzung auf Beeten, in welchen die Rosen durch eine Schicht von Schlacken oder aus Stein- oder Betonplatten daran gehindert werden, in den gewachsenen Boden ihre Wurzeln zu schicken. Solche, besonders für die Wintertreiberei angelegten Rosenpflanzungen, kommen aber für gewöhnlich nicht in Frage, auch liefern sie nur begrenzte Zeit gute Blüten. Mindestens alle drei Jahre muß man den ganzen Bestand und den ganzen Boden erneuern.

Besonders unerfreulich ist das Auftreten von „Roter Spinne" in den Häusern. Spritzen mit entsprechenden Mitteln hilft sofort. Man achte aber darauf, daß die Pest nicht auf anderen Pflanzen ungestört sich vermehren kann.

Rost tritt im Gewächshaus nie auf. Sternrußtau selten, er kann bestens durch Lüften an warmen Tagen verhindert werden. Man darf keine Tropfen- oder Taubildung unter Glas zulassen; die feuchten Blätter sind der ideale Keimort für alle Sorten Pilzsporen.

Rosentreiberei

In Glashäusern werden heute das ganze Jahr hindurch Rosen zum Blühen kultiviert. Die Voraussetzungen dafür sind einmal geeignete Glashäuser mit der nötigen technischen Einrichtung, dann die geeigneten Sorten und nicht zuletzt ein Gärtner, der seine Kunst versteht.

Die Gewächshäuser werden nach den Wünschen der Auftraggeber in beliebigen Größen heute erstellt. Für die größeren Betriebe hat es sich als vorteilhaft erwiesen, die Häuser breit und hoch zu nehmen, damit der Luftraum ein großer wird. Dies verringert die Temperaturschwankungen erheblich. Im übrigen muß sich der Bauherr natürlich nach seinem Geldbeutel richten. Die technische Ausrüstung verlangt gute Kenntnisse der späteren Rosenkultur. Lüftungsanlagen mit relativ großen Luftklappen, sowohl in den Stehwänden als in Firsthöhe, sollen dafür sorgen, daß an plötzlich warmen Tagen die Wärmegrade im Hause nicht zu hoch kommen. Als Glas nimmt man heute Blank- oder Klarglas, je nach Größe des Hauses wählt man gerne starkes, dickes Glas.

Die Inneneinrichtung geht zunächst nach den Absichten hinsichtlich der Bepflanzung. Meistens werden die Rosen in den gewachsenen Boden gesetzt. Natürlich wird derselbe für die Rosenkultur gut hergerichtet, mit Dünger, Bearbeitung usw. Bei Auspflanzung im freien Grunde, wie man dies nennt, werden die Rosen auf Beete gesetzt, die nur so breit sein dürfen, daß sie von dem Wege aus gut bearbeitet werden können. Bei breiten Häusern ist es wohl vorteilhaft, eine Einteilung vorzunehmen, die eine Wegbreite von ca. 80 cm und eine Beetbreite von ca. 100 bis 120 cm vorsieht.

Als Heizung wird fast immer Warmwasser genommen. In seltenen Fällen auch Dampfheizung. Bei großen Anlagen, die weit von der Kesselanlage noch gute Beheizungsmöglichkeiten erfordern, wird durch Einbau von Turbinen das warme Wasser dahin gedrückt. Dampf wird nur noch in ganz großen Anlagen als Wärmeträger und Verteiler genutzt. Die Rohrdurchmesser und Rohrstränge werden von den Gewächshausbau-

Abb. 115:
Rosentreiberei im alten Stil.

Abb. 116:
Moderne Rosentreiberei (Betrieb INTERROSE).

Abb. 117:
Kreuzungspflanze – Mutterpflanze.

Abb. 118: Die Aussaat.

Abb. 119: Auflaufende Sämlinge.

Abb. 120:
Sämlinge – Selektion.

Abb. 121: Vorbeugender Pflanzenschutz.

Abb. 122:
Neuzeitliche Rosenpflanzen-
lagerung im Kühlhaus.

firmen meistens genau berechnet, eine kleine Verstärkung dieser Berechnungen kann bei starker Beanspruchung sehr vorteilhaft sein. Man soll bei der Anlage immer bedenken, daß schon in wenigen Jahren die großen Glasflächen nicht mehr so luftdicht schließen wie kurz nach der Aufstellung der Häuser. Wichtig ist auch eine gut und praktisch angelegte Wasserzufuhr. Die Rosen benötigen in diesen warmen und von der natürlichen Wasserzufuhr durch Regen abgeschnittenen Häusern sehr viel Wasser. Besonders, wenn an warmen Frühlingstagen viel gelüftet werden muß. Deshalb ist ein Rohrnetz, an das entsprechend dicke Schläuche angeschlossen werden können, bei der Einrichtung mit einzubauen. Sehr praktisch sind die neuen Bewässerungen mittels Plastikrohren, auf die Breitstrahler aufgeschraubt werden. Diese Rohre werden in geringer Höhe über dem Erdboden auf Drahtstelzen gelegt und man kann mittels dieser Einrichtung große Flächen nach Bedarf bewässern. Unterlassungssünden in diesem Falle bedingen nachher Qualitätsminderung oder unverhältnismäßig viel Arbeit. Alles soll so angelegt werden, daß mit einem Minimum an Arbeitskräften die tägliche Arbeit geleistet werden kann, denn die Erträge der Rosentreiberei sind sehr unsicher. Einige heiße Frühlingstage können den Kassenerfolg vernichten. Es kommen dann oftmals so viele Rosenblüten in wenigen Tagen auf den Markt, daß der Preis in keinem Verhältnis mehr zu den Kulturkosten steht.

Sehr große Bedeutung haben auch die Sorten. Der Gärtner, der für die Märkte der Großstadt liefert, wird sich auf einige wenige Sorten beschränken. Der Handel ist nun einmal auf Massenware eingestellt. Jede Rücksicht auf Schönheit ist dabei zum Teufel gegangen. Die Händler und die Läden nehmen nur die bekannten Sorten, etwas Neues ist schon schwer überhaupt probeweise einzuführen; paßt es nicht in den gebräuchlichen Rahmen, wird es bestimmt wieder vom Markt verschwinden, weil die nicht genormte Rose nur in Notfällen aus dem Markt genommen wird. Eine sehr große Schuld haben natürlich die Blumenkäufer. Solange diese mit den drei oder vier Einheitssorten zufrieden sind, wird es nicht anders. Es ist jedenfalls ein Zeichen unseres verkrüppelten Geisteszustandes, wenn in den Blumenläden in ganz Deutschland nur immer dieselben Massensorten zu finden sind. Ich habe die Hauptsorten an anderer Stelle genannt. Außer diesen könnten mit Erfolg eine große Zahl anderer Sorten in Häusern zur Blütengewinnung gezogen werden, und der Liebhaber, der in seinem Rosenhaus Schönheit und Farbenherrlichkeit sucht, wird die dort genannten Sorten meiden.

Abb. 123:
‚Shocking Blue‘. W. Kordes' Söhne, 1975.
Starkduftend. Reichblühend. Kräftige, buschige Pflanze. Garten- und Schnittsorte. *Floribundarose.*

Abb. 124:
‚Ludwigshafen am Rhein‘. W. Kordes' Söhne, 1975.
Starker Duft. Großblumig. Pflanze breit- und kräftigwachsend. Farbbeständig.
Floribundarose.

Abb. 125:
‚Goldtopas‘. W. Kordes' Söhne, 1963.
Guter Duft. Reichblühend. Pflanze breit und gutverzweigt. Reichliche Belaubung. *Floribundarose.*

Abb. 126:
‚Friesia‘. W. Kordes' Söhne, 1973.
Starker Duft. Farbe unverändert. Früh- und reichblühend. Pflanze kompakt und buschig. *Floribundarose.*

Abb. 127: *,Heideröslein – Nozomi'*. Onodera, 1968.
Pflanze robust, gesund, reichblühend. Leichtduftend. Sehr winterhart.

Abb. 128: *,Yesterday'*. Harkness, 1974.
Als Bodendecker attraktiv. Pflanze kompakt, mit glänzender, gesunder Belaubung. Reichblühend. *Floribundarose.*

Die Kultur selbst erfordert ein Gefühl für die Rosen und eine gewissenhafte Pflege. Im allgemeinen beginnt man mit + 6–8° C. Langsam steigert man die Kulturwärme auf + 15–18° C, so daß diese Wärme nach etwa 14 Tagen erreicht ist. Dann ist es wichtig, die Nachttemperaturen nicht unter + 12° C sinken zu lassen, denn sonst sind Blattkrankheiten und verkrüppelte Blüte die Folge. Bei warmem Wetter natürlich durch Lüften und weniger Heizen nach Möglichkeit höhere Wärme in den Häusern vermeiden.

Frischgepflanzte Rosen kann man noch nicht treiben, sie müssen erst ein halbes Jahr fest einwurzeln. Meist werden solche frischen Anpflanzungen erstmals im ersten Herbst nach der Pflanzung genutzt. Die Zeit der Pflanzung richtet sich in Gartenbaubetrieben oftmals nach dem Freiwerden der Häuser. Vorteilhaft ist natürlich Herbstpflanzung; aber diese wird selten möglich sein. Pflanzung im Frühjahr bedingt Aufmerksamkeit und viel Sorgfalt. Die noch nicht fest eingewurzelte Rose ist gegen schnelle Erhöhung der Temperaturen empfindlich. Den ersten Sommer über ist also das Lüften und gute Pflege die Hauptsache. Gute, gesunde Rosen geben meistens schon im ersten Herbst einen reichlichen Schnitt, der in den Monaten Oktober bis Dezember auch immer gut zu verkaufen ist.

Für die Schnittrosenkultur für die Großmärkte werden heute fast nur noch Winterveredlungen im Frühjahr in die Kulturhäuser gesetzt. Diese Rosen werden in besonderen Betrieben in großen Mengen herangezogen. Sie haben in einem dünnen Drahtgewebe einen Erdball, der eine Kultur großer Mengen auf kleinem Raum ermöglicht, gleichzeitig aber auch es ohne Risiko zuläßt, daß diese Pflanzen in gleichmäßiger Qualität in bedeutenden Mengen geliefert werden können. Diese Rosenpflanzen werden auf Rosa canina-Formen im Winter veredelt und, wenn sie 10–20 cm lange Triebe haben, mit der Drahtumhüllung in die Schnittrosenkulturhäuser gepflanzt.

Diese jungen, wüchsigen Pflanzen bringen im ersten Herbst, ab Oktober, eine Menge Schnittrosen. Insbesondere werden jetzt die kleinblütigen Sorten aus der Rosenmärchen-Züchtung gepflanzt. Sie bringen bei entsprechender Kultur bis zu 40 Blüten auf etwa 25 cm langen Stielen. Die Rasse, die diesen Sorten das Dauerblühen und die Blühleistung vererbt hat, ist die Sorte Garnette (Tantau).

Danach läßt man die Rosen zur Ruhe kommen. Wird es draußen kalt, und sind die Rosen noch im Wachstum, darf man nicht einfach die Heizung abschalten, dies könnte zu einem Totalverlust der Anpflanzung führen. Man muß dann die Hauswärme auf über Null oder später auf wenige Grade unter Null halten. Je nach Absicht der Blühzeit werden dann die Häuser von Januar an angeheizt. Die Pflanzen werden beschnitten, wobei man alles schwache Holz entfernt und nur die starken Grundtriebe läßt, aus denen kräftige Blütenstiele zu erwarten sind. Danach wird der Boden bearbeitet, kräftig gedüngt, mit altem, verrotteten Dünger versorgt, aber auch mit einer Mischung aus den gebräuchlichen Handelsdüngern. Die Handelsdüngergaben werden aber meist nicht auf einmal gegeben, sondern jedesmal, wenn eine Blütenernte geschnitten ist, wird durch Bodenbearbeitung und Nachdüngung den Pflanzen das wiedergegeben, was man mit der Ernte fortgenommen hat. Verwendet werden meist als Stickstoffdünger die Sorten, die Salpeter und Ammoniakstickstoff gleichzeitig enthalten. Für Phosphor wird Knochenmehl und Superphosphat gegeben. Superphosphat hat die Wirkung, die Pflanzen zum schnellen Abreifen und Wachstumseinstellen zu zwingen. Wird also mit größtem Erfolg vor Einstellung der Dezemberernte gegeben. Kali ist am günstigsten in der Kali-Magnesiaform oder als schwefelsaures Kali. Als Mengen kann man die gleichen geben, die ich bei der Frühjahrsdüngung angegeben habe, aber mit der Maßgabe, daß dieselbe Menge bei Treibrosen dreimal im Jahr gegeben werden darf. Die Treibrosen verbrauchen viel Nährstoffe und wenn man fortgesetzt große Ernte haben will, muß man natürlich den Verbrauch ergänzen.

Die Schädlingsbekämpfung in den Häusern ist im Vergleich zum Aufwand und Ärger vergangener Jahre heute unvergleichlich leichter geworden. Die allbekannten und gefürchteten kleinen Quälgeister der Rose, wie Zikaden, Läuse und anderes Ungeziefer, können mit den voraus benannten Mitteln praktisch vollständig beseitigt werden. Sehr aufwendig ist jedoch immer noch, oder vielleicht sogar zunehmend, die Bekämpfung der Roten Spinne. Hier nützen nur gewissenhafte Einsätze mit den genannten Spezialmitteln.

Gegen Mehltaubefall hat sich vielfach durchdringendes Wässern mit anschließendem Einsatz von gasförmigem Schwefel bewährt (Schwefelverdampfer). Ist der Untergrund, in welchem die Rosen wurzeln, trokken, so hilft die Bekämpfung des Mehltaus auf den Blättern mit keinem Mittel viel. Für die Vergasung des Schwefels gibt es heute elektrische Apparate. Sie werden mit Schwefel gefüllt und an die Lichtleitung angeschlossen. Natürlich darf man nur abends Schwefel vergasen, bei Tage ist es gefährlich; dagegen soll das Spritzen am Tage bei bedecktem Himmel geschehen.

Die Blattfallkrankheit Sternrußtau tritt nur dann in den Häusern bei Rosen auf, wenn nicht genügend gelüftet wurde oder die Wärme- und Luftfeuchtigkeitsschwankungen zwischen Tag und Nacht sehr groß wurden. Dann pressen die Rosen aus den Guttationsdrüsen Wasser aus. Dies Wasser kann man zuweilen auch im Freien an den Blättern sehen. Es hängen Wassertropfen an den Spitzen der Randzähne der Blätter. Diese Zahnspitzen sind eine Art Überdruckventil bei den Rosen. Sie geben das Wasser ab, das infolge der Sättigung der Luft mit Wasserdampf nicht verdunstet werden kann. In diesen Wassertropfen keimen die Sporen von Sternrußtau, Echtem und auch Falschem Mehltau sowie die allerorts auf der Lauer liegenden Erreger der Graufäule mit Wonne, so daß der Gärtner, der durch ungenügendes Lüften diese Tropfenbildung begünstigte, sich selber den Fluch der bösen Tat auf den Hals holt.

Die Ernte der Blüten wird einmal und in großen Betrieben auch zweimal am Tage vorgenommen. Die Knospen müssen natürlich so sein, daß sie sich am darauffolgenden Tag zu einer eben öffnenden Knospe entwikkeln. Alle geschnittenen Rosen müssen möglichst bald ins Wasser, so daß von der Schnittfläche keine Luft in die Leitungsbahnen dringt. Dies Eindringen von Luft in die wasseraufwärtsführenden Gefäße der Rosen bringt die Blüten gewöhnlich zum vorzeitigen Welken, da das Wasser nicht mehr ersetzt werden kann, das die Blätter und Blüten verdunsten. Eine Tiefkühlung auf wenige Grade C über Null ist für die spätere Haltbarkeit der Blüten vorteilhaft, doch muß man mit diesem Abkühlen vorsichtig sein; rote Rosen blauen zuweilen, wenn die Abkühlung zu schnell erfolgt oder die Temperaturunterschiede zu groß wurden.

Als Unterlagen braucht man in Deutschland nur Rosa canina L. und ganz besonders die Caninaform Inermis. Auf diese Unterlage bringen die Treibrosen bei richtiger Kultur die höchstmöglichen Erträge. Versuche, durch Veredlung auf R. Manettii oder R. indica Major die Rosen auch im Januar zur Blüte zu bringen, haben nur geringe Erfolge gehabt. Da die Kosten solcher Kultur sehr hoch sind, die eingeführten Rosen aus der Riviera aber billig und viel schöner, decken die Erträge gewöhnlich nicht die Unkosten.

Dem Gießwasser ist noch eine gewisse Bedeutung beizumessen. Wenn das Wasser sehr alkalisch ist, kann es vorkommen, daß durch das Wasser der pH-Zustand des Bodens in für die Rosen ungünstigem Sinne beeinflußt wird. Man muß dann durch Schwefel, Eisenvitriol oder Anwendung physiologisch saurer Handelsdünger diesen Zustand ausgleichen. Der umgekehrte Fall ist viel seltener.

Hat man als Gießwasser Regenwasser aus Bottichen oder Bassins, kann es vorkommen, daß darin Algen auftreten. Es genügt dann ein Stück blankes Kupfer, 10 bis 30 cm^2 dünnes Blech je Kubikmeter Inhalt, um diese Algen abzutöten und die Neubildung zu verhindern. Ein einfaches Mittel ist die Anwendung von Dimanin von Bayer.

5 Gramm Kupfervitriol (Blaustein) zerschlagen und in etwa 100 Liter Wasser vor dem Hinzufügen aufgelöst, haben den gleichen Erfolg.

Ein Wort über die Schnittrosen

Es ist natürlich, daß man oftmals aus dem Garten oder aus anderen Quellen geschnittene Rosen fürs Zimmer haben will. Holt man solche Blüten von den eigenen Pflanzen, soll man achtgeben, daß nicht durch zuviel Blattentnahme die Pflanze geschwächt wird. Es schadet nicht, wenn wir die Blüten mit den oberen Blättern abschneiden und verwenden, die Pflanzen treiben dann meistens gut durch und bringen nach etwa sechs Wochen eine neue Blütenfolge. Schneidet man sehr lange Stiele, wobei selbstverständlich „sehr lang“ relativ zur Stärke der Pflanze und zur Jahreszeit ist, so kann dadurch das Wachstum der Pflanze stark ins Stocken geraten. Nicht alle Sorten können das Abschneiden langer Triebe mit ihren Blättern ertragen. Manche bleiben dann stehen und treiben nicht wieder aus. Besonders die wenig Triebe bringenden Sorten mit Riesenblüten sind empfindlich. Andere, frohwüchsige Sorten ertragen gelegentliches Entnehmen von langstieligen Blüten ganz gut. Im September – Oktober darf man ruhig alle Blüten lang schneiden, dies späte Holz fällt doch gewöhnlich dem Frost zum Opfer. Die Behandlung der Schnittrosen soll ein klein wenig Liebe haben. Frisch geschnittene Rosen möglichst schnell ins Wasser mit den Schnittflächen. Gekaufte Blüten zunächst einmal neu anschneiden, d. h. vom Stielende etwa 2–3 cm abschneiden und mit der frischen Schnittfläche in kühles Wasser. Es kann sonst leicht der Fall eintreten, daß sie welken, weil in die Saftleitungsbahnen von den alten Schnittflächen her Luft eingedrungen ist. Diese Luft verhindert das Nachströmen von Wasser und die Blüte muß verdorren. Es gibt eine große Zahl farbenprächtiger Rosen, die in diesem Punkt sehr empfindlich sind.

Blüten soll man am frühen Morgen schneiden, nicht in der heißen Mittagssonne. Morgens sind die Blüten straff voll mit Wasser, und es werden solche, richtig geschnittenen Blüten sich später normal und willig öffnen.

Abb. 129: Auszeichnungen für Züchtungen des Hauses W. Kordes' Söhne in drei Generationen.

Abb. 130: Altmeister Wilhelm Kordes erhält die ‚Goldene Rose' von Den Haag für die Züchtung ‚Lilli Marleen', 1966.

Abb. 131: ‚*Folklore*'. W. Kordes' Söhne, 1977.
Farbenrose, lachsrosa mit gelb. Pflanze starkwachsend und vielverzweigt. Belaubung groß, kräftig. Leichtduftend. Garten- und Schnittrose. *Teehybride* (Edelrose).

Abb. 132:
'Leverkusen'. W. Kordes' Söhne, 1954.
Duftend. Blüten mittelgroß, gelb. Pflanze reichblühend. Glänzendes Laub. Bis 3 m hoch. *Öfterblühende Kletterrose.*

Abb. 133: ‚*Prominent*'. W. Kordes' Söhne, 1971.
Starker Duft. Blüten edelgeformt. Leuchtende Farbe, reinorange auf gelbem Grund. Pflanze straffaufrecht, reichlichverzweigt, üppigwachsend. Garten- und Schnittsorte. *Floribundarose.*

Muß man in der heißen Tageszeit schneiden, dann müssen die Blüten zum langsamen Auskühlen in Wasser von etwa +10–15°C gestellt werden. Am besten bis an die oberen Blätter, aber ohne die Blüten mit ins Wasser zu bringen. Nach einer Stunde sind sie transportfähig. Rote Rosen werden durch diese plötzliche Abkühlung oftmals einen Stich ins Violette erhalten. Bei frühmorgens geschnittenen Rosen ist dies nicht der Fall. Gelbe Rosen, die im Freien in der Sonne so schnell verbleichen, halten im Zimmer die Farbe sehr gut. Die meisten gelben Rosen sind als Schnittrosen bei sonnigem Wetter viel leuchtender und gelber als an der Pflanze. Ganz offensichtlich hindert das Sonnenlicht die Bildung des gelben Farbstoffes und unter Umständen wird auch der schon vorhandene gelbe Farbstoff zerstört, was sich in Ausbleichen und Weißwerden oder bei rotgelben Rosen in unschönen Malvenfarben und Rosawerden der Blüten zeigt.

Viel ist schon versucht worden, um die Entwicklung der Blüten im Zimmer zu verlangsamen. Es wird allerhand empfohlen: Ein wenig Salz, etwas schwefelsaures Ammoniak, Aspirin; aber all diese Mittel helfen wenig oder gar nicht. Man muß ja bedenken, die Blüte hat von Natur eine beschränkte Lebensdauer und es ist bis heute noch kein Mittel gefunden, diese Zeitspanne willkürlich zu verlängern. Ein Neuanschneiden der Stiele nach 2 Tagen hält die Blüten natürlich frisch, aber es kann auch das Altern und Verblühen nicht aufhalten, so wenig wie Schminke und Puder es können.

Als Schnittrosen lassen sich so gut wie alle Rosen verwenden. Bei der Farben- und Formenmannigfaltigkeit unserer Rosen hat es mich oft gewundert, daß der Schnittblumenmarkt so fürchterlich eintönig in bezug auf Rosenschönheit war. Hier ist ein großer Wandel eingetreten. Die Züchter haben eine breite Palette in vielen Farben geschaffen, insbesondere in der Klasse der mittelgroßen Blumen. Farben und Haltbarkeit sind wesentlich besser als früher.

Von den Rosenfarben

Dies Kapitel kann nur mit einem „Wenn“ anfangen. Es ist das unerfreulichste, wenn es in Druckerschwärze vor uns liegt und das herrlichste, wenn wir dem lebenden Blütenwunder gegenüberstehen. Legt einmal sechs Kataloge von verschiedenen Firmen nebeneinander, mit den Beschreibungen der gleichen Sorte, und erfreut Euch an der erstaunlichen Phantasie unserer Zeitgenossen. Es ist nicht immer die Jagd nach dem Taler des lieben Rosenfreundes, nicht oft der unerfreuliche Versuch, eine reichliche Sorte gut zu verkaufen, was dazu führt, aus der Farbenangabe ein Märchen aus „Tausend und einer Nacht“ zu machen. Ich darf wohl einmal die Gründe dafür ein wenig ausführlicher aufzeigen. Zunächst die alte Weisheit, daß das, was wir als Farbe wahrnehmen, nur eine Reflexion eines Bruchteiles des Sonnenlichtes oder der gerade wirksamen Lichtquelle ist.

Dies Sonnenlicht setzt sich aus vielen einzelnen Farben zusammen, die sich vor allem dadurch voneinander unterscheiden, daß sie jede eine ganz bestimmte Wellenlänge haben. Der Strahl bewegt sich nicht wie ein Wasserstrahl geradlinig vorwärts, sondern in Wellenform. Diese vielen Wellen haben sehr unterschiedliche Kraft zum Druchdringen der irdischen Lufthülle. Besonders am Morgen und Abend kann man wahrnehmen, daß die Beleuchtung durch die Sonne eine ganz andere ist als um die Mittagszeit. Interessant, einmal sechs Farbaufnahmen auf gleichem Film von der gleichen Rosenblüte an einem Sonnenscheintag in verschiedenen Stunden zu machen. Morgens und abends sind die Rotfarben kupfrig, ja orange und erst gegen Mittag wird das Rot rein ohne viele gelbe Beimischung, die die frühen und späten Aufnahmen immer zeigen. Auf diese einfache Weise kann uns die mechanische Festhaltung der Farbwerte einer gewissen Stunde davon überzeugen, daß wir sehr, sehr falsch sehen. Bei Stellung am Horizont wird viel mehr Gelb in der Reflexion des Sonnenlichtes wirksam als am Mittag, daher die feurigen orangeroten Farben unserer Farbfilmaufnahmen. Bringen wir eine schön verblaute, dunkelrote Rose ins Zimmer unter das gebräuchliche elektrische Licht, erstrahlt die Rose in herrlichstem, feurigsten Rot. Von blau keine Spur, andererseits verlieren unsere gelben Rosen jedes Leuchten und Leben bei der gleichen elektrischen Beleuchtung. Die Glühbirnen geben ein sehr gelbes Licht, daher das Verschwinden des Blau in den Blüten.

Hier haben wir also Faktor 1, als starken Einfluß auf unsere Farbenwahrnehmung. Die Zusammensetzung des Lichtes verändert jede Farbe für unsere Sinne.

Weiterhin ist es eine bekannte Tatsache, daß die Ernährung und Wasserversorgung bei der Bildung der Farbstoffe in den Rosenblüten einen großen Einfluß haben. Böden, die reichlich Kali von Natur enthalten, geben viel kräftigere Farben als Böden, die an diesem Nährstoff relativ arm sind. Auch diese Wirkung ist selbstverständlich relativ zu den vielen anderen, das Rosenleben beeinflussenden Faktoren. Es ist erstaunlich, in welchem Maße die bunten Rosen besonders durch die Einwirkung der Ernährung beeinflußt werden. Bei den bunten Rosen ist es schon viel, wenn eine Blüte die Vielfarbigkeit zwei Tage länger hält und erst dann das Gelb aus der Buntheit verschwindet und ein mehr oder weniger unbefriedigendes Rosa nachbleibt.

Die Nährstoffversorgung ist also der zweite große Faktor in der Blütenfarbenentwicklung.

Diese Ernährung hängt nun wieder stark von Wetter, Licht und Wärme ab. Wir alle wissen, daß plötzliches kühles Wetter die Farbe einer Sorte ganz verändern kann. Auch starke Sommerhitze kann oftmals ein schnelles Verblassen bewirken. Da unsere Rosen in „Gärten" stehen, also in klimatisch oftmals außerordentlich verschiedenen Lebensbedingungen, kann man erleben, daß die gleiche Sorte in zwei benachbarten Gärten ganz verschieden in der Farbe gleichzeitig erblüht. Das Standortklima ist also der dritte wichtige Faktor bei der Blütenfarbenbildung. Diese Bildung aber ist ein weiteres, das ich kurz erklären muß. In den lebenden Zellen sieht man unter dem Mikroskop bei günstigen Objekten kleine, scheinbar kugelförmige Gebilde im Protoplasmastrom hin- und hertreiben. Dies sind die Plastiden, in den meisten Zellen farblos. In den Blattzellen können sie nun Chlorophyllkörner ausbilden; diese Plastiden werden dann Chloroplasten genannt. Das Chlorophyll besteht aus zwei verschiedenen Kristallen, die zusammen die normale grüne Farbe des Blattes ergeben. Die eine Komponente ist leuchtendorange, eine Tatsache, die uns zu der prächtigen orangen Herbstfärbung vieler Blätter verhilft. Die Blütenkronblätter sind nun schließlich nichts anderes als umgewandelte Laubblätter. Und da ist es nicht nur bei der Formumwandlung geblieben, sondern die Plastiden, die im Laubblatt das Chlorophyll aufbauen, erzeugen in den Blütenblättern Anthozyane. Sie können nach Ernährung und Veranlassung durch die Gene sowohl gelbes als auch rotes Anthozyan aufbauen und damit die Kronblätter für uns Rosenfreunde bunt und interessant machen. In den meisten Rosenblüten wird rotes Anthozyan gebildet, wenige Rosenarten haben nur gelbes Anthozyan in den Kronblättern. Beide werden aus dem gleichen Grundstoff aufgebaut, sind also nur Varianten der gleichen chemischen Verbindung. Ihre Synthetisierung in den Blüten geschieht, nachdem das dafür zuständige Gen den die Arbeit der Plastiden auslösenden Wirkstoff hergestellt hat und dieser den frei im Plasma schwimmenden Plastiden über das Plasma zugeleitet wurde. Vermutlich sind zwei Gene vorhanden, eines für gelbes und eines für rotes Anthozyan. Es kann aber auch nur ein Gen vorhanden sein, das je nach Einfluß der vielen anderen Gene den Wirkstoff für rotes oder gelbes Anthozyan erzeugt. Einen kräftig wirkenden Faktor bei der Farbstoffsynthese kennen wir alle, das Sonnenlicht. Das Sonnenlicht hat anscheinend die Fähigkeit, irgendwie zu einem Abbau bereits gebildeten gelben Anthozyans anzureizen. Selbstverständlich, daß Ernährung und alle drei vorher genannten Faktoren die Bildung des jeweiligen Farbstoffes beeinflussen, ja selbst verhindern können. Immer aber bleibt die erbliche Veranlagung zur Anthozyanbildung der Faktor, der eine farbige Rosenblüte erst ermöglicht. Bei einigen reinweißen Rosen sind die Farbgene durch irgendwelche unbekannten Hemmungen daran gehindert, die zur Synthese der Anthozyane benötigten Wirkstoffe herzustellen. Bei den weißen Mutationen farbiger Rosen ist solches bestimmt der Fall.

Zu all diesen Faktoren kommt nun aber noch ein weiterer, sehr wandelbarer, unser menschliches Auge und seine Bindung an die oftmals phantastischen Vorstellungen des dazugehörenden Gehirns. Hier sind nun einmal durch die tatsächlich vorhandene, unterschiedliche Empfindlichkeit des Auges für Farben beachtliche Unterschiede, dann aber auch durch die Veranlagung zum Märchenerzählen die prächtigsten Farbenbezeichnungen zu erwarten.

Kehren wir zu unseren sechs Katalogen mit den abweichenden Farbenangaben zurück, so wird jeder bald empfinden, woher des Wegs und was an den Beschreibungen wohl echt und was aus „Tausend und einer Nacht“ stammt.

Nun hat man schon seit vielen Jahren versucht, dem Phantom „Farbe“ die Zwangsjacke einer Normung anzulegen. Natürlich ist es möglich, dieses Problem zu lösen. Wir haben herrliche Bücher mit vielen, vielen Farbtafeln, einige haben auch einen gewissen Gebrauch zu verzeichnen. Unser Verein Deutscher Rosenfreunde hat vor Jahren eine durchaus brauchbare Farbenkarte mit der Firma Benary in Erfurt zusammen herausgebracht. Dr. Krüger in Dresden war der Hersteller. Seine Arbeit war so gründlich, wie sie nur ein deutscher Professor zuwege bringen konnte, mit dem Ergebnis, daß die Herstellung eines umfangreichen Farbenatlas viel zu teuer wurde. Ein solcher Atlas ist ein totgeborenes Kind, wenn es nicht jedem Blumenliebhaber möglich ist, ihn für wenige Mark zu erwerben. Da diese Tafeln mit Buchstaben und Zahlen die einzelnen Farbabstufungen bezeichnen müssen, ist es Unfug, in einem Katalog diese „Höhere Algebra“ anzubringen, wenn der Katalogleser nicht den Atlas, also den Schlüssel zu diesem Himmelreich in Händen hat.

Das brauchbarste Farbenwerk, das wir heute haben, und das auch preislich erlangbar ist, ist die Farbenordnung Hickethier, aus dem Verlag Osterwald in Hannover. Hier hat der Verfasser dieser Arbeit auf 10 Tafeln 1000 Farben durch Druck ausgeführt und es fehlen eigentlich nur die bei Rosen vorhandenen, tiefsamtigen, dunkelroten Farben. Dieser Atlas ist also sehr brauchbar. Wenn er bei den Katalogempfängern bekannt ist, wäre es sogar wichtig, diese einfache Numerierung von 1 bis 1000 in den Katalogen einzuführen. Mit solch einem Farbenatlas könnte man sehr viel von den Märchen in unseren Katalogen beseitigen, wobei die Relativität der gemessenen Werte zu den vorstehenden vier Faktoren immer bleibt.

Zu den „Märchen aus Tausend und einer Nacht“ gehören auch die Farbenbezeichnungen „Schwarz“ und „Blau“. Um die eigentümliche Wirkung sehr dunkler Rosen zu verstehen, muß man einmal ein solches Blütenblatt genau unter einem Vergrößerungsglas betrachten. Es ist dicht an dicht mit warzenähnlichen Aufstülpungen der äußeren Zellschicht bedeckt. Dieser dichte Rasen von mehr oder weniger reichlich mit gelbem oder rotem Anthozyan gefüllten Emergenzen (Ausstülpungen oder Auswüchsen der Blütenblatthaut) geben eben wegen der Dichtigkeit der Emergenzen einen helleren oder dunkleren, oder anders gesagt, einen leichteren oder kräftigeren Farbton des Blütenkronblattes. Diese Emergenzen verschlucken sehr viel Licht, da ihre Wandungen senkrecht zur Kronblattoberfläche stehen und reflektieren entsprechend weniger. Dies bewirkt, daß manche Rosen sehr kräftiggefärbt erscheinen, während Kronblätter, die keine Emergenzen zeigen, viel heller sind. Besonders bei ganz dunklen Rosen, wie Burgund, Château de Clos Vougeot, Charles Mallerin, Duftzauber, Josephine Bruce, Norita, Tatjana, kann man den fast schwarzen Rotton schnell in normal-rot ändern, wenn man durch leichtes Überstreichen der Oberfläche die Emergenzen flachdrückt. Das gleiche gilt auch für die tiefgelben Rosen. Blaue Rosen gibt es nicht, wird es möglicherweise auch nie geben. Die roten Farbstoffe werden als Anthozyane gebildet, sind zunächst rot und werden erst blau, wenn sie aus dem Plasma in den Zellsaft kommen, der dann alkalisch reagiert. Solange der Zellsaft sauer ist, bleibt für unser Auge der Farbstoff rot. Erst mit dem Alkalischwerden des Zellsaftes haben wir den Eindruck blau. Wird nun die Reaktion von sauer zu alkalisch langsam oder nur gering vollzogen, ergeben sich violette Töne, weil neben dem Urrot dann Moleküle vorhanden sind, die schon blau scheinen. Die Tatsache, daß der rote Farbstoff immer erst ROT gebildet wird, wird auch wohl die Verhinderung sein, daß wir echte BLAUE Rosen erhalten, wobei selbstverständlich die lebhaftere und kräftigere Violettfärbung durchaus im Möglichen der Rosenzucht liegt, wie es die Züchtung „Shocking Blue“ zeigt.

Zu den Märchen, die uns aus dem Mittelalter der Rosenkultur, also aus der Zeit vor 1800, in dicken Wälzern der damaligen Koryphäen des Gartenbaues überliefert sind, gehört die Anweisung „Blaue“ Rosen oder „Schwarze“ dadurch zu ziehen, daß man sie auf Eichen veredelt. Solches habe ich pflichtschuldigst auch versucht, aber ich kann nur berichten, daß meine Experimente erfolglos verlaufen sind. Mir hat allerdings einmal ein Bekannter versichert, er hätte solche Veredlungen zum Wachsen gebracht; aber bis zum Blütenbringen waren seine Rosen auch wieder abgestorben.

Zur Sortenwahl

Rosensorten gibt es in rauhen Mengen, das Rosenlexikon von Jäger enthält etwa 15 000 Namen, das Modern Roses VII enthält dazu alle Sorten, die seit 1928 in den Handel kamen. Aber keine Angst, wenn auch die Rosenzüchter seit den Zeiten des älteren Plinius so viele Sorten oder wahrscheinlich noch etliche 1000 mehr zum Ankauf angeboten haben, in unseren dicksten deutschen Katalogen haben wir kaum mehr als 500 Sorten angeboten. 500 ist aber auch schon allerlei und wer die Wahl hat, hat die Qual. Früher, als meine Haare noch golden waren,gab es Liebhaber, die hatten mehrere 100 Rosensorten in ihrem Garten, alle auf Hochstämmen veredelt und selten zwei Stämme von der gleichen Sorte. Das war die goldene Zeit der richtigen Rosenliebhaberei, da hatte der Verein Deutscher Rosenfreunde fast 2000 Mitglieder und die Seiten der alten Rosenzeitungen sind gefüllt mit Berichten über die Herrlichkeiten von damals. Die Teerosen und die Remontantrosen waren die Hauptrassen. Bourbon- und Noisetterosen fanden sich in kleineren Zahlen, dafür oftmals in soviel gewaltigeren Kronenbäumchen. Ich habe in solchen Gärten gestanden unter Rosenkronen, die mehr als einen Meter im Durchmesser hatten, mit etlichen 100 Blüten bedeckt. Und noch heute, wenn die Teerosen blühen, oder eine schöne Pflanze der jetzt über 100 Jahre alten Souvenir de la Malmaison in meinen Weg kommt, steigen die Bilder jener Zeit vor mir auf. Dabei hatten jene Liebhaber viel Sorge und Angst um ihre winter- und nässeempfindlichen Lieblinge, wenn der Winter mit Brausen und Grausen kam. Doch die Zeiten sind vorbei und mit ihnen sind die duftenden Köstlichkeiten der Teerosen dahingegangen. Wir sind eine Demokratie geworden und die Rose hat sich dem angepaßt. In den 90er Jahren kam das Wort auf von den „Protzen", die nun plötzlich unsere Rosengärten bevölkerten, als die ersten Teehybriden in größeren Mengen in den Gärten auftauchten. Ja, plötzlich war sie vorbei die Zeit, da eine Souvenir d'un Ami, eine Marie van Houtte oder Safrano ein köstliches Erlebnis waren. Die Testout, Président Carnot, Mme. Léon Pain verdrängten alles, was unsere Herzen und Sinne bis dahin ge-

Abb. 134:
‚Schloss Mannheim'. W. Kordes' Söhne, 1975.
Üppige, große Dolden. Sauberverblühend. Pflanze breitwachsend, sehr hart.
Floribundarose.

Abb. 136:
'Sympathie'.
S. Abb. 56, jedoch als *öfterblühende Trauerrose.*

Abb. 135:
'Ilse Krohn superior'.
W. Kordes' Söhne, 1964.
Starker Duft. Reichblühend. Sehr robust. Bis 3 m hoch. *Öfterblühende Kletterrose.*

füllt hatte. Überall tauchten sie auf, die „Protzen", und mit diesen, in jedem Garten wuchernden Neukommern, starb die alte Rosenliebhaberei.

Was würden die alten Liebhaber erst sagen, sähen sie unsere heutigen Polyanthahybriden und Floribundarosen wachsen und blühen in unseren Gärten wie damals die Quecken? Ja, die Rosenfreunde von heute leben in einer großen Zeit. Aus der Hege und Pflege, Liebe und Miterleben verlangenden Rose von einst ist eine Allerweltspflanze geworden, die es an Ausdauer und Bedürfnislosigkeit noch mit den schlimmsten Unkräutern aufnimmt. Es ist wohl ein erfreulicher Anblick, wenn man die „Parvenues" von heute in allen Gärten zu Hunderten und Abertausenden stehen, gedeihen und blühen sieht, aber in unserem Herzen bleibt doch ein klein wenig Traurigkeit um all die Köstlichkeiten, die wir heute missen müssen. Aber darf ich darum weinen? Habe ich nicht selber durch 70 Jahre gearbeitet und mit kalter Berechnung gestrebt, den heutigen Zustand zu erreichen? War es nicht zum wenigsten meine Idee, aus Vereinigung der Blütenschönheit der Teehybriden und der Vielblütigkeit der Polyantharosen eine Rasse zu züchten, die beider Schönheit vereint mit der Unverwüstlichkeit der Polyantharosen? Es ist gelungen. Eine stattliche Zahl von vielblütigen Rosen in prächtigen sonne- und wetterfesten Farben steht dem Gartenbesitzer heute zur Verfügung und aus diesen soll im folgenden eine Auswahl getroffen werden, in Listen, mit Angaben über die wesentlichen Eigenschaften der Sorte. Die Unterteilung soll nach rein praktischen Gesichtspunkten erfolgen, damit für den Laien und Rosennichtkenner eine brauchbare Handhabe gegeben ist. Bei der Farbenangabe habe ich eine allgemeine Bezeichnung wählen müssen; die Rosenfarben sind je nach Wetter und Standort sehr wandelbar.

Rosen für besondere Zwecke

Für die Verwendung als Trauerrosen sind die folgenden Sorten besonders geeignet:

Als herabhängende, also richtige Trauerrosen, sind folgende Sorten zu empfehlen: American Pillar, Crimson Shower, Direktor Benshop, Dorothy Perkins, Golden Glow, Leverkusen, New Dawn, White Dorothy. Aufrechtwasende, und deshalb größere Kronen bildende Sorten: Blossomtime, Casino, Coral Dawn, Dortmund, Flammentanz, Gerbe Rose, Goldstern, Gruss an Heidelberg, Hamburger Phönix, Parkdirektor Riggers, Rote Flamme, Solo, Sympathie, Tausendschön, Veilchenblau.

Auf Stämmen veredelt, zur Anpflanzung an Mauern, Wänden und dergleichen, sind besonders empfehlenswert: Gloire de Dijon und die Climbingformen der Teehybriden. Diese Sorten sind ganz besonders geeignet für die Bekleidung von Südwänden, wo die anderen Sorten oftmals wegen der stärkeren Erwärmung durch Sonneneinstrahlung nicht gut gedeihen. Man soll bei Anpflanzung von Rosen an Wänden immer darauf achten, daß Spritz- oder Stäubeeinsätze, auch beim neuen Haus, möglich sind und auch rechtzeitig vorbeugend gegen Befall mit Spinnmilben oder Rosenzikaden durchgeführt werden.
Außer Gloire de Dijon sind noch gut: Bad Neuenahr, Casino, Climbing Ballet, Climbing Crimson Glory, Climbing Fritz Thiedemann, Climbing Mrs. Pierre S. du Pont, Climbing New Yorker, Climbing Spartan, Climbing The Queen Elizabeth Rose, Goldstern, Flammentanz, Gerbe Rose, Gruss an Heidelberg, Hamburger Phönix, Ilse Krohn superior, New Dawn, Rote Flamme, Royal Gold, Sympathie. Die Climbing-Sorten (Climbing heißt kletternd) sind Mutationen der niedrigbleibenden Gartenrosen. Empfehlenswert ist, diese Sorten an den Wänden mit Fichtenreisig im Winter gegen Sonnen- und Windeinwirkung leicht zu schützen. Man kann sie auch als niedrigveredelte an Wände pflanzen. Zur An-

pflanzung an Pfeiler und Pergolen muß man aber immer windgeschützte Stellen wählen. Winterschutz ist an solchen Orten besonders wichtig.

Remontantrosen:

Diese Rasse von mäßigwinterfesten Gartenrosen hatte früher eine große Bedeutung. Von den vielen 100 Sorten aus unserer Jugendzeit sind nur wenige geblieben, die es noch lohnt zu pflanzen. Sie blühen nur am zweijährigen Holz, man darf also die langen Triebe nicht zurückschneiden. Besser ist, sie waagerecht niederzubinden, dann bringen fast alle Augen eine Blüte. Bis -15 Grad Celsius sind diese Rosen im allgemeinen zuverlässig und winterfest. Sie blühen im Gegensatz zu ihrem Namen nur einmal.

Rosa: Mrs. John Laing, Bennet 1887, edle Form, sehr groß, gutgefüllt, starkduftend.
Paul Neyron, Levet 1869, vielleicht die größte aller Rosen, voll, gefüllt, starkduftend.
Rot: Fisher et Holmes, Verdier 1865, edle Form, gute Farbe, starkduftend.
Ulrich Brunner Fils, Levet 1881, gute Form, leuchtendes Hellrot, duftend.
Hugh Dickson, H. Dickson 1905, feuriges Rot, beste Form, duftend, öfterblühend.
Weiß: Frau Karl Druschki, Lambert 1901, große, edle Blüten, schneeweiß, öfterblühend.

Die Remontantrosen sind sehr gut als Hochstämme. Alle eignen sich zur Kultur in großen Töpfen für Spättreiberei. Blütezeit April bis Mai.

Hochstammrosen:

Für diesen Zweck kann man nur die Sorten gebrauchen, die von Natur aus eine breite, gutverzweigte Krone aufbauen:
Gelb: Adolf Horstmann, Canary, Friesia, Gloria Dei, Goldkrone, Goldrausch, King's Ransom, Landora, Mabella, Peer Gynt, Sutter's Gold, Western Sun, Whisky.

Gelbrot und zweifarbig: Ambossfunken, Bronce Masterpiece, Caribia, Königin der Rosen, Kordes Perfecta, Lustige, Neue Revue, Piccadilly, Wiener Charme.

Lachs: Ave Maria, Beauté, Freude, Herzog von Windsor, Super Star, Träumerei.

Lila: Mainzer Fastnacht, Shocking Blue, Silver Star.

Blutrot: Duftzauber,* Ernest Morse, Henkell Royal, Kordes' Rose Julie, Opa Pötschke.

Lachsrot: Duftwolke, Fritz Thiedemann, Grande Amore, Herz As, Peter Frankenfeld.

Dunkelrot: American Home, Burgund, Crimson Glory, Erotika, Josephine Bruce, Kardinal, Konrad Adenauer Rose, Liebeszauber, Mainauperle, Norita, Tradition.

Rosa: Ballet, Carina, First Lady, Manuela, Mrs. John Laing, Pariser Charme, Primaballerina, Shannon, Souvenir de la Malmaison, The Queen Elizabeth Rose.

Weiß: Evening Star, Frau Karl Druschki, Königliche Hoheit, Michèle Meilland, Pascali, Virgo.

Die Polyanthahybriden und Floribundarosen sind für diesen Zweck mit wenigen Ausnahmen ebenfalls vorzüglich geeignet. Durch Beschluß des Bundes deutscher Baumschulen haben sich vor einigen Jahren die Stammlängen der Hochstammrosen geändert. Früher waren Trauerrosen von 140–160 cm Stammlänge im Angebot, das ist geändert in 140 cm.

Früher waren Hochstämme im Angebot von 100 bis 120 cm Stammlänge, dies ist geändert in 90 cm Stammlänge.

Halbstämme sind entsprechend auf 50 cm Stammlänge festgesetzt, dann gibt es eine neue Gruppe mit Stammlängen von 30 cm. Diese kurzen Stämmchen wurden früher meistens Fußstämme genannt. Ausnahmen von diesen genormten Stammlängen sind sehr selten und wer zu einer alten Pflanzung Stämme haben muß, die länger sein sollen, etwa Hochstämme wie einst von 120 cm Stammlänge, wird sehr lange suchen müssen, um sie zu finden.

Daß die Stammkürzungen vorteilhaft für den Garten und nicht zuletzt für den Rosengenießer sind, brauche ich wohl nicht erst zu betonen.

Treibrosen, großblütige Teehybriden:
Für die Treiberei, also die Kultur der Rosen in Glashäusern, um Blüten in den Monaten zu erzielen, in denen die Rosen im Freien nicht blühen, werden besonders folgende Sorten angepflanzt:

Silbrig-lila: Mainzer Fastnacht, Shocking Blue, Silver Star.

Weiß: Evening Star, Königliche Hoheit, Michèle Meilland, Pascali, Virgo.

Rosa: Ballet, Carina, The Queen Elizabeth Rose.

Rot: Duftzauber, Ernest Morse, Erotika, Grande Amore, Henkell Royal, New Yorker, Norita, Tradition.

Gelblichrot: Freude, Kordes Perfecta, Neue Revue, Piccadilly.

Gelb: Bellona, Dr. A. J. Verhage, Gloria Dei, Goldkrone, King's Ransom, Peer Gynt, Western Sun, Wiener Charme.

Lachsrot: Duftwolke, Marina, Montezuma, Spartan, Super Star.

Orangerot: Baccara, Feuerzauber, Ilona, Mercedes.

Kupfer und zweifarbig: Bronce Masterpiece, Lolita, Neue Revue, Wiener Charme.

Wie oben bei den Teehybriden habe ich die Sorten genannt, die für den Rosenliebhaber in Frage kommen. Die Gartenbaubetriebe, die Blüten für den Schnittblumenmarkt liefern, pflanzen nur eine sehr beschränkte Anzahl Sorten. Der Liebhaber, der wirkliche Rosenschönheit sucht, findet in folgenden Sorten viel Wertvolles für seine Wünsche.

Rosa: Bridal Pink, Carol, Elysium, Rosenfee, The Queen Elizabeth Rose.

Rot: Ama, Garnette, Nina Weibull, Travemünde.

Orangerot: City of Belfast, Montana, Neues Europa, Prominent.
Gelb: Friesia, Goldrausch, Jan Spek, Norris Pratt, Spanish Sun.

Gelbrot: Bengali, Goldtopas, Red Gold, Rumba, Samba.

Lachs: Anabell, Diamant, Ludwigshafen am Rhein, Patricia, Träumerei, Uwe Seeler.

Weiss: Akito, Schneewittchen.

Freilandschnittrosen:

Für die Gewinnung von langstieligen Schnittrosen werden folgende Sorten angebaut:

Weiß: Evening Star, Königliche Hoheit, Pascali, Virgo.

Rosa: Ballet, Carina, Capistrano, The Queen Elizabeth Rose.

Lachsrosa: Elysium, Montezuma.

Gelb: Goldkrone, Henry Mallerin, King's Ransom, Mabella, Peer Gynt, Sutter's Gold.

Lachsrot: Diamant, Prominent, Spartan, Super Star.

Dunkelrot: Erotika, Grande Amore, Henkell Royal, Liebeszauber, Mainauperle, Roter Stern, Tradition.

Lila: Mainzer Fastnacht, Silver Star.

Für die Gewinnung von Schnittrosen werden im Freiland auch einige der kleinerblühenden Floribunden angepflanzt:

Rosa: Elysium, Rosenfee.

Rot: Duftwolke, Europeana, Lilli Marleen, Travemünde.

Scharlachrot: City of Belfast, Hurra, Irish Wonder, Korona, Molde, Nina Weibull, Orange Triumph, Orange Sensation, Prominent.

Weiß: Akito, Schneewittchen, Weisse Gruss an Aachen.

Gelb und Lachs: Bengali, Circus, Goldrausch, Goldtopas, Jan Spek, Norris Pratt, Red Gold, Rumba, Samba, Spanish Sun.

Topfrosen:

Die vorstehend genannten, kleinerblütigen Floribundarosen sind auch durchaus geeignet für die Kultur als Topfrose auf der Fensterbank. Außer den genannten kann man noch sehr erfolgreich die echten Polyantharosen in Töpfe pflanzen:

Weiß: Sneprinsesse.

Rosa: Gabrielle Privat, Carol, Marimba.

Hellrot: Dick Koster fulgens, Coralin, Maywonder, Muttertag.

Orangerot: Feurio, Gärtnerfreude, Vatertag.
Dunkelrot: Garnette.

Für Liebhaber, im ganzen Winter blühend: Rosa Rouletii.

Dies ist eine alte Zwergbengalsorte, reinrosa, gefülltblühend. Vor ihrer Wiederentdeckung durch Correvon hatte sie den Namen Pompon de Paris. Dies ist die Rose, die schon zu Urgroßmutters Zeiten im Topf auf der Fensterbank stand. Sie ist um 1820 in Paris erstmalig als Topfrose angeboten worden. Ihr Ursprung bzw. ihr Züchter ist unbekannt geblieben. In Deutschland sind in den letzten Jahren sehr schöne neue Formen davon gezüchtet worden, wie: Baby Maskerade, Bonny, Rosmarin, Zwergkönig. Aus dem Ausland sind folgende Sorten in unseren Kulturen beachtenswert: Bit O'Sunshine, eigelb; Coralin, orangerosa; Scarlet Gem, scharlachrot; Scarletta, orangerot.

Wildrosen:

Für die Befestigung von Abhängen, wind- und wassergefährdeten Flächen, wie Straßen- oder Bahndämmen oder Halden, Gruben usw., sind folgende Rosen besonders geeignet. Man pflanze 2- bis 3jährige Sämlinge. Nur Sämlinge werden den Zweck der Pflanzung ganz erfüllen, da nur sie bald durch Ausläuferbildung den Boden kreuz und quer durchwachsen.

Rosa canina L. – die einheimische Heckenrose. Blüte einfach, weiß bis hellrot. Später viele Hagebutten. Höhe bis 3 Meter.

Rosa canina Pfänder. Eine außerordentlich stachelige, starkwachsende Ausleseform der Hundsrose. Katzendicht. Viele Hagebuten, Höhe bis 3 Meter.

Rosa gallica L. – die Essigrose. Hellrot, Blüten einfach. Viele Hagebutten. Höhe 1,50 Meter. Wächst noch wild in Süddeutschland.

Rosa haematodes Boiss. – die Uralform unserer Alpenrose. Blüten einfach, blutrot. Viele Hagebutten. Wertvollste Vitamin-C-Rose. Höhe bis 2 Meter.

Rosa multiflora Thunb. – Japanische Kletterrose. Blüten in Kegelrispen. Sehr zahlreich. Viele kleine Hagebutten. Höhe bis 2 Meter. Eine in den Vereinigten Staaten mit Erfolg angepflanzte Rose, um Windverwehungen zu vermeiden. Macht keine Ausläufer.

Rosa rubiginosa L. (Rosa eglanteria L.) – Apfelrose. Duftendes Laub. Starkbestachelt. Blüten klein, einfach, rosa. Viele orangerote Hagebutten. Höhe bis 2 Meter.

Rosa rugosa Thunb. – Kartoffelrose. Große, rote oder weiße, einfache Blüten, blüht den ganzen Sommer. Viele große Hagebutten, die von August bis November geerntet werden können. Leidet unter Trockenheit. Höhe 1,50 Meter. Beste Verbauungspflanze in Dünen und an Meeresküsten, salzfest.

Rosa pimpinellifolia L. (Rosa spinosissima L.) – Bibernellrose. Einheimische Wildrose. Vorkommen in den Dünen der Ost- und Nordseegebiete, sowie subalpin. Blüten weiß, einfach. Hagebutten schokoladenbraun. Höhe 1 Meter. Verträgt Trockenheit.

Rosa villosa L. (R. pomifera Herrm.) – Apfelhagebuttenrose. Blüten einfach rosa. Viele große Hagebutten. Reife Mitte August. Höhe bis 1,80 Meter.

Rosa virginiana Mill. – Virginianische Wildrose. Blüten einfach, rosarot. Viele kleine Hagebutten, verträgt Trockenheit gut. Höhe 1,20 Meter.

Die vorstehenden Wildrosen können auch sehr gut zu Hecken gepflanzt werden, dort muß man dann bei den ausläufertreibenden Arten durch entsprechende Maßnahmen die Breite der Hecke festhalten.

Nochmals: Vollwertig für Landbefestigungsmaßnahmen sind einzig Sämlinge, nur von R. rugosa Thunb. kann man die gefülltblühenden Formen mit dem gleichen Erfolg pflanzen: Hansa, in violettrot, F. J. Grootendorst in hellrot, Pink Grootendorst in rosa und Schneezwerg in reinweiß. Diese Sorten werden zwischen 100 und 200 cm hoch und breit. Ferner Rosa rugosa Dagmar Hastrup. Blumen zartrosa, schalenförmig, nur ca. 60 cm hoch.

Sollen diese Wildrosenpflanzungen nur 50 cm hoch werden, dann muß man Rosa nitida Wildenow, im Herbst voll schöner, roter Früchte, nehmen. Diese Rose wird durch Wurzelschnittlinge vermehrt, ist sehr anspruchslos und ideal für Landbefestigung. Sehr empfehlenswert auch für niedrige, geschlossene Hecken.

Ich habe auch, als etwas Ungewöhnliches in unserer heutigen Zeit, wuchernde Centifolien im Wildgarten gepflanzt. Die Sorten Belle de Crécy und Rosa gallica Splendens haben 5 Quadratmeter und mehr in drei

Jahren durchwuchert, nur durch Ausläufer, wie etwa die Quecken. Höhe der Pflanzen kaum 40 cm, erst nach einigen Jahren 70 cm. Blütenfarbe leuchtendlila – violett und feurigrot.

Literaturverzeichnis

American Rose Annual 1919–1976.

Handwörterbuch der Pflanzennamen Zander-Encke-Buchheim 1964

Modern Roses, Auflagen 1.3.4.5.6.7. 1930 bis 1969.

Die Rose. J. M. Schleiden, 1872.

Rosenzeitung. Organ des Vereins Deutscher Rosenfreunde, von 1886 bis 1933.

Rosenjahrbuch. Organ des Vereins Deutscher Rosenfreunde, e. V., 1933–1976.

Rose Annual. Organ der National Rose Society 1912–1970.

Rosenlexikon. August Jäger, 1940.

Manual of cultivated trees and shrubs. Alfred Rehder, 1934.

Handbuch der Laubholzkunde. Krüssmann, 1962.

Tous les noms des roses. Léon Simon und Pierre Cochet, 1906.

Zytologische Studien über die Gattung Rosa. Acta Horti Bergiani. 7. 5. Gunnar Täckholm, 1922.

Vor 5000 Jahren. Die Ausgrabungen in Ur in Chaldäa. C. L. Wooley, 13. Auflage.

Genus Rosa. Ellen Willmot, 1914.

Rosen Rosen Rosen, Das Meisterwerk über die Rose. Krüssmann, 1974.

Rosenbuch. Dr. Glasau, 1961.

Sortenlisten

Winterharte, einmalblühende Strauchrosen

Rosen sind für viele unterschiedliche Verwendungszwecke brauchbar. Ich habe die Hauptverwendungsmöglichkeiten und die Größen der Pflanzen, wenn ausgewachsen, bestmöglichst angegeben. Diese Werte sind natürlich von den örtlichen Lebensbedingungen der Rosen abhängig. Die Ausläufer treibenden Sorten sind besonders wertvoll zur Befestigung von Abhängen.

Name und Züchter	Bot. Art.	Blüte Füllung Kronblätter	Blüte Farbe	Rispe	Größe Ø
Rosa alba Suaveolens	alba	30	milchweiß	bis 10	10 cm
Rosa Andersonii	centifolia	5	rot, Mitte weiß	bis 5	10 cm
Rosa canina Kiese Kiese & Co. 1910	canina	5	feuerrot	bis 20	6 cm
R. centifolia Major	centifolia	30	rosa	bis 3	7 cm
R. centifolia Muscosa Erstmals 1796 erwähnt	centifolia	30	rosa	bis 3	8 cm
R. centifolia Blanche Moreau Moreau-Robert 1880	centifolia	25	weiß	bis 3	8 cm
R. centifolia Cristata Vibert 1827	centifolia	40	rosa	bis 5	10 cm
R. centifolia Parkjuwel W. Kordes' Söhne 1950	centifolia	30	feurigblutrot	bis 5	10 cm
R. centifolia Parkzauber W. Kordes' Söhne 1956	centifolia	30	dunkelrot	bis 5	10 cm
R. damascena Trigintipetala Dr. Dieck 1899	Damascener-rose	20	rosa	bis 20	8 cm
R. damascena York & Lancaster	Damascener-rose	20	rosa und weiß gestreift	bis 20	8 cm
R. gallica Pompon de Bourgogne	Provinzrose	20	rosa	bis 10	6 cm
R. gallica Scharlachglut W. Kordes' Söhne 1952	Provinzrose	5–7	feurig-dunkelrot	bis 3	10 cm
R. gallica Splendens Alte Apotheker Rose	Provinzrose	7–10	feurigrot	bis 20	7 cm
Dornröschen W. Kordes' Söhne 1960	acicularis	20	feurigrot	bis 10	8 cm
Wildfeuer W. Kordes' Söhne 1953	Remontant-rose	5	feuerrot	bis 20	12 cm
Bicolor atropurpurea	foetida	5	zimtbraun-gelb	bis 3	7 cm
Persian Yellow Willock 1837	foetida	30	reingelb	bis 5	7 cm
Rosa Harisonii Harison 1830	pimpinelli-folia	25	reingelb	bis 5	6 cm

Duft	Blütezeit	Winterhärte	Allgemeines
sehr stark	früh	–20 °C	Aufrecht. Verzweigt, hellgrünes Laub. Später schöne Hagebutten.
keiner	früh	–20 °C	Breiter Busch. Fast immergrün. Reichblühend, 1,5 m hoch.
keiner	mittel	–20 °C	Reichblühend. Glänzendes Laub. Gesund. Viele große Hagebutten.
stark	mittel	–20 °C	Reichblühend. 1 m hoch. Alte Bauernrose.
sehr stark	mittel	–20 °C	Alte, beliebte Moosrose. 1 m hoch.
stark	mittel	–20 °C	Beste der weißen Moosrosen. 1 m hoch.
stark	mittel	–20 °C	Hahnenkammrose. Auch als Chapeau de Napoléon bekannt. 1 m hoch.
stark	mittel	–20 °C	Reichblühend. Bis 1,5 m hoch. Stark bestachelt. Vogelschutzgehölz.
sehr stark	mittel	–20 °C	Reichblühend. Bis 1 m hoch. Neue Farbe in Moosrosen.
stark	mittel	–15 °C	Ölrose von Kazanlik. Busch bis 2 m hoch. Reichblühend.
stark	mittel	–15 °C	Mutation voriger Sorte. Interessant. Streifung sehr veränderlich.
stark	mittel	–15 °C	Niedriger, dichter Busch. Reichblühend. 60 cm. Ausläufer bildend.
mäßig	früh	–20 °C	Reichblühend. 1,5 m hoch. Dichter Busch. Große Hagebutten.
keiner	früh	–25 °C	Dichter, aufrechter Busch. Schön belaubt. Hagebutten. Ausläufer treibend, gut für Hecken.
wenig	früh	–25 °C	Hoher, dichter, gesundbelaubter Busch. Hagebutten. 1 m hoch.
gut	früh	–25 °C	Dichter, breiter Busch. Gesund. Bis 2 m hoch.
unangenehm	früh	–20 °C	Lockerer, breiter Busch. Laub unansehnlich. Oft Sternrußtau. Nicht zu anderen Rosen pflanzen.
unangenehm	früh	–20 °C	Dichtgefüllt. Bis 1 m hoch. Sternrußtau anfällig.
keiner	früh	–20 °C	Dichtbuschig. Bis 1 m hoch. Reichblühend. Gesund. Vogelschutzgehölz.

Winterharte, einmalblühende Strauchrosen

Name und Züchter	Bot. Art.	Blüte Füllung Kronblätter	Farbe	Rispe	Größe ∅
Rosa hugonis Hemsley 1899	pimpinellifolia	5	gelb	bis 5	5 cm
Rosa moyesii Hemsley & Wilson 1903	moyesii	5	rot	bis 5	7 cm
Marguerite Hilling Hilling 1959	moyesii	10	rosa	bis 10	10 cm
Rosa multiflora Thunberg	multiflora	5	weiß	bis 50	3 cm
Rosa rubiginosa Linné	canina	5	rosa	bis 20	4 cm
Rosa pimpinellifolia Linné	pimpinellifolia	5	weiß	bis 5	8 cm
Rosa spinosissima altaica Willdenow	pimpinellifolia	5	weiß	bis 5	8 cm
Frühlingsanfang W. Kordes' Söhne 1950	pimpinellifolia	10	weiß	bis 10	10 cm
Frühlingsduft W. Kordes' Söhne 1949	pimpinellifolia	30	weiß-rosig	bis 5	10 cm
Frühlingsgold W. Kordes' Söhne 1937	pimpinellifolia	8–10	goldgelb	bis 5	10 cm
Frühlingsmorgen W. Kordes' Söhne 1942	pimpinellifolia	5	rosa, gelbe Mitte	bis 5	10 cm
Frühlingszauber W. Kordes' Söhne 1942	pimpinellifolia	5	rot	bis 5	10 cm
Maigold W. Kordes' Söhne 1953	pimpinellifolia	20	goldorange	bis 10	10 cm
Fritz Nobis W. Kordes' Söhne 1942	rubiginosa	30	lachsrosa	bis 10	8 cm
Goldbusch W. Kordes' Söhne 1954	rubiginosa	15	goldgelb	bis 10	10 cm
Rosa rugosa Thunberg	rugosa	5	rot oder weiß	bis 20	8 cm
Conrad Ferdinand Meyer Dr. Müller 1899	rugosa	30	rosa	bis 5	12 cm
Dagmar Hastrup	rugosa	6	hellrosa	bis 5	5 cm
Hansa Schaum & Van Tol 1905	rugosa	20	violettrosa	bis 10	12 cm

Duft	Blütezeit	Winterhärte	Allgemeines
keiner	früh	−15 °C	Dichter Busch. Überhängend. Orangerote Hagebutten.
keiner	mittel	−25 °C	Aufrechter, wenig verzweigter Busch. Lange Hagebutten.
keiner	mittel	−25 °C	Breiter Busch, gute, gesunde Belaubung. Reichblühend. Bis 2 m hoch. Dichtes Vogelschutzgehölz.
starker Honigduft	mittel	−20 °C	Breit, überhängend. Große Büsche. Ideal für Vogelschutz. Hohe Hecken. Kleine Hagebutten, Leckerbissen für Vögel.
Apfelduft, besonders das Laub	mittel	−30 °C	Subalpine canina-Form. Aufrecht. Vogelschutzgehölz. Hecken. Hagebutten.
keiner	früh	−30 °C	Strauch bis 1 m. Im Juli schon schokoladenbraune Hagebutten.
keiner	früh	−30 °C	Strauch bis 1,5 m. Dicht, gesundbelaubt. Braune Hagebutten. Vogelschutzgehölz.
keiner	früh	−20 °C	Strauch 3 m hoch und 4 m breit. Dicht. Vogelschutz.
sehr stark	früh	−20 °C	Riesenstrauch. Dicht, gesund. Vogelschutz.
gering	früh	−20 °C	Hoher Strauch. Reichblühend. Gesund. Vogelschutzgehölz.
gering	früh	−20 °C	Hoher, breiter Strauch. Reichblühend. Vogelschutzgehölz.
sehr stark	früh	−20 °C	Hoher, dichter Strauch. Reichblühend. Vogelschutzgehölz.
gut	früh	−25 °C	Großer, dichter, aufrechter Strauch. Glänzend, gesundbelaubt. Öfterblühend. Vogelschutzgehölz. Kletterrose.
stark	mittel	−20 °C	Breiter, dichter Busch. Reichblühend. Gesund. Vogelschutzgehölz. 2 m hoch.
gering	mittel	−20 °C	Breiter, dichter, gesundbelaubter Busch. Reichblühend. Vogelschutzgehölz.
gut	mittel	−30 °C	Dichter, aufrechter Strauch. Gesund. Blüht bis zum Winter. Große, dicke Hagebutten, Heckensorte. Ausläufer treibend.
sehr stark	mittel	−15 °C	Kann bis 3 m hoch werden. Großer Busch. Gesundbelaubt. Große, duftende Blüten, bis in den späten Herbst.
keiner	mittel	−20 °C	Breitbuschig. Dicht. Niedrig. Höhe bis 60 cm. Als höhere Abdeckung sehr empfehlenswert.
sehr stark	mittel	−30 °C	Dichter Busch. Bis 1,5 m. Gesund. Hagebutten. Ausläufer treibend. Vogelschutzgehölz.

Winterharte, einmalblühende Strauchrosen

Name und Züchter	Bot. Art.	Blüte Füllung Kronblätter	Farbe	Rispe	Größe Ø
F. J. Grootendorst Grootendorst 1918	rugosa	10	rot	bis 20	4 cm
Pink Grootendorst Grootendorst 1923	rugosa	10	rosa	bis 20	4 cm
Rosa sweginzowii Macrocarpa	sweginzo-wii	5	rot	bis 10	7 cm
Rosa xanthina Lindley	pimpinelli-folia	5	goldgelb	bis 5	8 cm
Rosa villosa pomifera Linné	canina	5	rosa	bis 5	7 cm
Rosa canina Linné	canina	5	rosa oder weiß	bis 20	7 cm
Rosa rubrifolia Villars	canina	5	rot	bis 20	5 cm
Rosa nitida Willdenow	nitida	5	rot	bis 10	7 cm
Rosa virginiana Miller	virginiana	5	rosa	bis 7	6 cm
Rosa omeiensis pteracantha Rehder & Wilson 1890	omeiensis	4	weiß	einzeln	3 cm
Rosa wichuraiana Crépin	wichuraiana	5	weiß	bis 10	4 cm

Duft	Blütezeit	Winterhärte	Allgemeines
keiner	spät	–20 °C	Dichter Busch. 1 m hoch. Vogelschutzgehölz.
keiner	spät	–20 °C	Mutation von vorstehender Sorte.
keiner	mittel	–20 °C	Riesenfrüchtige Form von sweginzowii. Reichblühend und fruchtend. Bis 2 m hoch.
keiner	früh	–15 °C	Hoher Strauch. Dicht. Reichblühend. Braune Hagebutten im Juli. Vogelschutzgehölz.
keiner	mittel	–20 °C	Hoher Strauch. Große Hagebutten. Hecken. Aufrecht.
gut	mittel	–25 °C	Unsere einheimische Heckenrose. Überhängend. Bis 3 m hoch und 4 m breit. Viele Hagebutten. Vogelschutzgehölz.
keiner	mittel	–25 °C	Sogenannte Hechtrose. Subalpine Form von canina. Rotlaubig. Bis 2 m hoch.
keiner	mittel	–25 °C	Dichter, niedriger Busch. 50 cm hoch und breit. Hagebutten. Heckenrose. Ausläufer treibend.
keiner	mittel	–30 °C	Busch bis 1 m hoch und breit. Gesund, dichtbelaubt. Reichblühend. Hagebutten. Heckenrose. Ausläufer treibend.
keiner	früh	–20 °C	Reichblühend. Riesige, lange Stacheln, feuerrot. Hagebutten klein, im Juli rubinrot.
keiner	spät	–15 °C	Kriechend, fast immergrün. Als Bodendecker bestens geeignet.

Öfterblühende Strauchrosen

Im Jahre 1933 begann ich mit dieser Serie von Buschrosen. Die erste Sorte ‚Eva' war einfach, aber die zweite Sorte „Wilhelm" wird heute noch gerne gepflanzt. Es war ein absonderliches Unterfangen, eine öfterblühende Strauchrosenrasse zu züchten, weil solches bis dahin nicht vorhanden war und erstmals eine Verwendungsmöglichkeit dafür bekanntgemacht werden mußte. Seitdem sind 37 Jahre vergangen. Aus dem damaligen Fragezeichen ist eine allgemein verwandte Gruppe von Rosen geworden. Zu Tausenden stehen sie in öffentlichen Anlagen und Gärten.

Name und Züchter	Blüte			Größe
	Füllung Kronblätter	Farbe	Rispe	Ø
Aloha Boerner 1949	30	rot-weiß	bis 5	12 cm
Bayreuth W. Kordes' Söhne 1965	25	goldgelb-rötlich	bis 10	12 cm
Berlin W. Kordes' Söhne 1949	5	feuerrot Mitte gelb	bis 20	7 cm
Bischofsstadt Paderborn W. Kordes' Söhne 1964	5	zinnober	bis 20	8 cm
Blossomtime O'Neal-Bosley 1951	25	rosa	bis 10	9 cm
Bonn W. Kordes' Söhne 1950	20	ziegelrot	bis 5	12 cm
Buisman's Triumph Buisman 1953	20	hellrot	bis 25	5 cm
Centennaire de Lourdes Delbard 1958	15	leuchtend-reinrosa	bis 5	8 cm
Chinatown Poulsen 1963	25	goldgelb	bis 10	8 cm
Dirigent M. Tantau 1956	15	feuerrot	bis 10	8 cm
Elmshorn W. Kordes' Söhne 1951	20	hellrot	bis 30	6 cm
Erfurt W. Kordes' Söhne 1939	10	weiß mit rot. Rand	bis 10	10 cm
Feuerwerk M. Tantau 1962	15	zinnober	bis 5	8 cm
Golden Showers Germain's 1958	10	gelb	bis 5	12 cm
Grandhotel Sam. McGredy 1975	20	blutrot	bis 5	12 cm
Gruss an Heidelberg W. Kordes' Söhne 1959	20	feuerrot	bis 5	10 cm
Gruss an Koblenz W. Kordes' Söhne 1963	15	blutrot	bis 5	8 cm

Duft	Blütezeit	Winterhärte	Allgemeines
gut	mittel	–20 °C	Aufrecht, gesund, glänzendbelaubt. Reichblühend. Hecken und Einzelpflanze. 1 m hoch.
stark	mittel	–15 °C	Aufrecht. Gesund, glänzendbelaubt. Reichblühend. Gruppen- und Einzelstrauch. 1,50 m hoch.
keiner	spät	–20 °C	Aufrecht. Üppig, gesundbelaubt. Blüten haltbar. Hecken- und Gruppenrose. 1 m hoch.
keiner	mittel	–20 °C	Reichblühend. Aufrecht, ideale Heckenrose und für Gruppen. Gesund. 1,50 m hoch.
sehr stark	mittel	–15 °C	Überhängend. Reichblühend. Gut, gesundbelaubt. Gruppen- und Trauerrose.
gering	spät	–15 °C	Aufrecht. Dicht, gesundbelaubt. Reichblühend. Hecken- und Gruppenrose. 2 m hoch.
mäßig	mittel	–20 °C	Breit-aufrecht. Gut, gesundbelaubt. Reichblühend. Beste Heckenrose. 1,50 m hoch.
keiner	mittel	–15 °C	Aufrecht, doch überhängend. Hecken- und Gruppenrose. 1,50 bis 1,80 m hoch.
gering	mittel	–20 °C	Aufrecht, überhängend. Gesund, gutbelaubt. Reichblühend. Gruppen- und Heckenrose.
gering	spät	–20 °C	Aufrecht. Gesund, reichlichbelaubt. Reichblühend. Gruppen- und Heckenrose. 1,50 m hoch.
keiner	spät	–20 °C	Aufrecht. Gesund- und reichlichbelaubt. Bis in den Winter mit Blüten. Hecken- und Gruppenrose. Bis 2 m hoch.
gering	mittel	–15 °C	Breiter Busch. Gut, gesundbelaubt. Reichblühend bis in den Winter.
gering	mittel	–15 °C	Aufrecht. Gesund und reichlichbelaubt. Reichblühend. Hecken- und Gruppenrose. 1 m hoch.
keiner	mittel	–20 °C	Aufrecht. Reichlich, gesundbelaubt. Reichblühend. Hecken- und Gruppenrose. Bis 1,50 m.
gering	mittel	–15 °C	Aufrecht, doch buschig. Belaubung glänzend, reichblühend. Hecken- und Gruppenrose. 1,50 m hoch.
gering	spät	–20 °C	Aufrecht, breitbuschig. Üppig, gesundbelaubt. Gruppen-Hecken-Trauerrose. Bis 2 m hoch.
keiner	mittel	–20 °C	Aufrecht, breitbuschig; sehr dichter, reicher Blütenflor. 1,50 m hoch.

Öfterblühende Strauchrosen

Name und Züchter	Füllung Kronblätter	Blüte Farbe	Blüte Rispe	Größe Ø
Händel Sam. McGredy 1965	20	weißrot	bis 5	10 cm
Hansestadt Lübeck W. Kordes' Söhne 1962	20	leuchtend-orangerot	bis 20	10 cm
Ilse Haberland W. Kordes' Söhne 1956	30	gelb-rosa	bis 5	15 cm
Kassel W. Kordes' Söhne 1956	25	orangerot	bis 10	12 cm
Lichterloh M. Tantau 1955	20	zinnober	bis 10	8 cm
Lichtkönigin Lucia W. Kordes' Söhne 1966	20	sonnen-gelb	bis 10	10 cm
Lydia W. Kordes' Söhne 1973	15	gelb und rot	bis 10	10 cm
Mainzer Wappen – Mainzer Rad W. Kordes' Söhne 1963	25	rosa	bis 10	12 cm
Mannheim W. Kordes' Söhne 1958	25	kirschrot	bis 10	10 cm
Münchener Fasching W. Kordes' Söhne 1963	20	blutrot	bis 25	8 cm
Nymphenburg W. Kordes' Söhne 1954	20	hellgelb	bis 30	10 cm
Oskar Scheerer W. Kordes' Söhne 1961	20	samtig-schwarzrot	bis 20	10 cm
Prestige W. Kordes' Söhne 1957	10	feurig-blutrot	bis 40	10 cm
Saarbrücken W. Kordes' Söhne 1959	10	dunkelrot	bis 20	8 cm
Salzburg W. Kordes' Söhne 1967	30	lachsrosa-gelb	bis 5	10 cm
Schneewittchen W. Kordes' Söhne 1958	20	schneeweiß	bis 5	10 cm
Sparrieshoop W. Kordes' Söhne 1952	5	rosa	bis 20	12 cm

Duft	Blütezeit	Winterhärte	Allgemeines
gering	spät	–20 °C	Wie vorstehende, aus welcher sie stammt. Nur die Blüten sind zweifarbig, rot mit weißer Rückseite.
wenig	spät	–15 °C	Aufrecht, bis 1 m hoch. Gesund, reichlichbelaubt. Reichblühend. Gruppen-Heckenrose.
gut	spät	–20 °C	Breitbuschig. Reichlich, gesundbelaubt. Dauernd blühend, Riesenblüten. Gruppenrose. Bis 1,50 m hoch.
gering	spät	–20 °C	Breitbuschig. Üppig, gesundbelaubt. Dauernd blühend. Reichblühend. Gruppen- und Kletterrose. Wandbekleidung. Bis 1,50 m hoch.
gering	mittel	–15 °C	Aufrecht, bis 1 m hoch. Gesund. Reichblühend, für niedrige Hecken.
gut	mittel	–12 °C	Aufrecht. Buschig. Gesund-, dicht-, hellgrünbelaubt.
gut	mittel	–20 °C	Aufrecht, buschig. Gruppen- und Heckenrose. 1,50 bis 2 m hoch.
sehr stark	mittel	–15 °C	Aufrecht. Gesundbelaubt. Reichblühend. Gruppen- und Heckenrose. Bis 1,50 m hoch.
gering	mittel	–15 °C	Aufrecht. Gut-, gesundbelaubt. Reichblühend. Hecken- und Gruppenrose.
mäßig	mittel	–20 °C	Aufrecht. Reichlich-, gesundbelaubt. Reichblühend. Hecken- und Gruppenrose. Bis 1,50 m hoch.
gut	spät	–20 °C	Aufrecht, dichtbuschig. Bis 2 m hoch. Gut-, gesundbelaubt. Reichblühend. Hecken-Gruppen-Vogelschutzrose.
gering	mittel	–20 °C	Aufrecht. Dichtbuschig. Gut-, gesundbelaubt. Reichblühend. Hecken- und Gruppenrose. 1,50 m hoch.
gut	früh	–20 °C	Aufrecht, bis 1 m hoch. Gesund. Sehr reichblühend. Gruppenrose, niedrige Hecken.
wenig	früh	–25 °C	Aufrecht. Dichtbelaubt. Bis 1,20 m hoch. Beste Heckenrose. Reichblühend bis zum Frost.
gering	spät	–15 °C	Aufrecht. Verzweigt. Üppig, glänzend-, dunkelgrünbelaubt.
gering	mittel	–25 °C	Breitbuschig. Gesundbelaubt. Dauernd blühend bis in den Winter. Gruppen- und Heckenrose. Bis 1,50 m hoch.
gut	spät	–20 °C	Eine Hybride unserer Weinrose (R. rubiginosa). Duftend. Öfterblühend bis in den Winter. Pfeilerrose, Wandbekleidung. Freistehender Busch. Gesund. Duftend.

Öfterblühende Strauchrosen

Name und Züchter	Blüte Füllung Kronblätter	Farbe	Rispe	Größe ∅
Stadt Kiel W. Kordes' Söhne 1962	20	dunkelrot, später violett	bis 10	12 cm
Stadt Rosenheim W. Kordes' Söhne 1961	25–30	orange-lachs	bis 10	10 cm
Weihenstephan W. Kordes' Söhne 1964	30	zweifarbig rot-weiß	bis 10	10 cm
Westerland W. Kordes' Söhne 1969	25	goldgelb mit roten Streifen	bis 10	12 cm
Wilhelm W. Kordes' Söhne 1934	10	dunkelrot	bis 40	7 cm

Duft	Blütezeit	Winterhärte	Allgemeines
gut	spät	–20 °C	Hoher, aufrechter Busch. Üppig-, gesundbelaubt. Reichblühend. Hecken- und Gruppenrose. Winterhart. Bis 1,50 m hoch.
gut	mittel	–20 °C	Aufrecht, bis 1 m. Buschig. Gesundbelaubt. Reichblühend. Für niedrige Hecken und Gruppen.
gering	spät	–20 °C	Aufrecht, bis 1 m. Buschig. Gesund. Reichblühend. Für Hecken und Gruppen.
stark	mittel	–12 °C	Aufrecht. Gut-, gesundbelaubt. Buschig. Reichblühend. Starkduftend.
mäßig	spät	–15 °C	Breit-aufrecht, bis 1,50 m. Sehr blühwillig. Gesund, hart. Für breite Hecken, als Gruppe und Einzelstrauch.

Kletterrosen, einmalblühende

Nachstehende Sorten sind die wenigen Überlebenden einer einst sehr zahlreichen Rasse. Sie sind überwältigend in der Blütezeit und man sollte sie nicht vergessen.

Name und Züchter	Füllung Kronblätter	Farbe	Blüte Rispe	Größe Ø	Duft
American Pillar Van Fleet 1902	5	rot, weiße Mitte	bis 100	5 cm	keiner
Crimson Shower Norman 1951	25	dunkelrot	bis 30	5 cm	keiner
Dorothy Perkins Jackson & Perkins 1901	25	rosa	bis 30	5 cm	keiner
Excelsa Walsh 1909	25	rot	bis 30	5 cm	keiner
Flammentanz W. Kordes' Söhne 1955	20	feuerrot	bis 20	8 cm	keiner
Gerbe Rose Barbier & Co 1904	25	rosa	bis 10	8 cm	stark
Golden Glow Brownell 1937	20	goldgelb	bis 10	10 cm	keiner
Maréchal Niel Pradel 1864	40–50	tiefgelb	bis 3	12 cm	sehr stark
Rote Flamme W. Kordes' Söhne 1967	25	samtig- dunkelrot	bis 20	9 cm	gering
Veilchenblau J. C. Schmidt 1909	20	violett	bis 20	4 cm	kräftig

Strauch Blütezeit	Tracht	Verwendung	Allgemeines
spät	aufrecht, über-hängend	Freistehend, Trauerrose	Sehr frosthart. Gesund. Breit, bis 4 m am Spalier.
sehr spät	nieder-liegend	Trauerrose	Hart, reichblühend. Gut für Bedeckung von Abhängen.
spät	nieder-liegend	Trauerrose	Hart. Reichblühend. Für Bedeckung von Abhängen.
spät	nieder-liegend	Trauerrose	Hart. Reichblühend. Für Bedeckung von Abhängen.
mittel	aufrecht	Pfeiler, freistehend	Sehr frosthart. Gesund. Reichblühend. Hecken. Bis 7 m hoch.
früh	aufrecht	Pfeiler, Ost-West-Nord-wände	Fast immergrün. Frosthart. Gesund. Hecken. Bis 3 m hoch.
früh	über-hängend	Pfeiler, Ost-West-Wände	Reichblühend. Gesund. Trauerrose. Bis 2 m hoch.
früh	nieder-liegend	Gewächshaus	Frostempfindlich. Teerose.
früh	aufrecht	Pfeiler, Ost- und West-wände	Breiter Busch. Üppig, dunkelgrün, gesund-belaubt. Bis 3 m hoch.
früh	über-hängend	Trauerrose, Einzelbusch	Sehr frosthart. Gesund. Reichblühend. Fast stachellos. Bis 3 m hoch.

Kletterrosen, öfterblühende

In den nachstehenden Listen sind die Sorten Kletterrosen aufgeführt, die heute allgemein als die wertvollsten angesehen werden. Es ist gar nicht so lange her, da erregte die Sorte New Dawn in allen Gärten großes Aufsehen, weil sie nach der ersten Blüte eine zweite gab. In Wirklichkeit hat es schon im vorigen Jahrhundert öfterblühende Kletterrosen gegeben, aber alle waren bei uns nicht winterfest. Deshalb mein jahrzehntelanges Bemühen, eine winterfeste Rasse von öfterblühenden Kletterrosen zu züchten; eine langwierige Arbeit, die dann mit Hamburger Phönix eine unübersehbare Erfüllung erfuhr. Es waren ja viele Bedingungen zu einem Bündel in einer Pflanze zu vereinen, ehe das Ziel als erreicht angesehen werden konnte. Heute haben die Kordesii-Rosen die übrigen Kletterrosen ganz vom Markt verdrängt, nicht zuletzt deshalb, weil es gelungen ist, alle Farben der Gartenrosen in dieser Rasse zu vereinen.

Die Abkürzungen in Rubrik Botanische Art bedeuten:

Kord. = Rosa kordesii Form
mult. = Rosa multiflora Form
T. H. = Teehybride
Tee = Teerose
wich. = Rosa wichuraiana Form

Name und Züchter	Bot. Art.	Füllung Kronblätter	Farbe	Blüte Rispe	Blüte Größe ∅	Duft	Blützeit
Bantry Bay Sam. McGredy 1967	Kord.	10	reinrosa	bis 10	8 cm	mäßig	mittel
Casino Sam. McGredy 1963	Kord.	25	gelb	bis 10	10 cm	gering	mittel
Coral Dawn Boerner 1952	mult.	30	rosa-lachs	bis 10	12 cm	gut	mittel
Dortmund W. Kordes' Söhne 1955	Kord.	10	feuerrot, weißes Auge	bis 20	10 cm	gering	früh
Gloire de Dijon Jacetot 1853	Tee	50	lachs-gelb	3–5	12 cm	stark	früh
Goldstern M. Tantau 1966	Kord.	15	rein-goldgelb	bis 5	10 cm	gering	früh
Gruss an Heidelberg W. Kordes' Söhne 1959	Kord.	15	feuerrot	bis 10	10 cm	gering	spät
Gruss an Koblenz W. Kordes' Söhne 1963	Kord.	20	feuerrot	bis 10	10 cm	mäßig	spät
Hamburger Phönix W. Kordes' Söhne 1954	Kord.	25	karme-sinrot	bis 10	12 cm	gering	mittel
Ilse Krohn superior W. Kordes' Söhne 1964	Kord.	30	weiß	bis 5	12 cm	stark	mittel
Karlsruhe W. Kordes' Söhne 1957	Kord.	40	rosa	bis 10	12 cm	mäßig	mittel

Winterhärte	Strauch Tracht	Frosthärte	Verwendung	Allgemeines
–15 °C	breit, aufrecht		Einzelstrauch, Ost-, Westwände	Gesundbelaubt. Reichblühend. Bis 3 m hoch.
–15 °C	aufrecht	gut	Pfeiler, Ost-, Westwände. Busch	Gut-, gesundbelaubt. Wüchsig. Reichblühend. Bis 2 m hoch.
–20 °C	aufrecht	gut	Strauch, Pfeiler, Ost-, Südwände	Gesund. Reichblühend. 1,5 m hoch.
–20 °C	aufrecht	gut	Busch, Pfeiler, Ost- u. Westwände	Reichblühend. Gesund. Starkwachsend. Bis 3 m hoch.
–20 °C	aufrecht	mäßig	Ost-, West- und Nordwände	Gutblühend. Gesund. Unregelmäßige Verzweigung.
–15 °C	aufrecht		Einzelstrauch, Ost- u. Westwände	Reichblühend. Gesund. Bis 3 m hoch.
–20 °C	breit-buschig	gut	Ost-, Westwände, Einzelstrauch	Reichblühend. Gesundbelaubt. Bis 3 m hoch.
–20 °C	breit-buschig	gut	Einzelstrauch, Ost-, Westwände	Reichblühend. Gesund. Hagebutten. Bis 2 m hoch.
–25 °C	breit-buschig	gut	Pfeiler, Einzelstrauch, Ost-, Westwände	Reichblühend. Gesund. Üppigbelaubt. Bis 3 m.
–20 °C	aufrecht	gut	Pfeiler, Ost-, West- und Südwände	Reichblühend. Gesund. Bis 2 m hoch.
–20 °C	breit	gut	Strauch, Pfeiler, Ost-, West-, Südwände	Reichblühend. Gesund. 2 m hoch

Kletterrosen, öfterblühende

Name und Züchter	Bot. Art.	Kronblätter Füllung	Kronblätter Farbe	Blüte Rispe	Blüte Größe ∅	Duft	Blütezeit
Kassel W. Kordes' Söhne 1956	Kord.	25	scharlach	bis 10	10 cm	gering	spät
Köln am Rhein W. Kordes' Söhne 1956	Kord.	15	lachs- rosa	bis 20	8 cm	gut	früh
Leverkusen W. Kordes' Söhne 1954	Kord.	25	gelb	bis 20	10 cm	gut	früh
Morgengruss W. Kordes' Söhne 1962	Kord.	20–25	rosa- goldgelb	bis 10	10 cm	stark	mittel
New Dawn Somerset Nurs. 1930	wich.	10–20	rosa	bis 10	10 cm	stark	mittel
Parkdirektor Riggers W. Kordes' Söhne 1957	Kord.	15	dunkel- blutrot	bis 10	8 cm	gering	mittel
Raymond Chenault W. Kordes' Söhne 1960	Kord.	20	samtig- scharlach	bis 10	10 cm	stark	früh
Ritter von Barmstede W. Kordes' Söhne 1959	Kord.	25	hellrot	bis 20	7 cm	gering	spät
Schwanensee Sam. McGredy 1968	Kord.	20	weiß, elfenbein	bis 10	12 cm	gut	mittel
Solo M. Tantau 1956	mult.	20	feuerrot	bis 10	8 cm	gering	spät
Sympathie W. Kordes' Söhne 1964	Kord.	20	samtig- dunkelrot	bis 15	10 cm	stark	mittel
Wilhelm Hansmann W. Kordes' Söhne 1955	Kord.	20	samtig- dunkelrot	bis 20	4–5 cm	gering	mittel

Winterhärte	Strauch Tracht	Frosthärte	Verwendung	Allgemeines
–20 °C	hoch- breit	gut	Ost-, Süd- u. Westwände, Pfeiler, Strauch	An der Wand bis 4 m hoch und breit. Reichblühend. Gesund. Edle Form.
–20 °C	überhäng. breit	reichlich	Trauerrose, Pfeiler, Ost-, Westwände, Abhänge	Reichblühend. Glänzendes, gesundes Laub. Bis 3 m.
–20 °C	überhäng. breit	gut	Trauerrose, Pfeiler, Ost-, Westwände, Abhänge	Reichblühend. Glänzendes, gesundes Laub. Bis 3 m. Gesund.
–20 °C	aufrecht	gut	Ost-, Westwände, Pfeiler	Breitwachsend. Reichblühend. Glänzendbelaubt. Bis 2,5 m hoch.
–20 °C	überhäng. breit	reichlich	Ost-, Westwände, Pfeiler, Einzelstrauch, Abhänge	Trauerrose. Gesund. Reichblühend. 3 m hoch, 4 m breit. Überhängend.
–20 °C	überhäng. breit	reichlich	Ost-, Westwände, Pfeiler, Trauerrose	Reichblühend. Gesund. Bis 4 m hoch.
–20 °C	aufrecht breit	gut	Pfeiler, Ost-, Westwände	Reichblühend. Gesund. Bis 3 m hoch. Schön, glänzendbelaubt.
–20 °C	breit	reichlich	Pfeiler, Ost-, Westwände, Trauerrose, Abhänge	Reichblühend bis in den Winter. Gesund. Bis 3 m hoch.
–15 °C	straff aufrecht	gut	Strauch, Pfeiler, Ost- und Westwände	Gesund. Dunkelgrün belaubt. Bis 3 m hoch.
–15 °C	aufrecht buschig	gut	Ost-, Westwände, Pfeiler, Einzelstrauch	Reichblühend. Gesund. Bis 2 m. Edle Knospen.
–20 °C	aufrecht buschig	reichlich	Ost-, West-, Südwände, Pfeiler	Reichblühend. Üppig-, gesundbelaubt. Edelste Blütenform. 3 m hoch.
–20 °C	aufrecht buschig	reichlich	Pfeiler, Einzelstrauch	Reichblühend. Gut-, gesundbelaubt. Starke Pflanze. Aufrecht. 3 m hoch und 4 m breit.

Polyantharosen

Nachstehende Sorten sind besonders geeignet für Topfkultur und werden zu vielen Tausenden in Töpfen für die Sommerbepflanzung auf Friedhöfen kultiviert.
Sie sind auch für den Liebhaber empfehlenswert als Topfrosen. Richtig behandelt blühen sie früh im Jahr und bis Weihnachten. Im Unterschied zu den Zwergbengalrosen müssen diese Sorten aber eine Ruhepause ab Weihnachten bis etwa Ende Februar haben.
Eine wertvolle Ergänzung zu diesen Sorten sind die aus Garnette gezüchteten.

Name und Züchter	Blüte			Größe
	Füllung Kronblätter	Farbe	Rispe	∅
Dick Koster fulgens Koster 1940	25	hellrot	bis 10	3–5 cm
Gabrielle Privat Privat 1931	25	rosa	bis 30	3 cm
Garnette M. Tantau 1947	20	dunkelrot	bis 5	3–4 cm
Marimba Verbeek 1964				
Maywonder F. J. Grootendorst 1968	Wie Muttertag, nur mit hellroten Blüten.			
Muttertag F. J. Grootendorst 1950	25	reinrot	bis 10	3–5 cm
Rote Gabrielle Privat W. Kordes' Söhne 1941	25	hellrot	bis 30	3 cm
Sneprinsesse F. J. Grootendorst 1946	Wie Muttertag, nur mit schneeweißen Blüten.			
Vatertag M. Tantau 1959	Feurigorangerot, sonst genau wie Muttertag.			

Duft	Strauch Höhe	Strauch Verzweigung	Allgemeines
keiner	30 cm	gut	Runde, buschige, gut-, gesundbelaubte Pflanzen. Wetter- und winterfest.
keiner	40 cm	reichlich	Dichtbuschige, breite Pflanzen. Gut-, gesundbelaubt. Reichblühend. Wetter- und winterfest.
keiner	30 cm	sehr gut	Dichtbuschige Pflanzen. Mit reichlichem, dunkelgrünen Laub. Blüht auch im Winter.
			Wie vorstehende, nur ist die Blütenfarbe ein kräftiges, leuchtendes Rosa.
keiner	30 cm	gut	Runde, buschige, gut-, gesundbelaubte Pflanzen. Wetter- und winterfest.
keiner	40 cm	reichlich	Dichtbuschig, breit, gesund, dichtbelaubt. Reichblühend. Winterfest.

Polyanthahybriden

Für die Polyanthahybriden gilt ebenfalls, was ich am Beginn der Floribundarosen gesagt habe.

Name und Züchter	Blüte Füllung Kronblätter	Blüte Farbe	Blüte Rispe	Größe ∅
Alain Meilland 1948	25	blutrot	bis 25	5 cm
Allgold Le Grice 1957	15	goldgelb	bis 10	7 cm
Bad Wörishofen W. Kordes' Söhne 1972	15	orange-blutrot	bis 5	8 cm
Bengali W. Kordes' Söhne 1966	15	Apfelsinen-orange	bis 10	8 cm
Betty Prior Prior 1935	5	rosa-weiß	bis 20	5 cm
City of Belfast Sam McGredy 1968	10	orangerot	bis 10	10 cm
Coup de Foudre Hemeray-Aubert 1958	10	scharlach-samtig	bis 10	10 cm
Edelweiss Poulsen 1969	10	reinweiß	bis 5	8 cm
Europeana de Ruiter 1964	20	dunkelrot	bis 20	5 cm
Fanal M. Tantau 1946	20–25	scharlach	bis 10	8 cm
Feurio W. Kordes' Söhne 1956	15–20	feurig-zinnober	bis 10	7 cm
Finale W. Kordes' Söhne 1964	10	orangerot	bis 10	8 cm
Frensham Harkness 1946	8–10	dunkelrot	5–7	7 cm
Gärtnerfreude W. Kordes' Söhne 1965	10–15	dunkelrot	bis 10	10 cm
Gruss an Bayern W. Kordes' Söhne 1971	15	dunkel-blutrot	bis 10	8 cm
Hobby M. Tantau 1955	25–30	korallenrosa	bis 15	8 cm
Holstein W. Kordes' Söhne 1938	5	dunkelrot	bis 20	8 cm
Irish Wonder Sam. McGredy 1962	10–15	orangerot	bis 10	8 cm
Käthe Duvigneau M. Tantau 1942	10	samtig-dunkelrot	bis 30	8 cm
Korona W. Kordes' Söhne 1955	25	orange-scharlach	bis 10	10 cm

Duft	Strauch Höhe	Verzweigung	Allgemeines
gut	40 cm	reichlich	Breit- und dichtwachsend. Gesundbelaubt. Winterfest.
gut	50 cm	reichlich	Aufrecht. Reichblühend. Üppig, gesundbelaubt. Regen- und winterfest.
keiner	40 cm	reichlich	Breit- und dichtwachsend. Reichblühend. Winterfest.
keiner	50 cm	reichlich	Gut, gesund, grünbelaubt. Reichblühend. Regenfest. Auffällige Farbe.
keiner	60 cm	gut	Reichblühend. Üppig, gesundbelaubt. Aufrecht. Hecken. Winterfest.
keiner	50 cm	reichlich	Breitwachsend. Buschig. Üppig, dunkelgrünbelaubt. Farbbeständig. Winterfest.
keiner	50 cm	sehr gut	Breitwachsend. Gut, gesundbelaubt. Regen-, sonnen- und winterfest.
sehr gut	30 cm	gut	Dichtbuschige, breite und gedrungene Pflanze. Reichblühend. Regenfest. Gesund, hellgrünbelaubt. Winterfest.
keiner	40 cm	reichlich	Breitbuschig. Reichblühend. Gut-, gesundbelaubt. Winterfest.
keiner	50 cm	gut	Reichblühend. Gesund. Regen- und winterfest.
keiner	40 cm	reichlich	Niedrig. Dicht-, gesundbelaubt. Ununterbrochen blühend. Sonnen-, regen- und winterfest.
keiner	60 cm	reichlich	Breitwachsend. Reichblühend. Gut-, gesundbelaubt. Wetter- und winterfest.
keiner	50 cm	reichlich	Wüchsig. Gesund. Reichblühend. Winterfest. Heckenrose.
keiner	40 cm	reichlich	Breitbuschig. Immerblühend. Gut-, gesundbelaubt. Sonnen- und winterfest. Topfrose.
gering	60 cm	gut	Aufrechtwachsend. Gesundbelaubt. Regenfest und winterhart.
gering	50 cm	reichlich	Aufrecht, dicht, gesundbelaubt. Reichblühend. Winterfest.
keiner	40 cm	reichlich	Breitwachsend, reichlich, gesundbelaubt. Reichblühend. Wetter- und winterfest.
keiner	50 cm	reichlich	Hochwachsend. Reichblühend. Gesund. Regen-, sonnen- und winterfest.
keiner	bis 100 cm	reichlich	Kann große Büsche bilden, für Hecken. Immer gesund. Regen-, sonnen- und winterfest.
keiner	50 cm	reichlich	Straffaufrecht, reichblühend. Gesund. Regen- und winterfest.

Polyanthahybriden

Name und Züchter	Füllung Kronblätter	Blüte Farbe	Blüte Rispe	Größe ∅
Märchenland M. Tantau 1946	15–20	rosa	bis 20	8 cm
Marlena W. Kordes' Söhne 1964	20	dunkelrot	bis 10	7 cm
Messestadt Hannover W. Kordes' Söhne 1962	20	ziegelrot	bis 30	8 cm
Orange Sensation de Ruiter 1961	25	zinnober	25	8 cm
Orange Triumph W. Kordes' Söhne 1937	25	ziegelrot	bis 50	5 cm
Paprika M. Tantau 1958	10	zinnober	bis 15	7 cm
Red Gold A. Dickson 1968	10	orange und rot	bis 10	8 cm
Rodeo W. Kordes' Söhne 1960	20	geranienrot	bis 10	8 cm
Rumba Poulsen 1960	20	gelbrot	bis 15	7 cm
Samba W. Kordes' Söhne 1964	20	goldgelbrot-blutrot	bis 10	8 cm
Sarabande Meilland 1957	5	geranienrot	bis 10	10 cm
Schneewittchen W. Kordes' Söhne 1958	10–15	schneeweiß	bis 10	8 cm
Schweizer Gruss M. Tantau 1952	10–15	samtig-dunkelrot	bis 10	8 cm
Tip Top M. Tantau 1963	15–20	lachsrosa	bis 10	12 cm
Toni Lander Poulsen 1961	10–15	orange-rotgelb	bis 20	8 cm
Topsi M. Tantau 1971	10	orangerot	bis 10	8 cm
Tornado W. Kordes' Söhne 1973	15	blutrot	bis 10	10 cm

Duft	Strauch Höhe	Verzweigung	Allgemeines
gering	80 cm	reichlich	Reichblühend. Immer gesund. Breitwachsend. Regen- und winterfest.
keiner	35 cm	reichlich	Niedrig, üppigbelaubt. Gesund. Reichblühend. Regen- und winterfest.
keiner	30 cm	gut	Niedrig, immer gesund. Reichblühend. Wetter- und winterfest. Schnittrose.
keiner	50 cm	gut	Dichtbuschig. Gesund. Reichblühend. Sonnen- und winterfest.
keiner	50 cm	reichlich	Breit- und dichtbuschig. Reichblühend. Gesund. Wetter- und winterfest.
keiner	40 cm	gut	Dichtbuschig. Gesundbelaubt. Reichblühend. Wetter- und winterfest.
mäßig	50 cm	reichlich	Buschige, üppig-, gesundbelaubte Pflanze. Regen- und sonnenfeste Färbung. Winterfest.
gering	30 cm	reichlich	Dichtbuschig. Gut-, gesundbelaubt. Reichblühend. Winterfest.
gering	40 cm	reichlich	Dichtbuschig. Gesundbelaubt. Reichblühend. Sonnen- und winterfest.
keiner	30 cm	gut	Dichter, niedriger Busch. Reichblühend. Gesund. Sonnen- und winterfest.
keiner	30 cm	gut	Breitwachsend, reichblühend. Dunkelgrün, gesundbelaubt. Winterfest.
keiner	40–70 cm	reichlich	Bildet schöne, runde Büsche. Gesund. Reichblühend. Wetter- und winterfest.
keiner	40 cm	gut	Aufrecht. Gut, gesundbelaubt. Reichblühend. Wetter- und winterfest.
gut	40 cm	reichlich	Aufrecht. Dichtbelaubt. Reichblühend. Niedrig. Winterfest.
mäßig	50 cm	reichlich	Buschig. Gut, gesundbelaubt. Reichblühend. Regen- und winterfest.
keiner	30 cm	gut	Niedrig, buschig, dichtwachsend. Früh- und reichblühend.
gering	60 cm	reichlich	Buschig. Dichtbelaubt, überreichblühend. Wetter- und winterfest.

Floribundarosen

In der Gruppe Floribundarosen habe ich nur die Sorten zusammengefaßt, die mehr als 20 Kronblätter haben. Die weniger gefüllten Sorten sind in der Gruppe der Polyanthahybriden zu finden. In dieser Rosengruppe sind, seit ich die erste Rosenelfe 1936 herausbrachte, die Bemühungen der Züchter sehr erfolgreich gewesen. Nicht eine Rosengruppe hat soviel für die Ausbreitung der Rosen in allen Gärten der Erde getan wie die Polyanthahybriden und Floribundarosen. Sie sind laubgesund und winterfest. Von den vielen 100 Sorten aus den letzten Jahren habe ich hier besonders die ausgelesen, die auch Regen und Sonnenschein vertragen.

Name und Züchter	Blüte			
	Füllung Kronblätter	Farbe	Rispe	Größe ∅
Ama W. Kordes' Söhne 1955	20–25	feurig- blutrot	bis 10	8 cm
Anabell W. Kordes' Söhne 1972	25	lachsorange	bis 5	10 cm
Attraktion M. Tantau 1963	20–25	gelb mit pfirsichrosa	bis 5	10 cm
Bonanza W. Kordes' Söhne 1971	20	orange mit gelb	bis 5	10 cm
Bridal Pink Jackson & Perkins 1969	25	reinrosa	bis 5	7 cm
Dacapo de Ruiter 1960	20–25	lachsrosa	bis 5	8 cm
Diamant W. Kordes' Söhne 1962	25	zinnober- scharlach	bis 5	10 cm
Doctor Faust W. Kordes' Söhne 1957	20	goldgelb	bis 10	10 cm
Elysium W. Kordes' Söhne 1961	20–30	lachsrosa	bis 5	10 cm
Esther Ofarim W. Kordes' Söhne 1970	25	orangerot und goldgelb	bis 20	8 cm
Flower Girl A. Dickson 1964	25	rosa und gelb	bis 5	10 cm
Frankfurt am Main Boerner 1960	25	rosaweiß	bis 5	12 cm
Friesia W. Kordes' Söhne 1973	20	goldgelb	bis 5	10 cm
Goldmarie W. Kordes' Söhne 1958	25	orange	bis 10	8 cm
Goldrausch W. Kordes' Söhne 1961	30	goldgelb	bis 5	12 cm
Goldtopas W. Kordes' Söhne 1963	25	orangegold	bis 10	8 cm
Hansestadt Bremen W. Kordes' Söhne 1958	30–40	karminlachs	bis 10	10 cm
Heinz Erhardt W. Kordes' Söhne 1962	25	feurigrot	bis 10	8 cm

Duft	Strauch		Allgemeines
	Höhe	Verzweigung	
wenig	40 cm	gut	Aufrecht, reichblühend. Immer gesund. Winter- und wetterfest.
mäßig	50 cm	reichlich	Dichter Busch. Reicher Blütenflor. Schnell nachtreibend.
gut	40 cm	gut	Aufrecht. Reichlich, gesundbelaubt. Regen- und winterfest.
gering	50 cm	reichlich	Niedrig. Breitausladend. Reichblühend.
gut	50 cm	reichlich	Straffaufrecht. Gutverzweigt. Reichlich und gesundbelaubt. Regenfest. Winterfest.
gering	40 cm	gut	Dichter, niedriger Busch. Gesund, reichblühend. Wetter- und winterfest.
gering	50 cm	gut	Aufrecht, dicht, gesundbelaubt. Reichblühend. Wetter- und winterfest.
gering	60 cm	gut	Aufrecht. Dicht, gesundbelaubt. Regen- und winterfest.
stark	50 cm	reichlich	Aufrecht. Reichlich, gesundbelaubt. Winterfest. Schnitt- und Treibrose.
mäßig	50 cm	reichlich	Dichtbuschige Pflanze. Laub dunkelgrün, gesund und reichlich. Regenfest. Winterfest.
gering	50 cm	gut	Aufrecht. Gut-, gesundbelaubt. Blüte sehr haltbar. Winterfest.
gering	50 cm	gut	Aufrechter, dichter, gesundbelaubter Busch. Regen- und winterfest.
stark	60 cm	reichlich	Wuchs buschig. Früh- und reichblühend. Gesund und winterfest.
mäßig	50 cm	reichlich	Dichter Busch, üppig, gesundbelaubt. Farbenhaltend. Regen- und winterfest.
kräftig	60 cm	reichlich	Aufrecht. Üppig, gesundbelaubt. Reichblühend. Regen- und winterfest.
gering	40 cm	gut	Breit, dichtbuschig. Gesundbelaubt. Reichblühend. Winterfest.
mäßig	50 cm	reichlich	Breitwüchsig. Dicht, gesundbelaubt. Reichblühend. Regen- und winterfest.
gering	50 cm	gut	Wüchsig, reichblühend. Gesund. Regen- und winterfest.

Floribundarosen

Name und Züchter	Blüte Füllung Kronblätter	Farbe	Rispe	Größe Ø
Insel Mainau W. Kordes' Söhne 1959	30	samtig-dunkelrot	bis 7	8 cm
Konrad Glocker W. Kordes' Söhne 1962	25	dunkelrot	bis 10	8 cm
Lilli Marleen W. Kordes' Söhne 1959	25	samtig-feuerrot	bis 15	10 cm
Ludwigshafen am Rhein W. Kordes' Söhne 1975	30	karminrosa	bis 5	12 cm
Marina W. Kordes' Söhne 1975	25	lachsorange	bis 5	10 cm
Meteor W. Kordes' Söhne 1959	30	zinnober	bis 7	8 cm
Molde M. Tantau 1964	25	zinnoberrot	bis 5	10 cm
Montana M. Tantau 1974	20	blutorange	bis 10	10 cm
Neues Europa W. Kordes' Söhne 1965	30–40	zinnober	bis 8	10 cm
Nina Weibull Poulsen 1961	20	blutrot-orange	bis 10	8 cm
Norris Pratt Buisman 1966	25	reingelb	bis 10	9 cm
Olympisches Feuer M. Tantau 1971	20	zinnober	bis 10	8 cm
Ponderosa W. Kordes' Söhne 1970	20	blutorange	bis 10	8 cm
Prominent W. Kordes' Söhne 1971	25–30	feurig-zinnober	einzeln	9 cm
Rosenfee Boerner 1967	25	reinrosa mit Silberschein	bis 5	12 cm
Rosenmärchen W. Kordes' Söhne 1940	25–30	lachsgelb	bis 10	8 cm
Schloss Mannheim W. Kordes' Söhne 1975	20	blutorange	bis 10	9 cm
Shocking Blue W. Kordes' Söhne 1975	25	magentalila	bis 5	10 cm
Späth's Jubiläum – Späth 250 W. Kordes' Söhne 1970	25	lachsorange	bis 5	10 cm
Spartan Boerner 1955	25	orange-lachsrosa	bis 5	10 cm
The Queen Elizabeth Rose Germain Seed Co 1955	20–25	lachsrosa	bis 10	12 cm

Duft	Strauch Höhe	Verzweigung	Allgemeines
gering	40 cm	reichlich	Dichtbuschig. Gesund. Farbehaltend. Regen- und winterfest.
mäßig	40 cm	reichlich	Breit, aber dichtbuschig. Reichblühend. Blüten und Farbe haltbar. Winterfest.
gering	40 cm	reichlich	Reichblühend, nie blauend. Üppig, immer gesundbelaubt. Aufrecht. Wetter- und winterfest.
stark	50 cm	reichlich	Breitwüchsig. Belaubung reichlich. Regen- und winterfest.
gering	60 cm	gut	Buschig, dicht. Belaubung glänzend. Reichblühend.
keiner	35 cm	gut	Reichblühend. Gesund. Gutbelaubt. Aufrecht. Winter- und regenfest.
gering	40 cm	reichlich	Buschige, gedrungene Pflanze. Üppig- und gesundbelaubt. Winterfest.
gering	70 cm	reichlich	Aufrecht. Dichtbelaubt, reichblühend, winterfest.
gering	50 cm	reichlich	Reichblühend. Nicht verblassend. Gesund, üppig, dichtbelaubt. Winterfest.
gering	50 cm	gut	Aufrecht, doch gedrungen. Langeblühend. Winterfest.
mäßig	40 cm	reichlich	Buschig, üppig, gesund, glänzendgrünbelaubt. Regenfest. Winterfest.
keiner	50 cm	gut	Niedrig, sehr gedrungenwachsend. Winterfest.
mäßig	50 cm	gut	Niedrig, breitwachsend, reichblühend. Winterfest.
stark	50 cm	reichlich	Pflanze aufrecht, reichlich verzweigt. Üppig-, gesundbelaubt. Reichblühend. Regen-, winterfest.
mäßig	60 cm	gut	Aufrecht, kräftig. Belaubung reichlich. Gesund. Winterfest.
gut	40 cm	reichlich	Gut-, gesundbelaubt. Aufrecht. Reichblühend. Wetter- und winterfest.
keiner	60 cm	reichlich	Breitwachsend. Sauberverblühend. Winterfest.
stark	60 cm	reichlich	Pflanze kräftig, reichblühend. Belaubung reichlich.
keiner	60 cm	gut	Pflanze kompakt. Belaubung reichlich. Winterfest.
stark	50 cm	reichlich	Hochwachsend. Immer gesund, reichlichbelaubt. Reichblühend. Winterfest.
gering	bis 100 cm	gut	Reichblühend. Aufrecht. Üppig-, gesundbelaubt. Edelste Form. Schnitt-, Heckenrose. Regen- und winterfest.

Floribundarosen

Name und Züchter	Blüte Füllung Kronblätter	Farbe	Rispe	Größe Ø
Träumerei W. Kordes' Söhne 1974	30	lachsorange	bis 5	12 cm
Travemünde W. Kordes' Söhne 1968	25	dunkelrot	bis 15	10 cm
Uwe Seeler W. Kordes' Söhne 1970	25	lachsorangerot	bis 5	12 cm
Weisse Gruss an Aachen Vogel 1944	30–50	schneeweiß	bis 5	14 cm
Zorina Jackson & Perkins 1965	20	leuchtend-lachsorange	bis 10	8 cm

Duft	Strauch Höhe	Verzweigung	Allgemeines
gut	65 cm	gut	Pflanze kräftige Büsche bildend. Belaubung reichlich. Winterfest.
mäßig	50 cm	reichlich	Kräftiger, gutverzweigter Busch. Üppig. Gesunde, glänzende, dunkelgrüne Belaubung. Winterfest.
leicht	70 cm	gut	Kräftige Büsche bildend. Belaubung reichlich. Winterfest.
keiner	bis 30 cm	gut	Aufrecht. Gesund. Beste Beetrose. Regen- und winterfest.
gut	40 cm	gut	Aufrechter, dichter Strauch. Reichlich-, glänzendgrün-, gesundbelaubt. Reichblühend.

Teehybriden

Seit Beginn der 90er Jahre hat die Rose für den Garten in den letzten 20 Jahren geradezu unerwartete Verbesserung durch Neuzüchtungen erfahren. Die heutigen Rosen, die zu dieser Rasse gehören, sind nicht mehr mit den Sorten von vor 50 oder gar 70 Jahren zu vergleichen. Den Fortschritt habe ich in der nachstehenden Liste klar herausstellen müssen. Dies ist auch der Grund, weshalb vertraute Namen endgültig daraus verschwunden sind.

Name und Züchter	Blüte Füllung Kronblätter	Farbe	Rispe	Größe ∅
Adolf Horstmann W. Kordes' Söhne 1971	gut	goldgelb mit Kupfer	einzeln	15 cm
Aenne Burda W. Kordes' Söhne 1973	gut	blutrot	einzeln	12 cm
Alexandra W. Kordes' Söhne 1973	mäßig	kupfergelb	einzeln	10 cm
Ambossfunken Meyer 1961	gut	rot, gelb-gestreift	bis 3	10 cm
American Home Jackson & Perkins 1962	gut	blutrot	einzeln	15 cm
Ave Maria W. Kordes' Söhne 1972	gut	lachsorange	bis 3	10 cm
Baden-Baden W. Kordes' Söhne 1952	gut	feuerrot	bis 3	10 cm
Ballet W. Kordes' Söhne 1958	sehr gut	reinrosa	einzeln	14 cm
Beauté Mallerin 1953	gut	orange mit rot	einzeln	12 cm
Bronce Masterpiece Boerner 1962	stark	bronzegelb	einzeln	15 cm
Burgund W. Kordes' Söhne 1977	gut	schwarzrot	bis 3	12 cm
Canary M. Tantau 1976	gut	gelb	bis 3	10 cm
Carina Meilland 1963	reichlich	reinrosa	einzeln	14 cm
Cherry Brandy M. Tantau 1965	gut	kupfrig-orange	bis 3	12 cm
Crimson Glory W. Kordes' Söhne 1935	reichlich	samtig-dunkelrot	bis 3	14 cm
Die Welt W. Kordes' Söhne 1976	gut	gelb-lachsorange	bis 3	15 cm
Duftwolke M. Tantau 1963	gut	orangerot	bis 3	14 cm
Duftzauber W. Kordes' Söhne 1969	gut	dunkel-blutrot	einzeln	15 cm
Electron Sam. McGredy 1970	gut	rosenrot	bis 3	12 cm

Duft	Strauch Höhe	Verzweigung	Allgemeines
sehr stark	60 cm	gut	Aufrecht, starktriebig, robust. Reicher Herbstflor. Winterfest.
gut	60 cm	gut	Straffaufrecht. Busch kräftig. Unempfindlich gegen Regen und Sonne.
mäßig	50 cm	reichlich	Straffaufrecht. Belaubung glänzend. Reicher Herbstflor. Winterfest.
gut	40 cm	gut	Breitwüchsig, reichblühend. Die Streifung der Blüten ist ungewöhnlich.
sehr stark	60 cm	gut	Straffaufrecht, gut mit gesundem Laub bedeckt. Duftrose. Winterfest.
gut	50 cm	gut	Edle Knospenform. Kompakte Pflanze. Winterfest.
sehr stark	40 cm	gut	Gedrungen, buschig, beste Farbe und ungewöhnlicher Duft.
gering	60 cm	reichlich	Edelste Form, reine, haltbare Farbe. Immer gesundes Laub. Winterfest.
stark	50 cm	gut	Edelste Form, wunderbares Farbenspiel. Gesund. Winterfest.
gut	50 cm	reichlich	Wüchsig, üppig, gesundbelaubt. Riesenblüten. Winterfest.
sehr stark	60 cm	gut	Pflanze aufrecht, buschig. Sehr starker Duft.
gering	60 cm	reichlich	Wuchs buschig, kräftig. Große, reichliche Belaubung.
mäßig	50 cm	gut	Straffaufrecht. Gesundes Laub. Blüten sehr haltbar. Winterfest.
gut	50 cm	gut	Auffallende Farbenrose. Gesund, reichblühend. Winterfest.
sehr stark	60 cm	reichlich	Aufrecht, die duftendste Teehybride. Gesund. Reichblühend. Winterfest.
mäßig	70 cm	gut	Farbenrose. Kräftiger Busch. Reichliche Belaubung. Winterfest.
sehr stark	60 cm	reichlich	Üppig, gesundbelaubt. Reichblühend. Aufrecht, winterfest. Duftwunder.
sehr stark	60 cm	gut	Aufrecht, gut-, gesundbelaubter Strauch. Regenfest. Winterfest.
starker	60 cm	gut	Breiter, buschiger Wuchs. Reichblühend. Winterfest.

Teehybriden

Name und Züchter	Blüte Füllung Kronblätter	Farbe	Rispe	Größe Ø
Ena Harkness Harkness 1946	gut	dunkelrot	bis 3	12 cm
Ernest Morse W. Kordes' Söhne 1968	gut	leuchtendes Blutrot	einzeln	15 cm
Erotika M. Tantau 1968	gut	dunkelrot	bis 3	12 cm
Evening Star Jackson & Perkins 1974	gut	leuchtendweiß	bis 3	10 cm
Feuerzauber W. Kordes' Söhne 1974	gut	orange	bis 3	12 cm
Freude W. Kordes' Söhne 1975	gut	lachs mit hellgelber Unterseite	1–3	bis 15 cm
Gail Borden W. Kordes' Söhne 1957	gut	lachs	einzeln	15 cm
Gloria Dei Meilland 1945	gut	gelb-rosig	einzeln	15 cm
Golden Gate Jackson & Perkins 1972	gut	goldgelb	bis 3	12 cm
Goldkrone W. Kordes' Söhne 1960	gut	goldgelb	einzeln	14 cm
Grande Amore W. Kordes' Söhne 1968	gut	feuerrot	bis 5	14 cm
Gruss an Berlin W. Kordes' Söhne 1963	Reichlich	hellrot	einzeln	12 cm
Henkell Royal W. Kordes' Söhne 1964	gut	samtig-dunkelrot	bis 3	14 cm
Henry Mallerin Mallerin 1953	reichlich	reingelb	einzeln	12 cm
Herzog von Windsor M. Tantau 1969	gut	lachsrot	bis 3	14 cm
Isabel de Ortiz W. Kordes' Söhne 1962	reichlich	rot-gelb	einzeln	15 cm
Janina M. Tantau 1974	gut	kupferlachs	bis 3	12 cm
Jessika M. Tantau 1971	gut	fleischfarben	bis 3	12 cm
Kardinal W. Kordes' Söhne 1967	gut	dunkelrot	bis 3	12 cm
King's Ransom Jackson & Perkins 1962	gut	goldgelb	bis 3	15 cm
Königin der Rosen W. Kordes' Söhne 1964	reichlich	feuerrot-goldgelb	einzeln	14 cm

Duft	Strauch Höhe	Verzweigung	Allgemeines
sehr stark	50 cm	reichlich	Buschig, reichblühend. Gesund. Winterfest.
sehr stark	60 cm	reichlich	Buschig, gut-, gesund-, hellgrünbelaubter Strauch. Reichblühend. Regenfest. Winterfest.
mäßig	50 cm	gut	Gedrungener, gutverzweigter Strauch. Reichliches, dunkelgrünes, gesundes Laub. Winterfest.
gut	70 cm	gut	Aufrecht, buschig, üppigblühend, winterfest.
mäßig	60 cm	reichlich	Buschig, breitwachsend; reichliches, dunkelgrünes Laub.
mäßig	80 cm	gut	Starkwüchsig, aufrecht, strauchartig. Belaubung glänzend, reichlich. Winterfest.
gering	70 cm	gut	Aufrecht, wüchsig, reichblühend. Gesund. Winterfest.
gering	70 cm	gut	Hoch- und breitwachsend. Gesund. Üppigbelaubt. Winterfest.
sehr stark	50 cm	gut	Aufrecht, dicktriebig, gesundbelaubt.
gut	70 cm	gut	Aufrecht, üppig, gesundbelaubt. Edle Blüten. Winterfest. Schnittrose.
sehr stark	60 cm	gut	Aufrechte, buschige, üppige, gesundbelaubte Pflanze. Herbstrose. Winterfest.
mäßig	60 cm	gut	Straffaufrecht. Gesund, üppigbelaubt. Winterfest.
stark	60 cm	gut	Aufrecht, edelste Blütenform. Reichlich-, gesundbelaubt. Winterfest.
mäßig	60 cm	gut	Aufrechter, reichlich-, gesundbelaubter Strauch. Blüten sehr haltbar. Winterfest.
sehr stark	60 cm	reichlich	Farbenrose mit sehr starkem Duft. Gesundes Laub. Regenfest. Winterfest.
kräftig	70 cm	gut	Aufrecht, üppig-, gesundbelaubt. Riesenblüten, rot mit hellgelber Rückseite. Winterfest.
mäßig	60 cm	reichlich	Kräftig, buschig. Belaubung stumpfgrün.
stark	50 cm	gut	Wachstum geschlossen, aufrecht. Belaubung reichlich.
sehr stark	60 cm	gut	Aufrecht, gutverzweigt. Belaubung dunkelgrün. Winterfest.
stark	60 cm	gut	Nicht ausbleichend. Üppigbelaubt, gesund. Winterfest. Reichblühend.
gering	50 cm	reichlich	Farbengegensatz – rot-gelb, bleibt bis Abfallen der Kronblätter. Haltbar. Gut-, gesundbelaubt. Winterfest.

Teehybriden

Name und Züchter	Blüte Füllung Kronblätter	Farbe	Rispe	Größe ∅
Königliche Hoheit Conard-Pyle Co. 1962	reichlich	elfenbein-rosa	bis 3	bis 12 cm
Konrad Adenauer Rose M. Tantau 1954	gut	dunkelblutrot	bis 3	12 cm
Kordes Perfecta W. Kordes' Söhne 1957	reichlich	hellgelb, rote Randzeichnung	bis 3	15 cm
Kordes' Rose Florentina W. Kordes' Söhne 1974	gut	dunkelrot	bis 3	bis 12 cm
Kordes' Rose Julie W. Kordes' Söhne 1970	gut	samtig-dunkelrot	bis 3	12 cm
Landora M. Tantau 1970	gut	dunkelgelb	bis 5	12 cm
Liebeszauber W. Kordes' Söhne 1959	gut	samtig-schwarzrot	einzeln	bis 12 cm
Lolita W. Kordes' Söhne 1972	gut	kupferlachs	bis 3	bis 14 cm
Lustige W. Kordes' Söhne 1973	gut	rot mit hellgelb	bis 3	12 cm
Mabella W. Kordes' Söhne 1972	gut	lichtgelb	bis 3	bis 12 cm
Mainauperle W. Kordes' Söhne 1969	reichlich	dunkelrot	bis 3	bis 14 cm
Mainzer Fastnacht M. Tantau 1965	gut	lila-violett	bis 3	bis 12 cm
Manuela M. Tantau 1969	gut	reinrosa	bis 3	12 cm
Michèle Meilland Meilland 1945	reichlich	zartrosa	einzeln	bis 12 cm
Mister Lincoln Conard-Pyle Co. 1964	gut	dunkelrot	einzeln	bis 12 cm
Montezuma Armstrong 1956	reichlich	hell-lachs	einzeln	bis 14 cm
Neue Revue W. Kordes' Söhne 1969	reichlich	hellgelb mit feuerrotem Rand	einzeln	bis 14 cm
New Yorker Boerner 1947	gut	blutrot	bis 3	bis 12 cm
Norita Vilmorin 1966	reichlich	schwarzrot	einzeln	bis 12 cm
Opa Pötschke Dickson 1976	gut	blutrot	bis 3	bis 14 cm
Pariser Charme M. Tantau 1965	gut	reinrosa	einzeln	bis 12 cm

Duft	Strauch Höhe	Strauch Verzweigung	Allgemeines
stark	60 cm	gut	Aufrechter, üppig-, gesundbelaubter Strauch. Reichblühend.
stark	50 cm	gut	Niedrige, gesundbelaubte, reichblühende Gruppenrose. Winterfest.
sehr stark	60 cm	reichlich	Ungewöhnliche Kombination in Farben, Duft, Blütenschönheit, Gesundheit, Reichblütigkeit und Winterhärte.
gering	70 cm	gut	Straffaufrecht. Belaubung reichlich. Schnittsorte. Winterfest.
sehr stark	60 cm	reichlich	Kräftiger, aufrechter Strauch. Gesundes Laub. Winterfest.
mäßig	50 cm	gut	Aufrechter, gutbelaubter Strauch. Reichblühend. Farbe sonnenfest. Winterfest.
stark	50 cm	reichlich	Breitwachsend. Gesund. Reichblühend. Edelgeformte Blüten. Winterfest.
sehr stark	60 cm	gut	Gute Büsche bildend. Gesund. Reichblühend. Farbenrose. Winterfest.
stark	70 cm	reichlich	Aufrecht. Kräftige Büsche bildend. Reichblühend. Winterfest.
sehr stark	70 cm	gut	Straffaufrecht. Kräftige Büsche. Reichliche Belaubung. Schnittsorte. Winterfest.
stark	50 cm	gut	Gutverzweigter und gesundbelaubter Busch. Regenfest. Winterfest.
stark	60 cm	gut	Reichblühend. Üppig, gesundbelaubt. Winterfest.
gut	50 cm	gut	Straffaufrechte, gut-, gesundbelaubte Pflanze. Winterfest.
gut	60 cm	gut	Eine liebliche Rose, wegen der Farbe und der Blütenform. Winterfest. Reichblühend.
sehr stark	60 cm	gut	Aufrecht. Gutbelaubt. Winterfest.
gering	70 cm	reichlich	Reichblühend. Farbenhaltend. Edel, gesund, winterfest. Schnittrose.
sehr stark	50 cm	gut	Straffaufrechter, gedrungener, gut-, gesundbelaubter Strauch. Blüten sehr haltbar. Winterfest.
mäßig	50 cm	gut	Aufrecht, üppig, gesundbelaubt. Reichblühend. Winterfest.
mäßig	60 cm	gut	Aufrechter, gut-, gesundbelaubter Strauch. Die dunkelste, sonnenfesteste und regenunempfindlichste Rose. Winterfest.
gering	70 cm	gut	Starke Büsche bildend. Reichliches Laub. Sehr attraktiv.
sehr stark	50 cm	gut	Aufrechter, gut-, gesundbelaubter Strauch. Blüten haltbar. Winterfest.

Teehybriden

Name und Züchter	Blüte Füllung	Kronblätter Farbe	Rispe	Größe Ø
Pascali L. Lens 1963	gut	schneeweiß	bis 3	bis 10 cm
Peer Gynt W. Kordes' Söhne 1968	reichlich	goldgelb	bis 3	bis 15 cm
Peter Frankenfeld W. Kordes' Söhne 1966	reichlich	karminrot	bis 3	bis 14 cm
Piccadilly Sam. McGredy 1960	mäßig	blutrot-goldgelb	bis 3	bis 10 cm
Pink Favorite Peterson & Dering 1956	gut	reinrosa	einzeln	bis 14 cm
Primaballerina M. Tantau 1957	gut	rosa-weiß	einzeln	bis 12 cm
Proud Land Jackson & Perkins 1969	gut	blutrot	einzeln	bis 14 cm
Rebell W. Kordes' Söhne 1971	gut	ziegelrot	einzeln	bis 12 cm
Red Queen W. Kordes' Söhne 1968	reichlich	kirschrot	einzeln	bis 14 cm
Rose Gaujard Gaujard 1958	gut	rot-weiß	einzeln	bis 12 cm
Royal Dane Poulsen 1972	gut	braunrot	einzeln	12 cm
Schweizer Gold W. Kordes' Söhne 1974	gut	leuchtendgelb	bis 3	bis 14 cm
Shannon Sam. McGredy 1965	gut	rosa	einzeln	bis 12 cm
Sibelius Blaby Rose Garden 1959	reichlich	samtig-dunkelrot	einzeln	bis 14 CM
Silver Star W. Kordes' Söhne 1966	gut	silberblau	einzeln	bis 12 cm
Sonja Horstmann W. Kordes' Söhne 1966	gut	blutrot	bis 3	bis 12 cm
Super Star M. Tantau 1960	gut	zinnober	bis 3	bis 14 cm
Susan W. Kordes' Söhne 1970	reichlich	orangegelb	bis 3	bis 12 cm
Sutter's Gold Armstrong 1950	mäßig	goldgelb	einzeln	bis 10 cm
Taifun W. Kordes' Söhne 1973	gut	kupferrot	einzeln	bis 14 cm
Tatjana W. Kordes' Söhne 1970	reichlich	samtig-dunkelrot	bis 3	bis 14 cm

Duft	Strauch Höhe	Ver-zweigung	Allgemeines
gut	50 cm	gut	Reichblühend. Edelste Form. Gesund. Winterfest.
sehr stark	60 cm	reichlich	Aufrechter, üppig-, gesundbelaubter Strauch. Reichblühend. Blüten haltbar. Winterfest.
mäßig	50 cm	reichlich	Aufrechte, gedrungene Pflanze. Reichlich, gesundbelaubt. Blüten haltbar. Winterfest.
stark	50 cm	reichlich	Außerordentlich reichblühend. Aufrecht. Immer gesund. Winterfest.
sehr stark	60 cm	gut	Starke, gut-, gesundbelaubte Pflanze. Riesenblüten. Winterfest. Gloria Dei in rosa.
stark	60 cm	gut	Straffaufrecht. Gesund. Duftrose. Winterfest.
stark	60 cm	gut	Breiter, gut-, gesundbelaubter Busch. Winterfest.
sehr stark	65 cm	gut	Straffaufrecht. Reichliches, festes Laub. Schnittsorte. Winterfest.
mäßig	60 cm	reichlich	Gutverzweigter, gesundbelaubter Strauch. Regenfeste Blüten. Winterfest.
gering	60 cm	reichlich	Reichblühend. Edel. Blutrot, lebhafter Gegensatz zur weißen Unterseite. Gesund. Winterfest.
stark	70 cm	gut	Kräftige Büsche mit reichlichem Laub.
gut	70 cm	reichlich	Kräftige Büsche. Reichliche, dunkelgrüne Belaubung. Schnittsorte. Winterfest.
gut	bis 60 cm	gut	Aufrecht, reichblühend. Üppig-, gesundbelaubt. Winterfest.
stark	bis 60 cm	reichlich	Edel, reichblühend. Farbehaltend. Gesund. Winterfest.
mäßig	60 cm	gut	Aufrechte, buschige, reichlich-, gesundbelaubte Pflanze. Blüten regenfest. Winterfest.
gut	50 cm	reichlich	Buschiger, dichtbelaubter Strauch. Gesund. Regenfest. Winterfest.
gut	60 cm	reichlich	Aufrecht. Gesund. Reichblühend. Edelste Form. Farbe licht- und regenfest.
sehr stark	60 cm	reichlich	Buschiger, reichlich mit gesundem Laub bedeckter Strauch. Blüten regenfest. Winterfest.
stark	60 cm	gut	Sehr reichblühend. Gesund. Beste Farbe. Winterfest.
stark	60 cm	gut	Aufrecht. Gedrungen. Belaubung reichlich. Winterfest.
sehr stark	60 cm	reichlich	Aufrechter, gutverzweigter, reich-, gesundbelaubter Strauch. Regenfest. Winterfest.

Teehybriden

Name und Züchter	Blüte: Füllung	Blüte: Farbe Kronblätter	Blüte: Rispe	Größe Ø
Tradition W. Kordes' Söhne 1966	gut	feurig- blutrot	bis 3	bis 12 cm
Western Sun Poulsen 1965	gut	goldgelb	bis 3	bis 14 cm
Whisky M. Tantau 1967	gut	bronzegelb	bis 3	bis 12 cm
Wiener Charme W. Kordes' Söhne 1963	gut	orangegold	einzeln	bis 14 cm
Wienerwald W. Kordes' Söhne 1974	gut	lachsrosa	bis 3	bis 14 cm

Duft	Strauch Höhe	Verzweigung	Allgemeines
mäßig	60 cm	reichlich	Aufrechter, buschiger, gesundbelaubter Strauch. Blüten sehr haltbar. Winterfest.
gut	60 cm	gut	Reichblühend. Üppig-, gesundbelaubt. Aufrecht, winterfest.
stark	50 cm	gut	Aufrechtwachsender, gutbelaubter und gutverzweigter Strauch. Winterfest.
stark	60 cm	gut	Aufrecht. Üppig-, gesundbelaubt. Ungewöhnliche Farbe. Winterfest.
stark	60 cm	gut	Breitbuschig, kräftigwachsend. Belaubung reichlich. Winterfest.

Garnette- und Floribunda-Sorten

Nachstehende Sorten haben besonderen Wert als Blütenlieferanten bei Gewächshauskultur. Sie werden heute zu Tausenden gepflanzt, weil sie viele Blüten bringen und für viele Gelegenheiten die kleinen, edlen Rosenblüten sehr beliebt sind. Ihre besondere Eigenschaft ist, daß die Blüten viel länger schön und sehenswert bleiben als die der großblütigen Rosen. Liebhabern von Rosenschönheit, denen Schönheit nicht gleichbedeutend mit Pfund und Kilo ist, besonders für den Garten und den Blumentopf empfohlen.

Name und Züchter	Blüte Füllung Kronblätter	Blüte Farbe	Blüte Rispe	Größe ∅
Akito M. Tantau 1971	25	weiß	bis 5	6 cm
Anabell W. Kordes' Söhne 1972	25	lachsorange	bis 5	10 cm
Belinda M. Tantau 1972	25	kupfer	bis 5	7 cm
Bellona W. Kordes' Söhne 1975	25	goldgelb	bis 5	8 cm
Bridal Pink Jackson & Perkins 1969	25	reinrosa	bis 5	7 cm
Carol Amling 1953				
Esther Ofarim W. Kordes' Söhne 1970	25	orangerot auf goldgelb	bis 20	8 cm
Fantasia W. Kordes' Söhne 1977	25	hellrot mit weiß	bis 5	7 cm
Garnette M. Tantau 1947	20	dunkelrot	bis 10	3–4 cm
Golden Times W. Kordes' Söhne 1976	25	leuchtendgelb	bis 5	7 cm
Jack Frost Hill & Co. 1962	25	reinweiß	bis 5	5 cm
Laminuette Lammerts 1972	25	weiß mit rotem Rand	bis 5	6 cm
Marimba Verbeek 1964	25	kräftigrosa	bis 10	4 cm
Marina W. Kordes' Söhne 1975	25	lachsorange	bis 5	10 cm
Mercedes W. Kordes' Söhne 1975	25	leuchtendorange	bis 5	8 cm
Patricia W. Kordes' Söhne 1976	25	lachsrosa	bis 5	8 cm
Samba W. Kordes' Söhne 1964	20	goldgelb-blutrot	bis 10	8 cm
Shocking Blue W. Kordes' Söhne 1975	25	magentalila	bis 5	10 cm

Duft	Strauch Höhe	Verzweigung	Allgemeines
keiner	40 cm	reichlich	Buschig, gedrungen. Belaubung reichlich. Garten- und Schnittsorte.
mäßig	50 cm	reichlich	Garten- und Treibsorte.
mäßig	40 cm	gut	Buschig, dichtbelaubt, nicht winterfest. Gute Treibsorte.
stark	60 cm	reichlich	Kräftigwachsend. Belaubung reichlich. Nicht winterfest. Treib- und Schnittsorte.
gut	50 cm	reichlich	Straffaufrecht, gutverzweigt. Regenfest. Winterfest.

Wie vorstehend, aber in zweifarbig, rosa-weiß. Sonst unverändert.

mäßig	50 cm	reichlich	Farbenrose. Buschig, reichlichbelaubt. Garten- und Treibrose.
mäßig	40 cm	reichlich	Buschig, gutverzweigt. Belaubung reichlich. Zweifarbene Treibsorte.
keiner	25 cm	reichlich	Aufrecht. Dicht-, gesundbelaubt. Reichblühend. Winterfest.
stark	40 cm	reichlich	Buschig, gedrungen, viel Laub. Reichblühend. Sehr haltbar als Treib- und Schnittrose.
mäßig	35 cm	reichlich	Aufrecht, buschig. Gesund-, dichtbelaubt. Regenfest. Reichblühend. Winterfest.
keiner	40 cm	reichlich	Buschig. Belaubung gesund. Schnellnachtreibend. Garten- und Treibsorte.
keiner	30 cm	reichlich	Aufrecht, ganz dichter, üppigbelaubter Busch. Regenfest. Reichblühend. Winterfest.
gering	60 cm	gut	Kräftige Büsche bildend. Reichliches, dunkelgrünes Laub. Garten- und Treibrose.
keiner	40 cm	reichlich	Breitbuschig, dichtbelaubt. Erstklassige Treib- und Schnittsorte mit großer Haltbarkeit.
mäßig	50 cm	reichlich	Kräftige Büsche. Belaubung reichlich. Blume edelgeformt. Garten- und Schnittsorte.
gering	30 cm	gut	Dichtbuschig. Üppig-, gesundbelaubt. Gesund. Wetter- und winterfest.
stark	60 cm	reichlich	Kräftige Büsche. Belaubung reichlich. Starkduftend. Garten- und Schnittrose.

Garnette- und Floribunda-Sorten

Name und Züchter	Blüte Füllung Kronblätter	Farbe	Rispe	Größe Ø
Spanish Sun Jackson & Perkins 1968	25	goldgelb	bis 5	7 cm
Tiara Jackson & Perkins 1961	25	schneeweiß	bis 5	7 cm
Zorina Jackson & Perkins 1965	20	leuchtend- lachsorange	bis 10	8 cm

Duft	Strauch Höhe	Verzweigung	Allgemeines
stark	30 cm	gut	Breitwachsend. Reichlichverzweigt und gutbelaubt. Reichblühend. Regenfest.
keiner	30 cm	gut	Aufrecht, gutverzweigt. Reichlich-, gesundbelaubt. Reichblühend. Winterfest.
gut	40 cm	gut	Herrlichste Farbenrose. Für Gewächshauskultur, unermüdlich blühend. Gesund. Winterfest.

Zwergbengalrosen

Nachstehende Sorten haben wir in vieljährigen Vergleichsversuchen als die guten herausgefunden. Es gibt über 100 Sorten, die seit etwa 1950 in den Handel kamen, aber die meisten sind wenig unterschiedlich, oder sehr regenempfindlich. Die Blüten der echten Zwergbengal lassen die Kronblätter nicht fallen, weil sie drei Chromosomensätze in den Geschlechtszellen haben, die bei der Befruchtung eine unregelmäßige Aufteilung erleiden, was dazu führt, daß die Blüten wochenlang an den Pflanzen sitzen, bis sie eines Tages verdorrt als Ganzes abfallen.
Man kann diese kleinen Rosen sehr schön in Töpfen ziehen. Sie blühen bei geeigneter Kultur auch im Winter.

Name und Züchter	Blüte: Füllung Kronblätter	Blüte: Farbe	Blüte: Rispe	Größe ∅
Baby Maskerade M. Tantau 1955	20–30	gelbrot	bis 10	2–3 cm
Bit O'Sunshine Moore 1963	20	tiefgelb	bis 10	3 cm
Bonny W. Kordes' Söhne 1974	25	kräftigrosa	bis 10	3 cm
Coralin P. Dot 1956	20	korallenrot	bis 5	3 cm
Fresh Pink Moore 1964	20	lachsrosa	bis 10	4 cm
Lillan de Vink 1958	15–20	hellrot	bis 10	2 cm
Rosmarin W. Kordes' Söhne 1965	30–40	weiß, feuerrotes Herz	bis 10	3 cm
Scarlet Gem Meilland 1961	30	scharlachrot	bis 5	4 cm
Scarletta de Ruiter 1972	20	scharlachrot	bis 10	4 cm
Starina Meilland 1965	25	lachsrot	bis 10	3 cm
Sunmaid Spek 1972	30	rot mit gelb	bis 5	3 cm
Zwergkönig W. Kordes' Söhne 1954	30	dunkelsamtigrot	bis 10	3 cm

Duft	Strauch Höhe	Verzweigung	Allgemeines
keiner	20–30 cm	reichlich	Dichter, runder Busch. Gesund. Reichblühend. Regen- und winterfest.
keiner	30 cm	reichlich	Breit, dichtbuschig. Reichblühend. Gesund. Winterfest.
keiner	25 cm	reichlich	Dichter, runder Busch. Reichblühend. Winterfest.
keiner	30 cm	reichlich	Aufrecht, dichtbuschig. Gesund. Reichblühend. Winterfest.
keiner	30 cm	reichlich	Breitbuschig, rund. Gesundbelaubt. Reichblühend.
keiner	20 cm	reichlich	Dichtbuschig, rund, reichblühend. Gesund. Winterfest.
keiner	20 cm	reichlich	Dichtbuschig, breit. Gesund und unerhört reichblühend. Sonnen- und winterfest.
keiner	20 cm	reichlich	Schöner, runder, dichtverzweigter Busch. Laub gesund. Winterfest.
keiner	25 cm	reichlich	Aufrecht. Dichtbuschig, reichbelaubt. Winterfest.
keiner	25 cm	reichlich	Breitbuschig. Gesund-, reichbelaubt. Winterfest.
keiner	20 cm	reichlich	Dichtbuschig, rund. Dichtbelaubt. Winterfest.
keiner	20 cm	reichlich	Dichtbuschig, rund. Gesund. Reichblühend. Sonnen- und winterfest.

Autorennamen

Boiss.	=	Boissier, Edmond. 1810–1886. Reicher Schweizer Gelehrter, wohnte in Genf und besaß eines der größten Herbarien. Erforschte die östlichen Mittelmeerländer.
Corr	=	Correvon, J. Henry. 1855–1939. Inhaber einer Gärtnerei und eines Versuchsgartens in der Schweiz.
Crép.	=	Crépin, Francois. 1830–1903. Professor der Botanik in Gandbrugge, Belgien.
Desp.	=	Desportes, Jean Baptiste René Pouppé. 1704–1746. Gab den Hybriden aus R. chinensis × R. damascena den Namen R. bourboniana = Bourbonrosen.
Desv.	=	Desvaux, Augustin Nicaise. 1784–1856. Direktor des Botanischen Gartens in Angers.
Dieck	=	Dieck, Georg. 1847–1925. Inhaber des ersten deutschen National-Arboretums in Zöschen. Besitzer einer Baumschule.
Herrm.	=	Herrmann, Johann. 1738–1800. Professor in Straßburg.
Huds.	=	Hudson, William. 1730–1793. Apotheker in London und Verfasser einer englischen Flora.
Jaqu.	=	Jaquin, Nikolaus Josef. 1727–1817. Zuerst Arzt, dann Professor der Botanik in Wien. Bereiste Westindien. – Hat sich besondere Verdienste um die österreichische Flora erworben.
Koe.	=	Koehne, Emil. 1848–1918. Professor in Berlin. Einer der hervorragendsten Gehölzkenner Deutschlands.
Koel.	=	Koelreuther, Josef Gottlieb. 1763–1806. Botaniker und Professor der Naturgeschichte in Karlsruhe. Bekannt durch seine blütenbiologischen Studien.
L.	=	Linné, Carl von. 1707–1778. Schwedischer Botaniker. Einer der bedeutendsten Naturforscher aller Zeiten. Begründer der Nomenclatur und Verfasser zahlreicher, grundlegender, botanischer Werke.
Michx.	=	Michaux, Andreas. Französischer Botaniker und Forschungsreisender. 1747–1802. Bereiste Madagaskar.

Mill.	=	Miller, Philipp. 1691–1771. Berühmter englischer Gärtner.
Nois.	=	Louis Claude Noisette, Chatillon-Paris. 1772–1849. Erhielt von seinem Bruder aus Charleston, Nordamerika, Samen einer Naturhybride aus Bengal × moschata Rose.
Pall.	=	Pallas, Peter Simon. 1741–1811. Berliner Arzt und Forschungsreisender.
Rhed.	=	Rehder, Alfred. 1863–1949. Von Geburt Deutscher. Professor der Dendrologie am Arnold Arboret in den Vereinigten Staaten. Der bedeutendste Dendrologe der Neuzeit.
Sieb.	=	Siebold, Philip Franz von. 1796–1866. Deutscher Arzt und Etnograph. Bereiste zweimal Japan, das er eingehend erforschte. Schrieb die Flora japonica.
Ser.	=	Seringe, Nicolaus Charles. 1776–1858. Professor der Botanik in Genf, Bern und Lyon, Verfasser zahlreicher Schriften.
Sweet	=	Sweet, Robert. 1783–1835. Englischer Handelsgärtner in London. Gab der echten Teerose ihren Namen: Rosa odorata.
Thuill.	=	Thuillier, Jean Louis. 1757–1822. Professor in Paris und Verfasser der Flora von Paris.
Thunb.	=	Thunberg, Carl Peter. 1743–1822. Schwedischer Arzt und Botaniker. Nachfolger Linnés. Bereiste Batavia und Japan.
Tratt.	=	Trattinick, Leopold von. 1764–1849. Botaniker in Wien.
Viv.	=	Viviani, Domenico. 1772–1840. Professor der Botanik in Genua.
Zucc.	=	Zuccarini, Joseph Gerhard. 1797–1848. Professor der Botanik in München. Hat mit Siebold zusammen die von S. nach Europa gebrachten japanischen Pflanzen benannt.

Verzeichnis der abgebildeten Rosen

Fettgedruckte Rosennamen und Seitenzahlen bedeuten Farbabbildungen:

Adolf Horstmann **88**
Ambossfunken **90**
American Home **89**
Anabell **188**
Baby Maskerade **108**
Ballet **107**
Bengali **169**
Bischofsstadt Paderborn **129**
Black Lady **70**
Blanche Moreau 36
Bonny **108**
Carina **89**
City of Belfast **189**
Conrad Ferdinand Meyer 59
Coral Dawn **127**
Cristata 36
Dornröschen **128**
Duftwolke **50**
Duftzauber **49**
Edelweiss 201
Elysium **207**
Ernest Morse **90**
Evening Star 163
Folklore 237
Freude 162
Friesia **229**
Frühlingsgold 33
Gerbe Rose 203
Gloire de Dijon 22
Gloria Dei 179
Golden Showers 193
Goldstern **109**
Goldtopas **229**
Grande Amore **69**
Gruss an Bayern **168**
Gruss an Heidelberg **150**
Heideröslein – Nozomi **230**
Heinz Erhardt **190**
Herzog von Windsor **27**
Holstein 192
Ilse Krohn superior **248**
Insel Mainau **190**, 200
King's Ransom 163
Königin der Rosen **9**
Königliche Hoheit **47**
Landora **30**
Leverkusen 238
Lichtkönigin Lucia **130**
Lolita **48**
Ludwigshafen am Rhein **228**
Mabella 154
Maigold **128**
Mainauperle **29**
Maiwunder 182
Maréchal Niel 59
Matangi **210**
Messestadt Hannover 180
Meteor **170**
Michèle Meilland 155
Minna Kordes 192
Montana 181
Mrs. John Laing 193
Neue Revue **10**
Orange Triumph 180
Orléans-Rose 25
Pariser Charme **87**
Pascali **107**
Peer Gynt **68**
Peter Frankenfeld **28**
Piccadilly **30**
Primaballerina 155
Prominent 239
Red Gold **207**
Rosa canina 60
Rosa centifolia Major 36
Rosa hugonis 60
Rosa kordesii 25
Rosa multiflora 37

Rosa omeiensis pteracantha 34
Rosa roxburghii 34
Rosenfee 187
Rosenmärchen 200
Rosmarin 108
Royal Dane 47
Scarletta 108
Schloss Mannheim 247
Schneewittchen 147
Shrubby Pink 210
Shocking Blue 227
Silver Star 28
Souvenir de la Malmaison 182
Späth's Jubiläum 167
Sparrieshoop 33
Super Star 154
Sutter's Gold 179
Sympathie 110, 248
Tatjana 67
The Queen Elizabeth Rose 208
Tornado 209
Travemünde 208
Uwe Seeler 149
Westerland 148
Yesterday 230

Sortenregister

Fettgedruckte Seitenzahlen bedeuten Abbildungen.

Adolf Horstmann **88,** 251, 290
Aenne Burda 290
Akito 253, 254, 300
Alain 280
Alexandra 290
Allgold 280
Aloha 103, 266
Ama 253, 284
Ambossfunken **90,** 251, 290
American Home **89,** 252, 290
American Pillar 250, 272
Anabell **188,** 253, 284, 300
Attraktion 284
Aussaat **223**
Auszeichnungen für Züchtungen **236**
Ave Maria 252, 290
Baby Maskerade **108,** 255, 304
Baccara 253
Bad Neuenahr 250
Bad Wörishofen 280
Baden-Baden 290
Ballet **107,** 252, 253, 254, 290
Bantry Bay 274
Bayreuth 266
Beauté 252, 290
Belinda 300
Belle de Crécy 256
Bellona 253, 300
Bengali **169,** 253, 254, 280
Berlin 266
Betty Prior 103, 280
Bicolor atropurpurea 260
Bischofsstadt Paderborn 103, **129,** 266
Bit O'Sunshine 255, 304
Black Lady **70**
Blanche Moreau **36,** 260
Blossomtime 250, 266
Bonanza 284
Bonn 266
Bonny **108,** 255, 304
Brennende Liebe 98
Bridal Pink 253, 284, 300
Bronce Masterpiece 251, 253, 290
Buisman's Triumph 266
Burgund 252, 290

Canary 251, 290
Capistrano 254
Caribia 251
Carina **89,** 252, 253, 254, 290
Carol 253, 254, 300
Casino 250, 274
Centennaire de Lourdes 266
Centifolia Major **36,** 260
Centifolia Muscosa 260
Cherry Brandy 290
Chinatown 266
Circus 254
City of Belfast **189,** 253, 254, 280
Climbing Ballet 250
Climbing Crimson Glory 250
Climbing Fritz Thiedemann 250
Climbing Mrs. Pierre S. du Pont 250
Climbing New Yorker 250
Climbing Spartan 250
Climbing The Queen Elizabeth Rose 250
Conrad Ferdinand Meyer **59,** 262
Coral Dawn **127,** 250, 274
Coralin 254, 255, 304
Coup de Foudre 280
Crimson Glory 252, 290
Crimson Showers 250, 272
Cristata **36,** 260

Dacapo 284
Dagmar Hastrup 256, 262
damascena Trigintipetala 260
Diamant 103, 253, 254, 284
Dick Koster fulgens 254, 278

Die Welt 290
Direktor Benshop 250
Dirigent 266
Doctor Faust 284
Dornröschen **128,** 260
Dorothy Perkins 103, 250, 272
Dortmund 103, 250, 274
Dr. A. J. Verhage 253
Duftwolke
50, 98, 103, 252, 253, 254, 290
Duftzauber **49,** 252, 253, 290

Edelweiss **201,** 280
Electron 290
Elmshorn 266
Elysium 98, **207,** 253, 254, 284
Ena Harkness 292
Erfurt 266
Ernest Morse **90,** 98, 252, 253, 292
Erotika 252, 253, 254, 292
Esther Ofarim 284, 300
Europeana 254, 280
Evening Star **163,** 252, 253, 254, 292
Excelsa 103, 272

Fanal 280
Fantasia 300
Feuerwerk 266
Feuerzauber 253, 292
Feurio 255, 280
Finale 280
First Lady 252
Fisher et Holmes 251
F. J. Grootendorst 256, 264
Flammentanz 250, 272
Flower Girl 284
Folklore 98, **237**
Frankfurt am Main 284
Frau Karl Druschki 251, 252
Frensham 280
Fresh Pink 304
Freude 98, **162,** 252, 253, 292
Friesia 103, **229,** 251, 253, 284
Fritz Nobis 262
Fritz Thiedemann 252
Frostschäden **132**
Frühlingsanfang 262
Frühlingsduft 262
Frühlingsgold **33,** 262
Frühlingsmorgen 262
Frühlingszauber 262

Gabrielle Privat 254, 278
Gärtnerfreude 255, 280
Gail Borden 98, 292
Garnette 253, 255, 278, 300
Gerbe Rose **203,** 250, 272
Gloire de Dijon **22,** 250, 274
Gloria Dei 98, **179,** 251, 253, 292
Goldbusch 262
Golden Gate 292
Golden Glow 250, 272
Golden Showers **193,** 266
Golden Times 300
Goldene Rose für Lilli Marleen **236**
Goldener Dorn **202**
Goldkrone 98, 251, 253, 254, 292
Goldmarie 284
Goldrausch 98, 103, 251, 253, 254, 284
Goldstern **109,** 250, 274
Goldtopas **229,** 253, 254, 284
Grande Amore **69,** 252, 253, 254, 292
Grandhotel 266
Gruss an Bayern **168,** 280
Gruss an Berlin 292
Gruss an Heidelberg **150,** 250, 266, 274
Gruss an Koblenz 266, 274

Händel 268
Hamburger Phönix 103, 250, 274
Hansa 256, 262
Hansestadt Bremen 98, 284
Hansestadt Lübeck 268
Heideröslein-Nozomi **230**
Heinz Erhardt **190,** 284
Henkell Royal 252, 253, 254, 292
Henry Mallerin 254, 292
Herz As 252
Herzog von Windsor **27,** 252, 292
Hobby 280
Holstein **192,** 280
Honigmond 98
Hugh Dickson 251
Hurra 254

Ilona 253
Ilse Haberland 103, 268
Ilse Krohn superior **248,** 250, 274
Insel Mainau **190, 200,** 286
Irish Wonder 98, 254, 280
Isabel de Ortiz 292

Jack Frost 300
Jan Spek 253, 254

Janina 292
Jessika 292
Josephine Bruce 252

Käthe Duvigneau 98, 280
Kardinal 252, 292
Karlsruhe 274
Kassel 268, 276
King's Ransom **163,** 251, 253, 254, 292
Köln am Rhein 276
Königin der Rosen **9,** 251, 292
Königliche Hoheit **47,** 252, 253, 254, 294
Konrad Adenauer Rose 252, 294
Konrad Glocker 286
Kordes Perfecta 98, 251, 253, 294
Kordes' Rose Florentina 294
Kordes' Rose Julie 252, 294
Korona 98, 103, 254, 280
Kreuzungspflanze–Mutterpflanze **223**

Laminuette 300
Landora **30,** 98, 251, 294
Leverkusen 103, **238,** 250, 276
Lichterloh 268
Lichtkönigin Lucia 103, 130, 268
Liebeszauber 252, 254, 294
Lillan 304
Lilli Marleen 98, 254, 286
Lolita **48,** 253, 294
Ludwigshafen am Rhein **228,** 253, 286
Lustige 251, 294
Lydia 268

Mabella **154,** 251, 254, 294
Märchenland 98, 282
Maigold **128,** 262
Mainauperle **29,** 252, 254, 294
Mainzer Fastnacht 252, 253, 254, 294
Mainzer Wappen–Mainzer Rad 268
Maiwunder **182**
Mannheim 268
Manuela 252, 294
Maréchal Niel **59,** 272
Marguerite Hilling 262
Marimba 254, 278, 300
Marina 253, 286, 300
Marlena 282
Matangi **210**
Max Graf 103
Maywonder 254, 278
Mehltau **131**
Mercedes 253, 300
Messestadt Hannover **180,** 282
Meteor **170,** 286
Michèle Meilland **155,** 252, 253, 294
Minna Kordes **192**
Mister Lincoln 294
Molde 254, 286
Montana 98, 103, **181,** 253, 286
Montezuma 253, 254, 294
Morgengruss 276
Mrs. John Laing **193,** 251, 252
Münchener Fasching 268
Muttertag 254, 278

Neue Revue **10,** 251, 253, 294
Neues Europa 253, 286
New Dawn 250, 276
New Yorker 253, 294
Nina Weibull 253, 254, 286
Norita 252, 253, 294
Norris Pratt 253, 254, 286
Nymphenburg 103, 268

Olala 98
Olympisches Feuer 286
Opa Pötschke 252, 294
Orange Sensation 254, 282
Orange Triumph **180,** 254, 282
Orléans Rose **25**
Oskar Scheerer 268

Paprika 282
Pariser Charme **87,** 252, 294
Parkdirektor Riggers 250, 276
Pascali **107,** 252, 253, 254, 296
Patricia 253, 300
Paul Neyron 251
Parkjuwel 260
Parkzauber 260
Peer Gynt **68,** 98, 251, 253, 254, 296
Persian Yellow 260
Peter Frankenfeld **28,** 252, 296
Piccadilly **30,** 251, 253, 296
Pink Favorite 296
Pink Grootendorst 256, 264
Pompon de Bourgogne 260
Ponderosa 286
Prestige 268
Primaballerina **155,** 252, 296
Prominent **239,** 253, 254, 286
Proud Land 296

Raymond Chenault 276
Rebell 296
Red Gold **207,** 253, 254, 282
Red Queen 296
Ritter von Barmstede 276
Rodeo 282
Rosa alba Suaveolens 260
Rosa Andersonii 260
Rosa canina L. **60,** 255, 264
Rosa canina Kiese 260
Rosa canina Pfänder 255
Rosa eglanteria L. 256
Rosa gallica L. 255
Rosa gallica Splendens 256, 260
Rosa haematodes Boiss. 255
Rosa harrisonii 260
Rosa hugonis **60,** 262
Rosa kordesii **25,** 103
Rosa moyesii 262
Rosa multiflora Thunb. **37,** 255, 262
Rosa nitida Wildenow 256, 264
Rosa omeiensis pteracantha **34,** 264
Rosa pimpinellifolia L. 256, 262
Rosa Rouletii 255
Rosa roxburghii **34**
Rosa rubiginosa L. 256, 262
Rosa rubrifolia Vill. 264
Rosa rugosa Thunb. 256, 262
Rosa pomifera Herrm. 256
Rosa spinosissima altaica 262
Rosa spinosissima L. 256
Rosa sweginzowii Macrocarpa 264
Rosa villosa L. 256
Rosa villosa pomifera 264
Rosa virginiana Mill. 256, 264
Rosa wichuraiana Crép. 264
Rosa xanthina L. 264
Rose Gaujard 296
Rosenfee **187,** 253, 254, 286
Rosenmärchen 103, **200,** 286
Rosenpflanzenlagerung im Kühlhaus **225**
Rosenrost **132**
Rosentreiberei im alten Stil **222**
Rosentreiberei im neuen Stil – Betrieb INTERROSE **222**
Rosmarin **108,** 255, 304
Rote Flamme 250, 272
Rote Gabrielle Privat 278
Roter Stern 254
Royal Dane **47,** 296
Royal Gold 250
Rumba 253, 254, 282

Saarbrücken 268
Sämlinge **224**
Salzburg 268
Samba 253, 254, 282, 300
Sarabande 282
Scarlet Gem 255, 304
Scarletta **108,** 255, 304
Scharlachglut 260
Schloss Mannheim **247,** 286
Schneewittchen 98, **147,** 253, 254, 268, 282
Schneezwerg 256
Schwanensee 276
Schweizer Gold 296
Schweizer Gruss 282
Shalom 103
Shannon 252, 296
Shocking Blue **227,** 252, 253, 286, 300
Shrubby Pink **210**
Sibelius 296
Silver Star **28,** 252, 253, 254, 296
Sneprinsesse 254, 278
Solo 250, 276
Sonja Horstmann 296
Souvenir de la Malmaison **182,** 252
Späth's Jubiläum **167,** 286
Spanish Sun 253, 254, 302
Sparrieshoop **33,** 268
Spartan 253, 254, 286
Stadt Kiel 103, 270
Stadt Rosenheim 270
Starina 304
Sternrußtau **131**
Sunmaid 304
Super Star 98, **154,** 252, 253, 254, 296
Susan 296
Sutter's Gold **179,** 251, 254, 296
Sympathie **110, 248,** 250, 276

Taifun 296
Tatjana **67,** 296
Tausendschön 250
The Queen Elizabeth Rose 98, 103, **208,** 252, 253, 254, 286
Tiara 302
Tip Top 282
Toni Lander 98, 282
Topsi 282

Tornado **209,** 282
Tradition 98, 252, 253, 254, 298
Träumerei 98, 103, 252, 253, 288
Travemünde **208,** 253, 254, 288

Ulrich Brunner Fils 251
Uwe Seeler **149,** 253, 288

Vatertag 255, 278
Veilchenblau 250, 272
Virgo 252, 253, 254
Vorbeugender Pflanzenschutz **225**

Weihenstephan 270
Weisse Gruss an Aachen 254, 288
Westerland **148,** 270
Western Sun 251, 253, 298
Whisky 251, 298
White Dorothy 103, 250
Wiener Charme 251, 253, 298
Wienerwald 298
Wildfeuer 260
Wilhelm 270
Wilhelm Hansmann 276

Yesterday **230**
York & Lancaster 260

Zorina 288, 302
Zwergkönig 255, 304